Manteltiere, Schädellose, Rundmäuler

von

Dr. Hubert Fechter

mit 98 Abbildungen

Sammlung Göschen 5448

Walter de Gruyter & Co
Berlin 1971

Das Tierreich
in der Sammlung Göschen
ist wie folgt gegliedert:

Bd. I.		Einzeller.
Bd. II.		Schwämme und Hohltiere.
Bd. III.		Plattwürmer, Hohlwürmer, Kamptozoen, Schnurwürmer, Ringelwürmer, Protracheaten, Bärtierchen und Zungenwürmer.
Bd. IV.	1.	Gliederfüßler: Krebse.
Bd. IV.	2.	Gliederfüßler: Trilobitomorphen, Fühlerlose und Tracheenatmer: Tausendfüßler.
Bd. IV.	3.	Gliederfüßler: Insekten.
Bd. V.		Weichtiere.
Bd. VI.		Stachelhäuter,Tentakulaten, Binnenatmer, und Pfeilwürmer.
Bd. VII.	1.	Chordatiere: Manteltiere, Schädellose, Rundmäuler.
Bd. VII.	2.	Chordatiere: Fische.
Bd. VII.	3.	Chordatiere: Lurche.
Bd. VII.	4.	Chordatiere: Kriechtiere.
Bd. VII.	5.	Chordatiere: Vögel.
Bd. VII.	6.	Chordatiere: Säugetiere.

Stämme des Tierreiches

1. Urtiere *(Protozoa)*
2. Schwämme *(Spongia)*
3. Hohltiere *(Coelenterata)*
4. Plattwürmer *(Plathelminthes)*
5. Hohlwürmer *(Aschelminthes)*
6. Schnurwürmer *(Nemertini)*
7. Kamptozoen *(Kamptozoa, Entoprocta)*
8. Ringelwürmer *(Annelida)*
9. Protacheaten *(Protracheata, Onychophora)*
10. Bärtierchen *(Tardigrada)*
11. Zungenwürmer *(Linguatulida)*
12. Gliederfüßler *(Arthropoda)*
13. Weichtiere *(Mollusca)*
14. Stachelhäuter *(Echinodermata)*
15. Tentakulaten *(Tentaculata):* Armfüßler *(Brachiopoda)* und Moostierchen *(Bryozoa)*
16. Binnenatmer *(Enteropneusta)*
17. Pfeilwürmer *(Chaetognatha)*
18. Chordatiere *(Chordata)*

Inhaltsverzeichnis

18. Stamm: **Chordatiere** *(Chordata)*
    1. Unterstamm: **Manteltiere** *(Tunicata)*
    2. Unterstamm: **Schädellose** *(Acrania)*
    3. Unterstamm: **Rundmäuler;** *(Cyclostomata)*
    4. Unterstamm: **Wirbeltiere:** *(Vertebrata)*

1. Klasse: **Fische** *(Pisces)*	*Amnionlose (Anamnia)*
2. Klasse: **Lurche** *(Amphibia)*	
3. Klasse: **Kriechtiere:** *(Reptilia)*	*Amniontiere (Amniota)*
4. Klasse: **Vögel** *(Aves)*	
5. Klasse: **Säugetiere** *(Mammalia)*	

Manteltiere *(Tunicata)*

Bei den Manteltieren begegnen wir einem Bauplantyp, der, nach einigen konstruktiven Verbesserungen und Funktionswandlungen einzelner Bauelemente, unter den Wirbeltieren seine höchsten Ausbildungsstufen erreicht.

Die diesen Bauplan kennzeichnenden, wesentlichen Bauelemente sind: 1. Ein dorsal vom Darm liegender, sich in der Körperlängsachse erstreckender, elastischer Achsenstab – die *Chorda* – der dem Fortbewegungsapparat als Stütze und Widerlager dient. 2. Ein erweiterter Vorderdarm, dessen Seitenwände von mehreren Spalten durchbrochen sind, durch die Wasser aus dem Darm nach außen befördert wird – eine Bildung, die man als *Kiemendarm* bezeichnet. 3. Ein dorsal von der Chorda liegendes *Neuralrohr*.

Bei den Tunicaten ist die Chorda auf den larvalen, der Fortbewegung dienenden Hinterkörper beschränkt, wird – außer bei den Appendicularien – am Ende ihres Larvenlebens abgebaut und ist beim adulten Tier nicht mehr vorhanden. Ähnliches gilt für das Neuralrohr, das auf ein Gehirnganglion und wenige zusätzliche Nervenknoten reduziert wird.

Im Gegensatz zu Chorda und Neuralrohr entfaltet und differenziert sich der Kiemendarm sehr stark und wächst zum umfangreichen, weitgehend die Gestalt des Tierkörpers bestimmenden Organ heran. Seine seitlichen Wände werden von zwei bis vielen hundert Kiemenspalten durchbrochen, deren Ränder mit einem Wimpersaum versehen sind. Die Tätigkeit der Wimpern erzeugt einen zur Mundöffnung eintretenden Wasserstrom, der den Körper vor dem Schlund (Oesophagus) durch die Kiemen wieder verläßt. Der Kiemendarm hat im wesentlichen eine Doppelfunktion als Nahrungsgewinnungsapparat und respiratorische Oberfläche. Für die Nahrungsgewinnung ist er mit einem besonderen, für die Tunicaten ebenfalls charakteristischen, schleimabsondernden Organ, dem *Endostyl*, ausgestattet, das sich in einer Falte des Kiemendarmbodens bildet. Über die Kiemendarmwand ziehende Wimperstraßen verteilen den vom Endostyl abgeschiedenen Schleim derart, daß Nahrungspartikel, die mit dem Wasserstrom in den Kiemendarm gelangen, daran haften bleiben und mit dem Schleim am Ende dem Schlund zugeführt werden.

Als respiratorisches Organ bietet der Kiemendarm eine große, von frischem Wasser ständig bespülte Oberfläche für den Gasaustausch. Sein Wirkungsgrad wird meist durch in der Kiemendarmwand verlaufende Blutbahnen wesentlich verbessert. Sie sind Teil eines Kreislaufsystems, das durch ein ventral liegendes, schlauchförmiges Herz angetrieben wird.

Ein Coelom fehlt. Der Raum zwischen der einschichtigen Epidermis und dem Darmkanal ist von vorwiegend gallertigem Mesenchym erfüllt, in das die übrigen Organe eingebettet sind.

Die Kiemenspalten münden entweder direkt nach außen oder in einen Peribranchialraum, der aus einem Paar dorsaler, sich an beiden Seiten um den Kiemendarm legender Ectodermeinstülpungen entsteht. Ihre dorsal vom Kiemendarm liegenden Teile vereinigen sich zu einem geräumigen Ausstromkanal – der *Kloake* – in den der Darm und vielfach auch die Ausführgänge der Gonaden münden.

Bewegungsorgane sind nur bei den freischwimmenden Larvenstadien und den planktisch lebenden Tunicaten entwickelt, da die seßhaften sie begreiflicherweise entbehren können. Die Larven und die Gruppe der Appendicularia besitzen einen Ruderschwanz, die Gruppe der Thaliacea hat den Rumpf umgebende Muskelbänder ausgebildet, deren synchrone oder metachrone Kontraktion ein Rückstoßschwimmen ermöglicht.

Die Vermehrung kann sowohl geschlechtlich durch die fast ausnahmslos zwittrig vorhandenen Gonaden, als auch ungeschlechtlich durch Knospung an besonders dafür ausgebildeten Organen erfolgen. Knospung führt fast stets zur Bildung einer Kolonie, in der häufig Einzeltiere unter erheblichem Gestaltwandel spezielle Funktionen übernehmen. Die beiden Vermehrungsarten ermöglichen auch einen metagenetischen Generationswechsel, der fast stets zur Ausbildung verschiedener Erscheinungsformen der gleichen Art führt.

Namengebend ist die Fähigkeit der Epidermis, eine mehr oder weniger mächtige, vielfach komplizierte Strukturen entfaltende Cuticula – den *Mantel* (Tunica) – abzuscheiden.

Im Unterstamm der Manteltiere sind folgende rein marinen Tiergruppen zusammengefaßt: die zeitlebens einen Ruderschwanz tragenden, im Plankton lebenden *Appendicularia,* die tonnenförmigen, ebenfalls planktischen *Thaliacea* und die eine seßhafte Lebensweise führenden *Ascidiacea* (Seescheiden).

Appendicularia *(Copelata)*

1. Allgemeine Kennzeichnung

Appendicularien sind kleine, freischwimmende, planktisch lebende Meerestiere, deren Bauplan mit dem der Larven aller übrigen Tunicaten weitgehend übereinstimmt. Diese vergleichsweise larvale Organisation hat ihnen auch noch den weniger gebräuchlichen Namen Larvacea eingetragen.

Ihr Körper ist deutlich in einen Rumpf und einen Schwanz gegliedert (Abb. 1). Der Rumpf birgt Kiemen-, Mittel- und Enddarm,

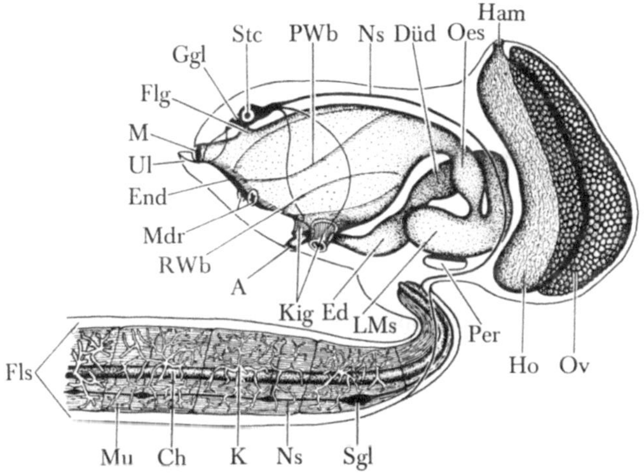

Abb. 1. Bauplanschema einer Oikopleura spec. Nach Lohmann und Strenger. A After; Ch Chorda; Düd Dünndarm; Ed Enddarm; End Endostyl; Flg Flimmergrube; Fls Flossensaum; Ggl Gehirnganglion; Ham Hodenausmündung; Ho Hoden; K Kern einer Schwanzmuskelzelle; Kig Kiemengänge; LMs linker Magensack; M Mundöffnung; Mdr Munddrüsen; Mu Schwanzmuskulatur; Ns Nervenstrang; Oes Oesophagus; Ov Ovarium; Per Pericard (Herz); PWb peripharyngeales Wimperband; RWb retropharyngeales Wimperband; Sgl Schwanzganglion; Stc Statocyste; Ul Unterlippe.

Gehirn mit Statocyste, Herz und Gonaden, der Schwanz enthält die Chorda, einen dorsal davon gelegenen Nervenstrang und die den Schwanz bewegende Muskulatur. Die Chorda als Stützelement und Antagonist der Schwanzmuskulatur, bleibt, im Gegensatz zu allen anderen Tunicaten, zeitlebens erhalten (Perennicordia). Der dorsal und ventral durch einen Flossensaum verbreiterte Schwanz ist bauchwärts nach vorne geknickt und dabei um 90° nach links gedreht, so daß die ursprünglich rechte Seite oben, dem Rumpf zugewandt, die linke nach unten gekehrt ist und der Schwanz nicht seitlich sondern dorsoventral schlägt. Entsprechend liegt der dorsal der Chorda angelegte Nervenstrang im abgeknickten und verdrehten Schwanz links von ihr. Der weite Kiemendarm ist mit nur zwei ventrolateralen Kiemenöffnungen versehen, die sich direkt nach außen und nicht in einen Peribranchialraum öffnen. Der übrige Darmtrakt, in seinem Verlaufe V-förmig geknickt, mündet vor der Schwanzwurzel wieder nach außen.

Im Unterschied zur sonstigen larvalen Organisation der Appendicularien ist ein Teil ihrer Rumpfepidermis hoch spezialisiert. Er scheidet äußerst komplizierte Gehäuse mit eingebauten Fangapparaten ab, die dem Nahrungserwerb dienen.

Die Gonaden sind vorwiegend zwittrig. Die Fortpflanzung erfolgt ausschließlich geschlechtlich, und die bei den übrigen Tunicaten weit verbreitete Fähigkeit zur ungeschlechtlichen Vermehrung fehlt.

2. Integument

Die Epidermis der Appendicularien wird von einem einschichtigen Epithel gebildet, dessen Zellen in den einzelnen Körperregionen mit sehr unterschiedlichen Eigenschaften ausgestattet sind. Der hintere Rumpfabschnitt, in dem sich die Gonaden befinden, sowie der Schwanz werden von einem extrem flachen Plattenepithel eingehüllt, dessen äußere Oberfläche durch eine dünne, manchmal fein gestreifte Cuticula geschützt ist.

Bei den Fritillariiden wird das jugendliche Plattenepithel frühzeitig zu einer cuticulären Deckschicht reduziert, die keine Zellelemente mehr erkennen läßt. Unter die Deckschicht sind bei einigen *Fritillaria-Arten* einzelne Drüsezellen versenkt, die sich manchmal zu Drüsenpaketen zusammenschließen können. Bei einigen Fritillarien finden sich außerdem über den ganzen Körper verteilt kleine Zellen mit einem stark lichtbrechenden Bläschen, aus dem bei Reizeinwirkung, ähnlich wie bei den Nesselkapseln der *Cnidaria,* ein langer Faden ausgeschleudert wird. Ihre Funktion ist unbekannt.

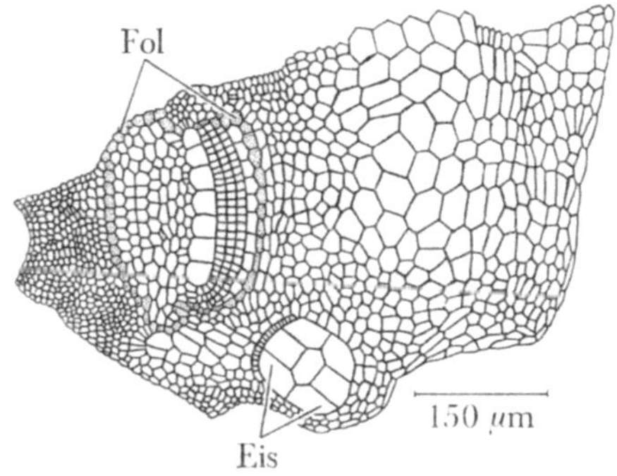

Abb. 2. Oikoplastenepithel von Oikopleura dioica. Nach Körner. Fol Folsches Oikoplastenfeld (Feldgrenze durch Punktierung angezeigt), es bringt den Reusenapparat hervor. Eis Riesenzellen der Eisenschen Oikoplastengruppe; sie erzeugen das Einstromgitter. Die restlichen Zellen scheiden das Gehäuse ab.

Den vorderen Rumpfabschnitt bedeckt – bei den einzelnen Familien in verschiedenem Ausmaß – ein plasmareiches, hohes Drüsenepithel. Es besteht aus einem Mosaik unterschiedlich großer, polygonaler Zellen, deren Anzahl, Form und Anordnung artspezifisch ist. Dieses Drüsen- oder Oikoplastenepithel, wie es auch

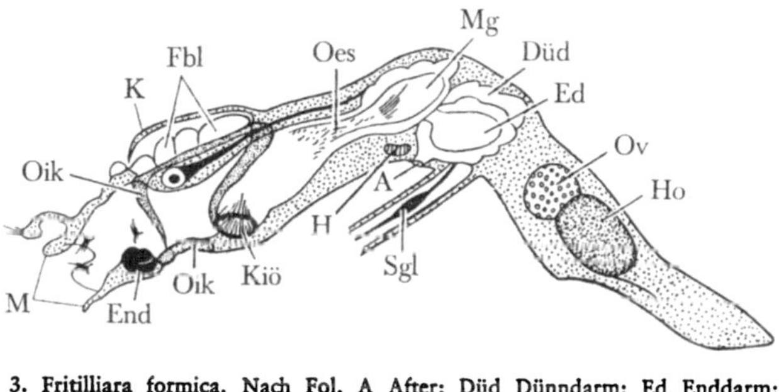

Abb. 3. Fritilliara formica. Nach Fol. A After; Düd Dünndarm; Ed Enddarm; End Endostyl; Fbl Fangblasenanlagen unter der Kapuze; H Herz; Ho Hoden; K Kapuze; Kiö Kiemengangöffnung; M Mundöffnung; Mg Magen; Oes Oesophagus; Oik Oikoplastenepithel (dicht gepunktet); Ov Ovarium; Sgl Schwanzganglion.

genannt wird, scheidet eine strukturierte Cuticula ab, die sich vom Epithel abhebt, stark quillt und sich dabei zu einem kompliziert gebauten Gehäuse entfaltet, das dem Tier als Fangapparat zum Nahrungserwerb dient (Abb. 2).

Über die chemische Struktur des Oikoplastensekretes ist wenig bekannt. Die mikrochemischen Tests, die bisher ausgeführt wurden, deuten auf ein Polysaccharid hin, das mit einem Aminozucker verestert ist und alle Reaktionen des Chondroitins zeigt. Sicher auszuschließen sind dagegen Chitin und Zellulose, wobei das Fehlen letzterer besonders auffällt, da sie den Hauptbestandteil der Ascidientunica bildet. Das Fehlen der Zellulose haben die Appendicularien mit den Thaliacea gemein.

Während bei den Oikopleuriden das Oikoplastenepithel sehr umfangreich ist und den ganzen Vorderrumpf bedeckt, beschränkt es sich bei den Fritillarien auf einen schildförmigen kleinen Teil des vordersten Rumpfabschnittes und einen schmalen Streifen der Ventralseite hinter dem Munde (Abb. 3). Auch bei Kowalevskaia ist das drüsige Epithel des Integumentes auf einen sattelförmigen Bezirk des Vorderrumpfes begrenzt und greift nur mit einem schmalen Band hinter der Mundöffnung auf die Ventralseite über (Abb. 4).

3. Gehäuse und Fangapparat

Entsprechend der unterschiedlichen Ausdehnung und mosaikartigen Zusammensetzung des Oikoplastenepithels bei den drei Familien ist auch die Form und Konstruktion der von ihm abgeschiedenen Gehäuse sehr verschieden.

Die Fritillariiden und Kowalevskaiiden haben im Vergleich zu den Oikopleuriden einfache Gehäuse. Das der Fritillarien ist, genau genommen, gar nicht mehr als Gehäuse, sondern lediglich als Fangblase zu bezeichnen, da das Tier nie davon umgeben wird, sondern sich stets außerhalb befindet. Das Oikoplastensekret wird bei ihnen in eine sich vom Hinterrande des Oikoplastenepithels erhebende, kapuzenartige Hauptduplikatur abgeschieden und aus dieser heraus von Zeit zu Zeit durch bestimmte Schwanzschläge zur Fangblase aufgebläht, wobei sich in den meist paarigen Blasenkammern ein feines Reusenwerk entfaltet. Die Fangblase hat zwei Öffnungen, von denen eine am Munde, die andere diametral gegenüber liegt und als Ausstromöffnung für das durch die Schwanzschläge in die Blase und durch das Reusenwerk getriebene Wasser dient. Ruht der Schwanz, so schrumpft die Blase zusammen

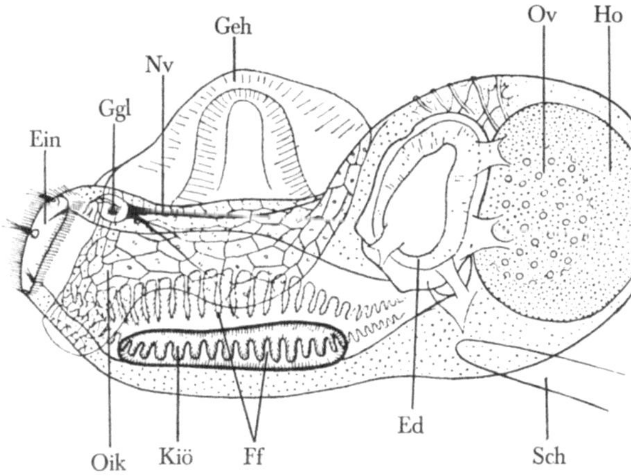

Abb. 4. Kowalevskaia tenuis. Nach Fol. Ed Enddarm; Ein Einstromöffnung; Ff Fingerförmige Fortsätze; Geh vom Oikoplastenepithel abgeschiedenes Gehäuse; Ggl Gehirnganglion; Ho Hoden; Kiö Kiemenöffnung; Nv Nervenstrang; Oik Oikoplastenepithel; Ov Ovar; Sch Schwanz.

und verdichtet so das im Reusenwerk zurückgehaltene Geschwebe vor dem Munde. Die Fangblase kann unter der Kapuze geborgen und bei Bedarf neu entfaltet werden (Abb. 5 A + B).

Die Kowalevskaiiden hingegen scheiden ein richtiges, halbkugelförmiges Gehäuse ab, das sie ganz umgibt (Abb. 5 C). Es erreicht, im Vergleich zu seinem Erzeuger, eine beachtliche Größe, 20 bis 35 mm im Durchmesser. In seinem Inneren befindet sich eine einzige große Kammer mit zahlreichen (24–28) Wandnischen, die wahrscheinlich mit einem feinen Netzwerk vergittert sind. Das Tier ist mit dem Rücken am Pole der Halbkugel aufgehängt; die Ein- und Ausstromöffnung für den zu filtrierenden Wasserstrom liegt im Zentrum ihrer Grundfläche. Bei *Kowalevskaia tenuis* konnte man beobachten, daß das Gehäuse etwa alle 2 Stunden erneuert wird.

Die kompliziertesten Gehäuse und Fangapparate fertigen jedoch die Oikopleuriden. Genau untersucht sind allerdings bisher nur die Gehäuse zweier Arten, nämlich das von *Oikopleura albicans* durch LOHMANN und jenes von O. *dioica* durch KÖRNER. Die wesentlichen Elemente gleichen sich bei beiden Arten weitgehend.

Das Gehäuse übertrifft den eigentlichen Tierkörper volumenmäßig um ein Vielfaches, ist annähernd tropfenförmig und völlig transparent. Der spitze Pol geht bei der Fortbewegung voran, der stumpfe zieht paarige Schleppfäden nach sich. Die anatomische

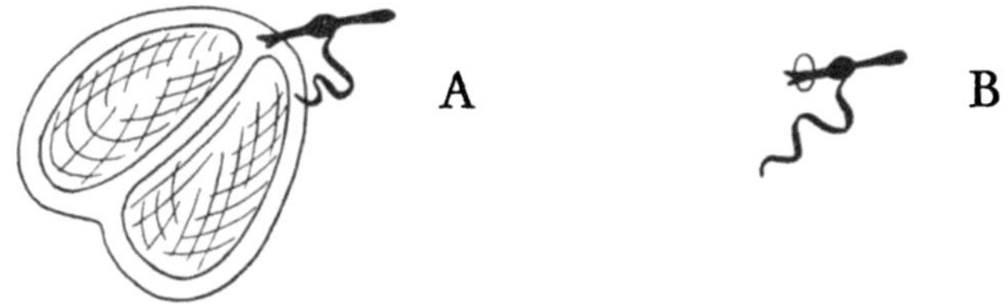

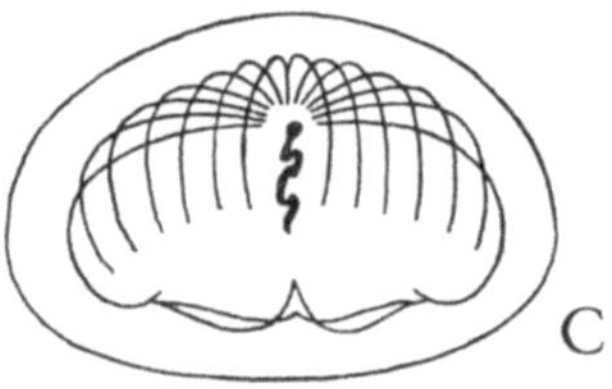

Abb. 5. Fritillaria: A mit entfaltetem, B mit zusammengesunkenem Fangapparat. C Gehäuse von Kowalevskaia.

Orientierung des Tieres im Gehäuse ist zur Fortbewegungsrichtung um 180° gedreht. Die Rumpfachse liegt der Schwimmrichtung genau entgegengesetzt. Im Gehäuse sitzt das Tier mit seinem Munde an dem zweiflügeligen, die ganze hintere Hälfte des Gehäuses einnehmenden Fangapparat fest. Das Gehäuse hat eine paarige, dorsal vom Rumpf gelegene Einstromöffnung, die durch Gitter gesichert ist, welche das Eindringen grober Partikel und damit die vorzeitige Verstopfung des feineren Reusenwerkes des Fangapparates verhindern (Abb. 6).

Der Schwanzschlag des Tieres treibt das im Gehäuse vorhandene Wasser durch den Fangapparat – in dem die feinsten Geschwebeteilchen ausgefiltert werden – und zur Ausstromöffnung, die sich unter den Schleppfäden befindet, hinaus. Der dadurch entstehende Rückstoß schiebt Tier und Gehäuse voran. Gleichzeitig ergibt sich jedoch ein Unterdruck im Gehäuse, der durch die Einstromöffnung neues Wasser einsaugt. Trichterförmige Rohrstutzen der Einstromöffnung leiten es beiderseits am Rumpf vorbei in Richtung Fangapparat.

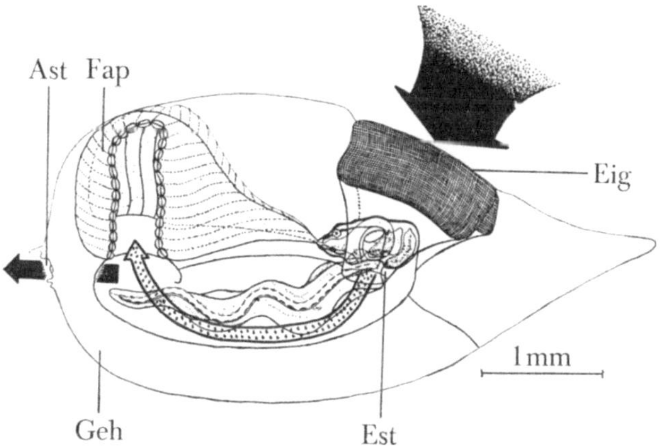

Abb. 6. Oikopleura dioica im Gehäuse. Nach Körner. Ast Ausstromöffnung; Eig Einstromgitter; Est Einstromtrichter; Geh Gehäuse; Fap Fangapparat. Schwarze Pfeile – Wege des ein- bzw. ausströmenden Wassers. Punktierter Pfeil – Weg des nahrungspartikelführenden Wasserstromes im Gehäuse.

Dieser ist paarig, in zwei flügelförmigen, gewölbten, symmetrisch zur Sagittalebene stehenden Hälften angelegt (Abb. 7), die sich in der Mitte vereinigen. Das ganze Gebilde besteht aus drei Blättern, die zwischen sich zwei übereinander liegende, durch die Mittelmembran getrennte Räume abgrenzen. Diese werden ihrerseits durch senkrecht zur Mittelmembran stehende Wände, die im oberen Stockwerk in Stützfibrillen aufgelöst sind, in zahlreiche, parallel laufende Reusenbahnen (oben) und Kanäle (unten) unterteilt. Reusenbahnen und Kanäle münden alle am Rande eines bogenförmigen Ausschnittes jedes Flügels, wobei jedoch alle Mün-

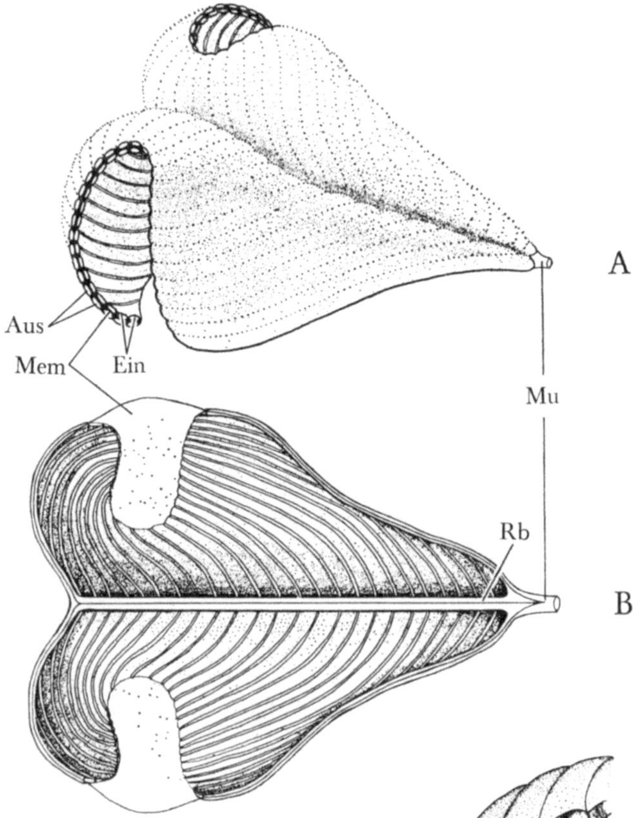

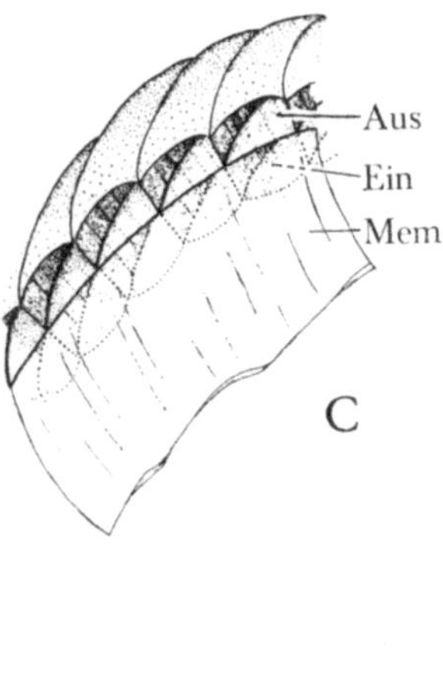

Abb. 7 a–c. Fangapparat von Oikopleura dioica; A schräg von oben, B von unten gesehen, C Ausschnitt aus dem Rand des Fangapparates im Bereich der Einbuchtung. Nach Körner. Aus Ausstromöffnungen; Ein Einstromöffnungen; Mem Mittelmembran zwischen den Aus- und Einstrombahnen, die bei A in den Einbuchtungen, die sie überspannt (C), entfernt wurde. Mu Mundstück; Rb Reusenboden.

dungen der oben liegenden Reusenbahnen von denen der unten verlaufenden Kanäle durch die den Ausschnitt überquerende Mittelmembran voneinander getrennt werden (Abb. 7 B + C). An den Rändern des Fangapparates geht die Mittelmembran in die Gehäusewand über, verankert so das Ganze und unterteilt zugleich den distal von der Mundöffnung gelegenen Gehäuseraum in eine zwischen der dorsalen Fangapparat-Oberfläche und dem Gehäusedach liegende Rücken- oder Dorsalkammer und in die zwei unter den beiden Flügeln eingeschlossenen sog. Zwischenflügelkammern. An der Mittellinie, wo sich die beiden Flügel des Apparates vereinigen, treffen in der verbindenden Rinne – dem sog. Reusenboden – von beiden Seiten her die Reusenbahnen sowie die darunter liegenden Kanäle aufeinander und kommunizieren miteinander (Abb. 8). Am proximalen Ende mündet die Reusenbodenrinne in die Mundöffnung des Tieres.

Das durch die vergitterten Einstromöffnungen ins Gehäuse eingedrungene Wasser wird durch die kräftigen Schwanzschläge des Tieres in die Zwischenflügelkammern getrieben, tritt dort in die unter der Mittelmembran gelegenen Öffnungen der Kanäle ein und wird durch sie hindurch zum Reusenboden geführt. Da sich hier der Strömungsquerschnitt durch die weite Rinne und die anschließenden, geräumigen Reusenbahnen plötzlich sehr erweitert, kommt es zu einem starken Abfall der Strömungsgeschwindigkeit, so daß der Wasserstrom fast zum Stillstand kommt und die größeren Partikel des Geschwebes auf den Reusenboden sinken. Die restlichen Teilchen bleiben im Netzwerk der Reusenbahnen hängen, und das filtrierte Wasser gelangt durch die Austrittsöffnungen der Reusenbahnen über der Mittelmembran in die Rückenkammer und von dort zur ventral liegenden Ausstromöffnung des Gehäuses.

Nicht das ganze in das Gehäuse eingesogene Wasser kann filtriert werden. Den größten Teil befördern Schwanzschläge sofort wieder zur Ausstromöffnung hinaus, und nur ein kleiner Teil wird durch den Fangapparat gepreßt. Der Strömungswiderstand des Fangapparates und der kleinen Ausstromöffnung bewirkt einen Rückstau im Gehäuse, durch den das eingesogene Wasser wieder zur Einstromöffnung hinausgetrieben würde, wenn diese nicht durch eine unter den Gitterfenstern liegende, membranöse Ventilklappe verschlossen werden könnte. Sie legt sich bei Rückstau vor die Gitter und verschließt sie.

Von Zeit zu Zeit schlürft das Tier das am Reusenboden angesammelte Geschwebe ein. Ein großer Teil des so abgefilterten Geschwebes besteht aus sog. Nanoplankton, winzigen Phytoplanktonorganismen, die erst in den Reusenapparaten der Appendicularien entdeckt wurden, da sie bis dahin stets durch die noch zu groben Planktonnetze geschlüpft waren. Die Tiere können jedoch auch ohne ihren Fangapparat leben. Sie nähren sich dann von größeren Planktonorganismen, die sie mit dem Munde aufnehmen.

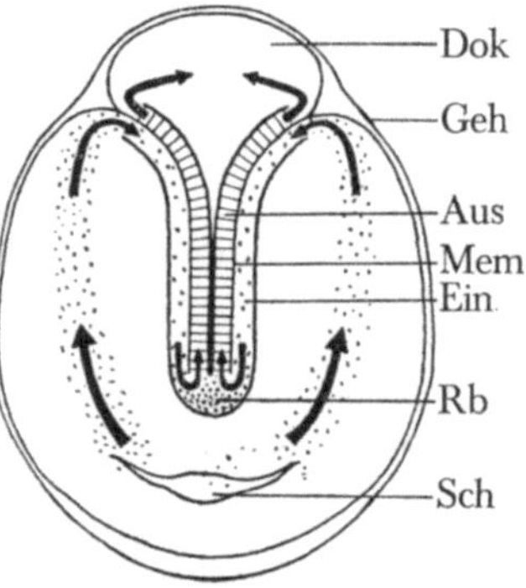

Abb. 8. Schematischer Querschnitt durch das Gehäuse und den Fangapparat von Oikopleura dioica. Nach Körner und Lohmann. Aus Ausstromkanal; Dok Rücken- oder Dorsalkammer; Ein Einstromkanal; Geh Gehäusewand; Mem Mittelmembran; Rb Reusenboden; Sch Schwanzquerschnitt. Die Pfeile zeigen den Weg des Nahrungspartikel führenden Wasserstromes an. Weitere Erläuterungen im Text.

Von *Oikopleura dioica* Fol. weiß man, daß sie alle 4–5 Stunden ein neues Gehäuse mit Fangapparat bildet. Das Tier verläßt sein altes Gehäuse durch eine spaltförmige Öffnung, die schräg unter dem hinteren Rumpfende im Vorderboden des Gehäuses liegt und die nur durch eine leicht sprengbare Membran verschlossen wird. Es stößt sich dabei mit dem Schwanz vom Gehäuseboden ab, reißt sich vom Mundrohr des Fangapparates los und gelangt durch die Öffnung ins Freie. Das Gehäuse wird auch verlassen, wenn sich das Tier bedroht fühlt.

4. Stützorgane und Muskulatur

Im Körper der Appendicularien finden sich nur zwei Organe, die mit Muskeln versehen sind: das Herz und der Schwanz. Die

Muskelfasern sind stets quergestreift. Der Herzmuskel ist eine einfache Muskelplatte, die sich in der Außenwand des Herzsackes entwickelt und aus unverzweigten, parallel zueinander verlaufenden Fasern zusammensetzt, die Kerne enthalten. Bei den Oikopleuriden verlaufen die Herzmuskelfasern in Richtung der Rumpflängsachse, bei den Fritillariiden quer dazu.

Im Gegensatz zur Herzmuskulatur ist die Schwanzmuskulatur sehr kräftig entwickelt. Sie besteht aus zwei Muskelschichten, die beiderseits, d. h. beim erwachsenen Tier dorsal und ventral, die Chorda von der Wurzel bis zur Spitze oder noch ein Stück darüber hinaus begleiten und diese zwischen sich einschließen (Abb. 9). Die Schichten setzen sich aus mehreren, zueinander parallelen, durchlaufenden Faserbändern zusammen, die ihrerseits der Länge nach

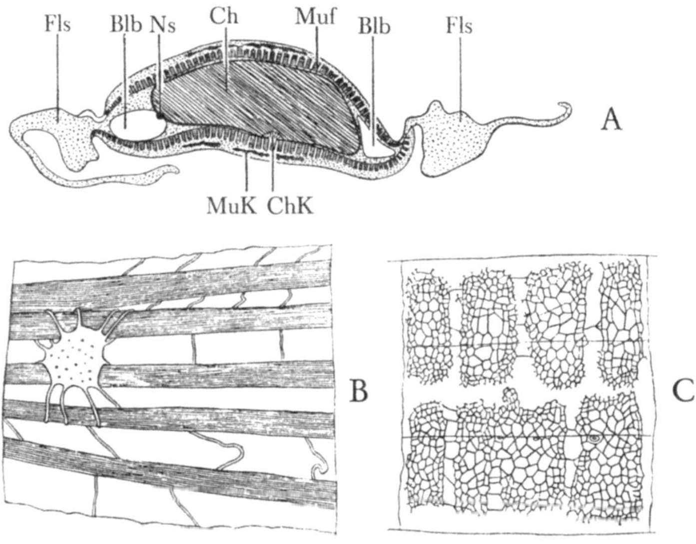

Abb. 9 A Querschnitt durch den Schwanz von Fritillaria pellucida. Nach Seeliger. Blb Blutbahn; Ch Chorda; ChK Chordazellkern; Fls Flossensaum; Muf Muskelfaser; Muk Muskelzellkern; Ns Nervenstrang.

B + C Kerne der Schwanzmuskelzellen. **B** Kern einer Schwanzmuskelzelle von Fritillaria magna mit 5 Muskelbändern. Nach Lohmann. **C** Muskelzelle von Oikopleura albicans, mit 4 Kernpaaren. Nach Seeliger.

aus 7–12 hintereinander liegenden, flachen Muskelzellen aufgebaut sind. Die Muskelzellen sind so differenziert, daß in ihnen die Muskelfibrillen schichtartig der Chorda zugewandt liegen, das Sarcoplasma mit dem Kern jedoch der Epidermis zugekehrt ist (Abb. 9 A).

Die Kerne der Muskelzellen findet man bei den Fritillarien in einer Längsreihe hintereinander angeordnet, bei den Oikopleuriden in einer Doppelreihe. Die Gestalt der Kerne ist bei den einzelnen Arten außerordentlich unterschiedlich. Manche Fritillarien besitzen einfache, ovale Kerne, andere wieder netzartig durchbrochene oder unregelmäßig verzweigte (Abb. 9 B + C). Auch die Kerne der Oikopleuriden sind zu ausgedehnten, flachen Maschenwerken aufgelockert, die sich gegenseitig häufig so durchdringen, daß die Grenze der Einzelkerne nicht mehr feststellbar ist.

Als Stützorgan des Schwanzes und Antagonist seiner Muskulatur dient die Chorda. Sie besteht aus einer dünnen, röhrenförmigen, an den Enden geschlossenen Hüllschicht, in der, im embryonalen Zustand, die einzelnen Chordazellen geldrollenartig hintereinander liegen. Dieser Zustand bleibt jedoch nur bei Fritillaria pellucida zeitlebens erhalten. Bei allen übrigen Appendicularien scheiden die Chordazellen eine knorpelig-gallertige Substanz ab, die das Innere des Achsenstabes immer mehr ausfüllt, die Chordazellen gegen die Peripherie drängt und abplattet. Es entsteht ein äußerst elastischer Skelettstab, der überhaupt erst ein gerichtetes Schwanzschlagen ermöglicht.

5. Nervensystem und Sinnesorgane

Das dorsal von Darm und Chorda (d. h. links von ihr) gelegene Nervensystem ist am Körpervorderende, über dem Dach des Kiemendarmes, zu einem mehr oder weniger umfangreichen Gehirnganglion entwickelt (Abb. 10). An seinen Flanken befinden sich zwei umfangreiche Sinnesorgane: links ein Schweresinnesorgan – die Statolithenblase, rechts ein chemisches Sinnesorgan – die Flimmergrube. Beide Sinnesorgane differenzieren sich aus dem Gehirn. Die Statocyste, häufig sehr oberflächlich, manchmal aber auch tief im Ganglion eingebettet, enthält einen stark lichtbrechenden Statolithen, der wahrscheinlich von Sinnesborsten gehalten wird. Diese werden, je nach Lage des Tieres im Raum, unterschiedlich belastet und zeigen so dem Tier seine Stellung zur Schwerkraft an.

Die Flimmergrube ist eine trichterartige Ausstülpung des Gehirns, die mit dem Dach des Kiemendarmes in Verbindung tritt, sich becherförmig öffnet und hier mit zahlreichen Wimperbüscheln versehen ist. Es wird angenommen, daß es sich um ein chemisches Sinnesorgan handelt, das die Qualität des in den Kiemendarm eintretenden Wassers prüft.

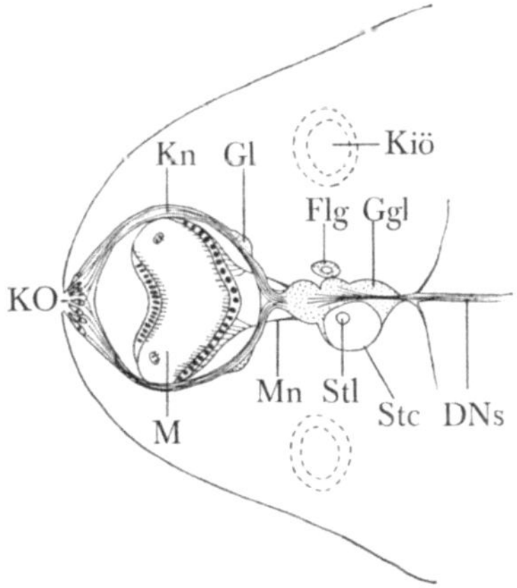

Abb. 10. Gehirnganglion und Innervierung der Mundregion von Oikopleura longicauda. Nach Martini. DNs dorsaler Nervenstrang; Flg Flimmergrube; Ggl Gehirnganglion; Gl Ganglion des Kehlnerven; Kiö Kiemenöffnung (als Lagebezugspunkt); Kn Kehlnerv; KO Kehlorgan; M Mund; Mn Mundnerv; Stc Statocyste; Stl Statolith.

Vom vordersten Gehirnteil entspringt ein paariger Nerv, der die Mundöffnung umschlingt und in einem ventral unter und etwas vor der Mundöffnung gelegenen, knospenförmigen Sinnesorgan – dem Kehlorgan – endet. Unmittelbar hinter dem Kehlnerv geht ein weiterer paariger, sich stark verzweigender Nerv ab, er innerviert die Mundränder (Abb. 10).

Der hintere Gehirnteil sendet ein paar Nerven zu den Kiemengängen (Abb. 1). Der caudal ziehende Hauptnervenstrang besteht zum überwiegenden Teil aus Nervenfasern, und nur an wenigen Stellen sind einige Nervenzellen eingeschaltet, die zu kleinen Ganglien zusammentreten. So befinden sich z. B. im Bereich des Darmtraktes einige viscerale Ganglien; häufig sind sie jedoch im Nervenstrang des Schwanzes anzutreffen. Nahe der Schwanzwurzel ist eines dieser Ganglien auffallend verdickt und reich an Zellen. Es wird als dominierendes Zentrum des caudalen Nervensystems betrachtet, das die Schwanzbewegungen steuert. Von den einzelnen Schwanzganglien gehen sowohl motorische wie sensorische Fasern ab. Erstere innervieren die Muskelbänder, letztere ziehen zu den zahlreichen Sinneszellen der Schwanzepidermis, denen als primären Kontaktpunkten mit dem zuströmenden Wasser besondere Bedeutung zukommen dürfte.

6. Stoffwechselorgane

a) Ernährungssystem

Die durch die verschiedenen Fangapparate (vgl. S. 14 f.) ausgefilterten und konzentrierten Nahrungspartikel werden durch die Mundöffnung – sie kann von mehreren lippenartigen Gebilden umstellt sein – mit dem Atemwasserstrom in den Kiemendarm eingesogen. Da außer der Herz- und Schwanzmuskulatur keinerlei Muskeln mehr vorhanden sind, erfolgt die Bewegung der Nahrungspartikel im gesamten Darmbereich ausschließlich durch Wimpernschlag.

Der an den Kiemendarm anschließende, v-förmig geknickte und in seinen Endteilen stets wieder nach vorn ziehende Darmtrakt ist bei den drei Familien unterschiedlich gebaut. Bei den Oikopleuriden geht der sackartig weite Kiemendarm an seinem hinteren oberen Ende in den besonders stark bewimperten Oesophagus über, der in einen häufig mehrfach taschenartig ausgebuchteten Magenraum führt (Abb. 1). Dieser ist reich an verschiedenen Drüsenzellen, die ein saures Sekret absondern. Ein Pylorusteil leitet zum Dünndarm über, der wiederum bewimpert ist, jedoch keine Drüsenzellen enthält. Er geht durch eine, mit einem Kranz aus langen Cilien versehene, enge Passage, in den birnenförmig erweiterten, vielfach auch bewimperten und mit Sekretzellen ausgestatteten Enddarm über. Dieser mündet durch den ventromedian vor den Kiemenöffnungen gelegenen After nach außen. Die Dünndarmzellen und Zellen des Enddarmes weisen einen Bürstensaum auf, was als Zeichen resorptiver Tätigkeit gewertet werden kann.

Bei den Fritillarien verengt sich der mehr gestreckte Kiemendarm hinten zu einem kurzen, stark bewimperten Oesophagus und dieser führt in einen kugeligen Magen, der nur aus wenigen großen, Bürstensäume tragenden Zellen aufgebaut ist. Der aus drei aufeinanderfolgenden Zellringen bestehende Pylorusabschnitt besitzt am dritten Zellring nach dem Magen einen dichten Wimperkranz, dessen außergewöhnlich lange Geißeln samt ihrer Ursprungzelle schwenkbar, bald in den Magen, bald in den Dünndarm gerichtet sind (Abb. 11), um den Nahrungsbrei voranzutreiben. An den

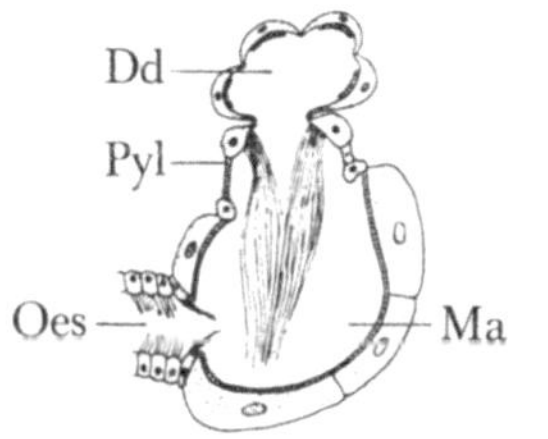

Abb. 11. Schnitt durch einen Teil des Verdauungstraktes von Fritillaria pellucida. Nach Fenaux. Dd Dünndarm; Ma Magen; Oes Oesophagus; Pyl Pylorus.

Pylorus schließt ein Teil des Dünndarmes an, der aus wenigen voluminösen Sekretzellen mit zentralem Bürstensaum zusammengesetzt ist. Der übrige, gleichfalls wimperlose, sehr dünnwandige und dehnbare Teil leitet in das geräumige, dicht bewimperte Rektum über, dessen Zellen ebenfalls Bürstensäume aufweisen.

Bei *Kowalevskaia* ist der Darmtrakt sehr vereinfacht und verkürzt. Der Oesophagus ist, wie bei allen Appendicularien, mit kräftigen Wimpern ausgestattet, der Pylorus mit einem an den der Fritillarien erinnernden Cilienkranz versehen und der dicht bewimperte Enddarm außerordentlich weit.

Bevor die Nahrung in den eigentlichen Verdauungstrakt eintritt, wird sie im weiten, sackförmigen Kiemendarm nochmals konzentriert. Er ist hierzu mit drei Organen ausgestattet:

1. Mit einem Paar ventrolateraler, stets von Wimpern gesäumter Öffnungen, die bei den Oikopleuriden als kurze Kiemengänge, bei den Fritillarien lediglich als spaltförmige und bei *Kowalevskaia* als lange, schlitzartige Kiemenöffnungen ausgebildet sind und durch die das in den Kiemendarm einströmende Atemwasser wieder austreten kann.

2. Mit einer mehr oder weniger langgestreckten, rinnenförmigen, schleimabsondernden Drüse, dem sog. Endostyl, die ventromedian hinter der Mundöffnung im Kiemendarmboden liegt, und

3. mit je einem beiderseits vom Vorderende des Endostyls schräg an der Kiemendarmwand nach hinten oben zum Dach des Kiemendarmes und von dort vereinigt in den Oesophagus ziehenden Wimperband (Peripharyngealband) und einer meist unpaaren, vom Endostylhinterrande in der Mitte des Kiemendarmbodens zum Oesophagus verlaufenden Wimpernstraße (Retropharyngealband).

Die Wimperbänder ziehen den im Endostyl bereiteten Schleim in Form von hauchzarten, löchrigen Schleimteppichen die Kiemendarmwände entlang nach oben und zum Oesophagus hin, so daß sich ein durchlässiger Schleimtrichter bildet, an dem die im Atemwasserstrom treibenden Nahrungspartikel kleben bleiben, das Wasser aber die Lücken dieses Filters passiert und durch die Kiemenöffnungen entweicht. Während sich der Schleimtrichter vom Endostyl her laufend erneuert – der Filter verstopft daher nicht – wird das Trichterende mit der anhaftenden, angereicherten Nahrung durch das bei allen Arten kräftige Wimperkleid des Oesophagus als Wurst in den Magen-Darmtrakt geschoben.

Eine Ausnahme von diesem, auch bei den übrigen Tunicaten weit verbreiteten Filtrationsvorgang machen nur die Kowalevskaiiden. Sie haben nämlich keinen schleimproduzierenden Endostyl. Statt dessen erheben sich von den Kiemendarmwänden jederseits oben und unten in je einer Längsreihe vom Mund bis zum Oesophagus stehende, dicht bewimperte, fingerförmige Fortsätze; die am Boden stehenden nach oben, die vom Dach hängenden nach unten gerichtet (Abb. 4). Jeder Fortsatz wird von einer Zelle gebildet. Die vier rechenartigen Gebilde grenzen in der Kiemendarmhöhle einen zentralen Raum ab und durchkämmen das aus diesem zu den schlitzförmigen Kiemenöffnungen hinströmende Atemwasser nach Nahrungsteilchen, die von den Wimpern erfaßt und zum Oesophagus transportiert werden. Im Zentralraum zu Boden sinkende Teilchen werden von einer breiten Wimperstraße zum Oesophagus hin verfrachtet.

b) Atmungssystem

Untersuchungen über das Atmungssystem der Appendicularien liegen nicht vor. Es läßt sich nur aus den anatomischen Verhältnissen und der physiologischen Erfahrung schließen, daß der Gasaustausch vornehmlich an allen besonders dünnen und reich durchbluteten, vom Wasser bespülten Oberflächen vor sich gehen wird, d. h. mehr oder weniger über die ganze Körperoberfläche, bevorzugt jedoch im Kiemendarm und an der Schwanzfläche, die am meisten mit frischem Wasser in Berührung kommen und gut durchblutet sind.

c) Kreislaufsystem

Ein Gefäßsystem ist bei den Appendicularien nicht entwickelt. Die farb- und zellenlose Blutflüssigkeit zirkuliert in den Spalträumen der mesenchymatischen Grundsubstanz, die den Raum zwischen der Epidermis und den Organen ausfüllt. Einige große Sinus leiten das Blut in bestimmte Bahnen. Ein Medioventralsinus führt vom Herzen unter das Endostylvorderende, gabelt sich hier, läuft beiderseits unter den Wimperbögen zum Kiemendarmdach empor, wo er auf einen Mediodorsalsinus trifft, durch den das Gehirnganglion, der Darm und die Geschlechtsorgane mit Blut umspült werden. Der Rückensinus mündet in den rechten Schwanzsinus, der an der Schwanzspitze auf die linke Seite umbiegt und zum Herzen zieht.

Die Blutflüssigkeit wird durch die Tätigkeit des Herzens und des Schwanzes in Bewegung gehalten. Bei *Kowalevskaia,* der ein Herzmuskel fehlt, ist der Schwanz der einzige Motor des Kreislaufes. Das Herz besteht aus einem einfachen, gestreckten, dünnwandigen Sack, der bei den Oikopleuriden unter dem Magen-Darmkanal in der Körperlängsachse, bei den Fritillarien vor dem Magen quer unter dem Oesophagus liegt. Seine Außenwand ist als Muskelplatte (vgl. S. 21) entwickelt, über die rasch aufeinanderfolgende Kontraktionswellen verlaufen, die das Blut in Bewegung versetzen. Die Richtung des Kontraktionswellenablaufes ist wie bei allen Tunicaten umkehrbar, so daß das Blut bald in einer, dann wieder in entgegengesetzter Richtung strömt.

d) Exkretionssystem

Spezielle Exkretionsorgane fehlen den Appendicularien. Es wurde auch nie eine Speicherung von Exkretstoffen beobachtet. Man nimmt an, daß die löslichen Stoffwechselendprodukte über die respiratorischen Oberflächen und das Oikoplastenepithel abgegeben werden.

7. Geschlechtsorgane und Fortpflanzung

Mit einer Ausnahme, nämlich *Oikopleura dioica* Fol., sind alle bekannten Appendicularien protandrische Zwitter. Gestalt und Ausmaß der im hintersten Rumpfabschnitt liegenden Gonaden variieren stark. Das Ovar ist häufig zwischen den Hoden eingekeilt. Während der Reifung vergrößern sich die Gonaden meist stark und können sich seitlich am Darmtrakt entlang bis zum Kiemendarm ausdehnen. Bei der getrenntgeschlechtlichen Art *Oikopleura dioica* ist das Weibchen wesentlich größer als das Männchen.

Der Hoden ist mit einem kurzen Ausführgang versehen, durch den die reifen Spermien ins Meerwasser gelangen. Den freigewordenen Raum in der Gonadenhöhle nehmen die heranreifenden Eizellen ein. Die reifen Eier werden durch Reißen der Rumpfwand nach außen entleert, was den Tod des Tieres zur Folge hat. Die Befruchtung erfolgt im Meerwasser. Brutpflege findet nicht statt. Eine ungeschlechtliche Vermehrung fehlt.

8. Entwicklung

Die Kenntnisse über die Entwicklung der Appendicularien sind sehr unzureichend, da diese bisher nie im Züchtungsexperiment verfolgt wurde. Sie resultieren lediglich aus Zufallsfängen der verschiedenen Entwicklungsstadien vor allem von *Oikopleura dioica*.

Die Furchung ist total und zunächst äqual. Erst der 3. Teilungsschritt zerlegt den Keim in eine größere animale und eine kleinere vegetative Hälfte. Das Schicksal der einzelnen Blastomeren ist bereits vor der Gastrulation determiniert (Mosaikei). Es lassen sich sehr bald Ectoblasten von Neuroblasten, Chordoblasten von Endoblasten unterscheiden. Die Gastrulation erfolgt bereits auf dem 30-Zellenstadium und geschieht durch Umwachsen der vegetativen durch die animalen Zellen (Epibolie). Blastocoel und Urdarm werden nicht ausgebildet.

Schon bald nach der Gastrulation teilt eine ventral sich einsenkende Furche den Embryo in einen Rumpf und einen Schwanzteil. In letzterem bildet sich dabei ein auffallender Zellstrang, der teilweise in den Rumpf hineinreicht – die Chorda. Sie wird seitlich im

Schwanzbereich von Muskelzellen, dorsal vom Nervenstrang und ventral vom Darmzellstrang flankiert. Bereits auf diesem Stadium verläßt der Embryo als weitgehend unbewegliche Larve seine Eihülle (Abb. 12). Zwischen dem Ectoderm und den Organanlagen wird mesenchymale Grundsubstanz ausgeschieden und hebt ersteres von letzteren ab. Ein Coelom tritt zu keinem Zeitpunkt in Erscheinung.

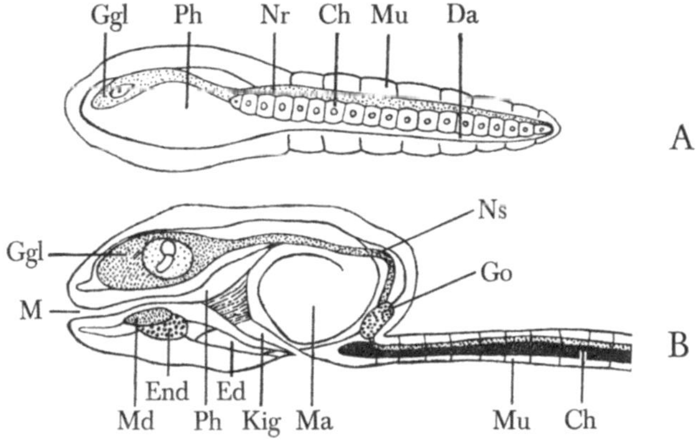

Abb. 12. Embryonalentwicklung von Oikopleura dioica. A eben ausgeschlüpfte Larve. B Streckform der Larve. In diesem Stadium ragt der Schwanz noch nach hinten. Nach Delsman. Ch Chorda; Da Darm; End Endostyl; Ed Enddarm; Ggl Gehirnganglion mit Statocyste; Go Gonaden; Kig Kiemengang mit Wimperkranz im Anfangsteil; M Mund; Ma Magen und Darmknäuel; Md Munddrüse; Mu Schwanzmuskulatur; Nr Neuralrohr; Ns Nervenstrang; Ph Pharynx.

Die Metamorphose beginnt mit der Ausbildung des Kiemendarmes. Mund, Kiemenöffnungen und After brechen durch, der Endostyl faltet sich ein, die Entodermzellen wandern aus dem Schwanz in den Rumpf und das Oikoplastenepithel differenziert sich. Der Schwanz knickt nach unten um und dreht sich gleichzeitig nach links. Damit ist die Organisation der erwachsenen Appendikularie erreicht.

Die Lebensdauer wird auf 2¹/₂ Monate geschätzt. Die Reifung der Gonaden soll bei einigen Arten verschieden schnell erfolgen, so daß man bei ihnen frühreife Zwergformen von mittel- und spätreifen größeren Formen unterscheidet.

System

Klasse: **Appendicularia** (Copelata, Perennicordia)

Die weltweit alle Meere bewohnende Appendiculaten-Bevölkerung ist deutlich in Kalt- und Warmwasserformen geschieden, wobei sowohl die Arten- als auch die Individuendichte in den warmen Meeren stark überwiegt. Die Tiefenverbreitung erstreckt sich meist von 0–400 m, mit einer Maximaldichte bei etwa 200 m. Einzelfunde sind aus 2000–3000 m bekannt. Die Schwarmdichte kann beachtliche Ausmaße erreichen. Es sind mit einem Netzzug schon 60 000–100 000 Individuen erbeutet worden.

Die etwa 60 bekannten Arten werden drei Familien zugeordnet:

1. Familie: *Kowalevskaiidae* LAHILLE 1890

Rumpf kurz, zylindrisch; Schwanz sehr lang, etwa 7fache Rumpflänge, rechtwinklig vom Rumpf abstehend. Kiemenschlitze weit, länglich. Endostyl und Herz nicht vorhanden. Kiemendarm mit 4 symmetrischen Reihen fingerförmiger, bewimperter Fortsätze. Große, runde Mundöffnung. Oikoplasten-Epithel um eine riesenhafte Zentralzelle herum über dem Kiemenkorb angeordnet.

Einzige Gattung: *Kowalevskaia* Fol. Hauptverbreitungsgebiet in den warmen, tropischen Meeren. Im freien Wasser des Mittelmeeres stets anzutreffen: *K. tenuis* Fol., 9 mm lang.

2. Familie: *Fritillariidae* SEELIGER 1895

Rumpf langgestreckt, schlank, in der Mitte vor der Schwanzwurzel häufig eingeschnürt. Schwanz kurz, ca. 1,5fache Rumpflänge, durch einen ausgedehnten, an der Schwanzspitze meist eingekerbten Flossensaum stark verbreitert. Mundöffnung rund, fast stets von häutigen, lappenförmigen Anhängen umringt, die mit Sinneszellen ausgestattet sind. Kiemendarm länglich, dorsoventral zusammengedrückt. Endostyl von den Enden her stark dorsal gekrümmt, so daß sich diese häufig berühren. Darmkanal zu einem Knäuel aufgewunden. Oikoplasten-Epithel hufeisenförmig angeordnet, auf den vordersten Rumpfteil beschränkt. Es wird von einer nach vorn gewölbten, kappenartigen Hautduplikatur überdacht, die sich an seinem Hinterrande vom Epidermisdach des Kiemendarmes erhebt und die Ausdehnung der Fangblase nach hinten begrenzt. Herz, wenn auch manchmal unscheinbar, doch stets vorhanden. Die häufig umfangreichen Geschlechtsorgane hinter dem Darmknäuel im hinteren Rumpfabschnitt gelegen.

3 Gattungen: *Appendicularia* FOL.; *Fritillaria* QUOY & GAIMARD; *Tectillaria* LOHMANN.

F. formica FOL., *F. pellucida* BUSCH und *F. borealis* LOHMANN kommen in den küstennahen Bereichen des Mittelmeeres und Atlantik vor, wobei besonders die letzte Art, von starken Variationserscheinungen begleitet, eine weite Verbreitung erfahren hat und bis ins Polarwasser und in die Ostsee vorgedrungen ist. Etwa 3 mm lang.

3. Familie: *Oikopleuridae* LAHILLE 1887

Rumpf eiförmig, Mund oval mit rinnenförmig vorragender Unterlippe. Endostyl gestreckt, kurz aber stämmig. Magen mit linkem und rechtem Blindsack, deren Lage ebenso wie das Oikoplasten-Mosaik ein wichtiges systematisches Merkmal bildet. Kiemengänge vorhanden. Schwanz schmal, Flossensaum nie lanzettförmig oder am Ende gegabelt, 2,5–4,5fache Rumpflänge. Das ganze Tier stets von einem Gehäuse umschlossen, in dem ein symmetrisches, zweiflügeliges Fangnetz ausgespannt ist.

Artenreichste Familie der Appendicularien mit 8 Gattungen und zahlreichen Arten: *Oikopleura* MERTENS; *Folia* LOHMANN; *Megalocercus* CHUN; *Stegosoma* CHUN; *Chunopleura* LOHMANN; *Pelagopleura* LOHMANN; *Althoffia* LOHMANN; *Bathochordaeus* CHUN.

Oikopleura dioica FOL., 3 mm lang, in Küstengebieten des Atlantik, des Mittelmeeres und der Ostsee. Einzige bisher bekannte getrenntgeschlechtliche Art. Eine andere in europäischen Meeren häufige Art ist *O. fusiformis* FOL. Ausgesprochene Kaltwasserformen sind die antarktische *O. drygalski* LOHMANN und die arktische *O. labradoriensis* LOHMANN. Die Tiefwasserform *Megalocercus abyssorum* CHUN zeichnet sich durch orange bis rote Färbung und ihre beachtliche Größe von 8 mm Rumpf- und 30 mm Schwanzlänge aus.

Thaliacea

Die Gruppe der *Thaliacea* umfaßt drei Unterklassen: Die Pyrosomen, Dolioliden und Salpen. Sie alle sind reine Planktontiere, die bevorzugt wärmere Meere besiedeln. An ihrem meist tonnenförmigen Körper liegen die Ein- und Ausstromöffnungen an den Körperenden einander in gerader Linie gegenüber. Der Kiemendarm öffnet sich durch viele schmale Kiemenspalten, die bei den Pyrosomen dorsoventral, bei den Dolioliden horizontal verlaufen und bei den Salpen nur in einem Paar sehr weiter, dorsoventral ziehender Öffnungen vorhanden sind, in einen Peribranchial- oder Kloakalraum. Der Darmtrakt ist meist U-förmig gebogen. Die Muskulatur umgreift den Körper in mehr oder weniger kräftigen, ringförmig geschlossenen oder ventral offenen Bändern. Kennzeichnend ist ferner ein Generationswechsel zwischen einer ungeschlechtlichen, solitären Generation, den Oozoiden, die durch Knospung eine geschlechtliche, ständig oder zeitweise soziale Generation, die Blastozoide hervorbringt. Die Homogenität der Gruppe ist sehr umstritten.

Pyrosomida oder Feuerwalzen

1. Allgemeine Kennzeichnung

Die Pyrosomen – man trifft sie fast ausschließlich in tropischen Meeren – bilden pelagische, torpedoförmige Tierkolonien (Abb. 13), in denen die Einzeltiere (Ascidiozoide) in einer gemeinsamen Mantelsubstanz um einen langgestreckten, zentralen Hohlraum radiär angeordnet sind (Abb. 14). Alle ihre Einstromöffnungen sind nach außen, die Ausstromöffnungen nach innen zum zentralen Hohlraum gerichtet und die Ventralseiten dem durch ein blendenartiges Diaphragma verengten Ausgang desselben zugewandt.

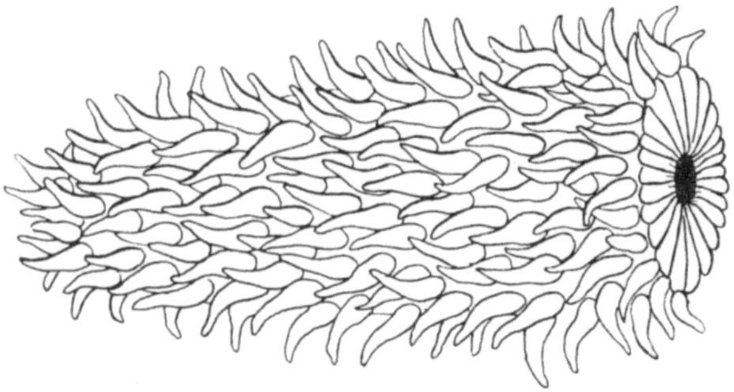

Abb. 13. Pyrosoma-Kolonie. Nach Brehm.

Der geräumige, sackförmige Kiemendarm der Einzeltiere ist von zahlreichen, schmalen, senkrecht zum ventral gelegenen Endostyl stehenden Kiemenschlitzen durchbrochen, die jederseits in einen Peribranchialraum führen. Die Kiemenschlitze werden von ebenso zahlreichen Längsbahnen des Blutgefäßsystems überquert, so daß die Kiemendarmwand ein gitterartiges Aussehen erhält. Die beiderseitigen Peribranchialräume vereinigen sich hinter dem Darmtrakt zu einer unpaaren Kloake, die durch die Ausstromöffnung in den zentralen Hohlraum der Kolonie mündet.

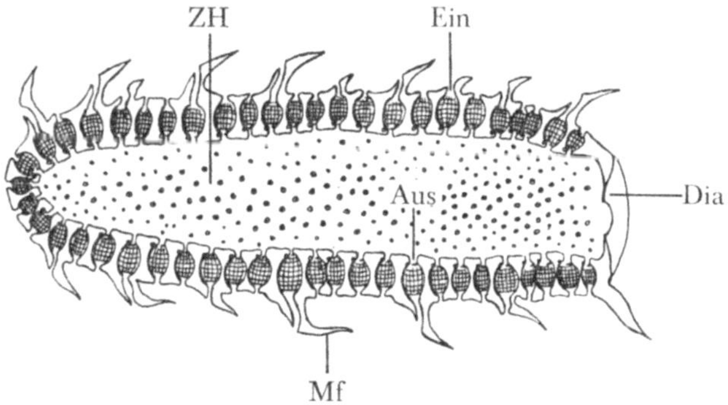

Abb. 14. Längsschnitt durch eine Pyrosoma-Kolonie. Nach Claus Grobben. Aus Ausstromöffnung; Dia Diaphragma; Ein Einstromöffnung; Mf Mantelfortsatz; ZH zentraler Hohlraum der Kolonie.

Die Geschlechtsorgane liegen ventral hinter dem U-förmig gebogenen Darm. Es sind stets ein Hoden und ein dahinter liegendes Ovar vorhanden, die beide durch separate Ausführgänge in die Kloake münden. Ventral zwischen der vorgewölbten Gonadenregion und dem Endostyl befindet sich eine knospenartige Ausstülpung, der Stolo prolifer, welcher der ungeschlechtlichen Vermehrung dient.

2. Integument

Der Körper der Einzeltiere wird von einem plattenförmigen, einschichtigen Epithel bedeckt, das eine die ganze Kolonie zusammenschweißende Mantelsubstanz abscheidet. Nach den wenigen vorhandenen, chemischen Analysen besteht sie aus 23,7 % Zellulose, 62,4 % stickstoffhaltigen Substanzen und 13,9 % Aschebestandteilen. Neben der Zellulose konnte Chondrin nachgewiesen werden. Die Manteloberfläche ist meist rauh, höckerig oder warzig. Häufig findet sich dorsal oder ventral der Einstromöffnung ein dornartiger Fortsatz. In die gallertig-knorpelige, durchscheinende Grundsubstanz sind zahlreiche, verschiedengestaltige, mesenchymatische Zellen eingelagert, von denen besonders die sternförmigen Phorozyten und die fadenförmigen Spindelzellen wichtige Funktionen zu erfüllen haben. Die Phorozyten übernehmen bei den sog. *Pyrosoma ambulata* den Transport der vom Stolo prolifer erzeugten Knospen zu ihrem festgelegten Platz in der Kolonie. Die Spindelzellen bilden ein Netz elastischer Faserzüge, das die Muskulatur der Ausstromöffnungen der Einzeltiere untereinander verbindet und wahrscheinlich deren Arbeitsweise koordiniert.

3. Muskulatur

Die Muskulatur der Pyrosomen ist vergleichsweise schwach entwickelt. Bei den Einzeltieren umgibt je ein Sphinktermuskel die Ein- und Ausstromöffnung (Abb. 15, 16). Der Kloakenmuskel ist mit den elastischen Faserzügen verbunden. Größere Einzeltiere der *Pyrosoma fixata* haben auch noch ein auf einen anterior-dorsalen und anterior-ventralen Punkt konvergierendes, laterales Muskelfibrillensystem. Durch das koordinierte Schließen bzw. Öffnen der Ein- und/oder Ausstromöffnungen läßt sich der das Diaphragma passierende Wasserstrom und damit die Fortbewegung der Kolonie beeinflussen.

4. Nervensystem und Sinnesorgane

Von einem dorsomedian über dem vorderen Kiemendarm gelegenen Gehirnganglion entspringen 8 paarige Nerven. Die beiden vorderen Paare versorgen die Mundregion und den dazugehörigen Sphinkter. Das 3., 4. und 6. Nervenpaar innerviert den Flimmerbogen und die Kiemenspalten, das 5., 7. und 8. die verschiedenen Teile des Kloakenmuskels, letzteres auch noch das Mantelgefäß, bzw. die Mantelgefäße. Dem Gehirnganglion ist ventrocaudal ein Lichtsinnesorgan in Form eines primitiven Auges angelagert, dessen Sinneszellen von unten durch einen Pigmentbecher abgeschirmt werden. Ventromedian vor dem Auge schmiegt sich vom Kiemendarm her die Flimmergrube mit der Neuraldrüse dem Gehirn an. Ihre Funktion ist unbekannt. Die Mundtentakel, besonders der Ventraltentakel, sind mit Sinneszellen versehen, die das einströmende Wasser prüfen.

5. Leuchtvermögen

Ihren Namen Feuerwalzen verdanken die Tiere der Fähigkeit auf mechanische und chemische Reize hin ein intensives, grünlichblaues Licht aussenden zu können. Das Licht kommt aus kleinen, beiderseits vor den Kiemenspalten auf halber Höhe des Flimmerbogens, in einem peripharyngealen Blutsinus liegenden Zellhaufen. Die *Pyrosoma fixata* besitzen derartige Leuchtorgane außerdem noch auf der Ventralseite der Kloake. Das Licht wird von symbiontisch in diesen Zellen lebenden Leuchtbakterien erzeugt. Man nimmt an, daß mechanische Reizung (Strömungsturbulenz) zu einer Steigerung des Atemwasserstromes in der Kolonie führt und der vermehrt herangebrachte Sauerstoff die Luminescenz auslöst.

Durch Zerfall einzelner Zellen der Leuchtorgane gelangen Leuchtbakterien auf dem Blutweg in die Ovarien, wo sie in die Perivitellinzellen des reifen Eies aufgenommen werden, aus denen später die Zellhaufen der Leuchtorgane der 4 primären Einzeltiere hervorgehen. Die aus diesen durch Knospung entstehenden, sekundären Einzeltiere erhalten die Leuchtbakterien aus zerfallenden Leuchtorganzellen der Primärtiere über den Blutweg durch den Stolo prolifer. Sie werden aber in ihnen von Mesenchymzellen aufgenommen, die sich vom Dorsalorgan (vgl. S. 39) lösen und dann an den entsprechenden Stellen zu Leuchtorganen gruppieren. Die Eier und alle Entwicklungsstadien können ebenfalls leuchten.

6. Stoffwechselorgane

a) Ernährungssystem

Wie alle Tunicaten, so sind auch die Pyrosomen Filtrierer, die aus dem mit Hilfe der Kiemendarmbewimperung erzeugten Wasserstrom Geschwebeteilchen abfangen. An die von wulstartigen Lippen oder Tentakeln umsäumte Mundöffnung schließt sich ein unterschiedlich langer, undurchbrochener Teil des Kiemendarmes an. An seinem Ende, vor den ersten Kiemenspalten, erhebt sich jederseits von der ventralen Mittellinie ein Wimperband – der

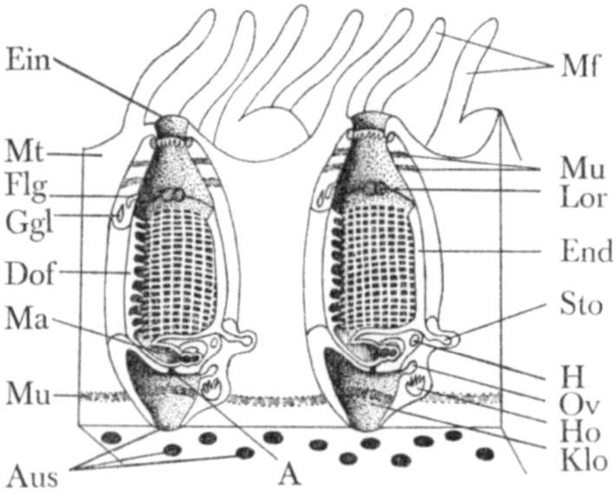

Abb. 15. Ausschnitt aus einer Pyrosomen-Kolonie mit zwei Einzeltieren im Längsschnitt. Nach Delage & Herouard. A After; Aus Ausstromöffnung; Dof Dorsalfalte; Ein Einstromöffnung; End Endostyl; Flg Flimmergrube; Ggl Gehirnganglion; H Herz; Ho Hoden; Klo Kloake; Lor Leuchtorgan; Ma Magen; Mf Mantelfortsatz; Mt Mantel; Mu Muskulatur; Ov Ovar; Sto Stolo prolifer.

Flimmerbogen – zieht die Flanken des Kiemendarmes empor und vereinigt sich dort mit dem der Gegenseite. Vom ventralen Ursprung des Flimmerbogens erstreckt sich nach hinten über den ganzen Kiemendarmboden eine rinnenförmige, mit Drüsenzellen und Wimperbahnen reich besetzte Vertiefung, der Endostyl. Senkrecht zu ihm durchbrechen beiderseits in dorsoventraler Richtung die schmalen Kiemenspalten (20–50 an der Zahl) die Darmwand und führen in einen Peribranchialraum (Abb. 16). Dorsomedian bildet der Kiemendarm eine Längsfalte (Dorsalfalte), die in einzelne zungenförmige, bewimperte Lappen aufgelöst ist. Die schmalen, an den Rändern bewimperten Kiemenspalten werden auf der Darminnenseite von Längsbahnen des Blutgefäßsystems senkrecht überquert, welche so das Spaltensystem vergittern (Abb. 17).

Die Einzelheiten des Filtervorgangs sind bei den Pyrosomen nicht untersucht, doch ist anzunehmen, daß, wie bei den übrigen Tunicaten, aus dem Endostyl mit Hilfe des Wimperbogens und eines Teiles der Spaltenbewimperung ein Schleimteppich über das

Kiemendarmgitter gleitet, in dem das Geschwebe haften bleibt. Das filtrierte Wasser wird über den Peribranchialraum in die Kloake und durch die Ausstromöffnung abgeführt.

Der Kiemendarm verengt sich an seinem oberen Hinterende abrupt zum kurzen Oesophagus, über den die Nahrung durch seine zahlreichen Wimpern in den beutelförmigen, mit Drüsenepithel ausgekleideten Magen geleitet wird. Eine Wimperstraße durch den Magen ist das Förderband zum schleifenförmig gebogenen, gleichfalls bewimperten Mittel- und Enddarm, der in die Kloake mündet. Im linken unteren Magenbereich entspringt eine

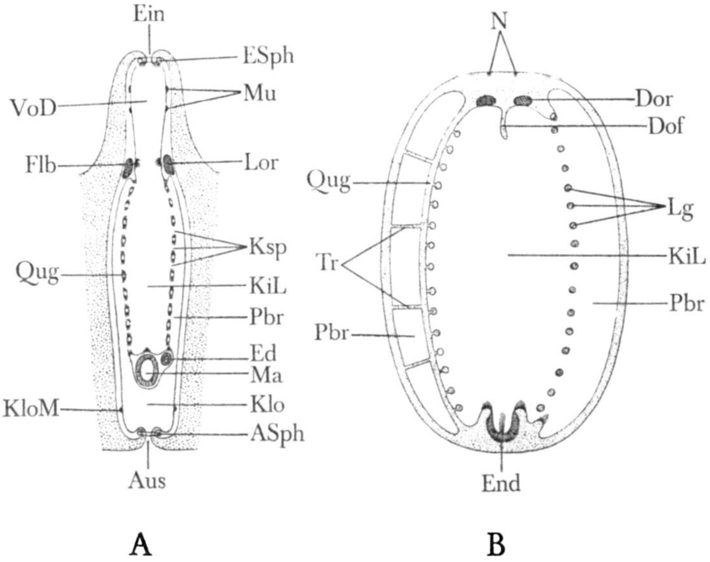

Abb. 16. Pyrosoma. A Längsschnitt, B Querschnitt durch ein Einzeltier (Ascidiozoid). Nach Seeliger. ASph Spinkter an der Ausstromöffnung; Aus Ausstromöffnung; Dof Dorsalfalte; Dor Dorsalorgan oder blutbildendes Organ; Ein Einstromöffnung; Ed Enddarm; End Endostyl; ESph Sphinktermuskel der Einstromöffnung; Flb Flimmerbogen; Kil Kiemendarmlumen; Klo Kloake; KloM Kloakenringmuskel; Ksp Kiemenspalten; Lg Längsgefäß des Kiemendarmes; Lor Leuchtorgan; Ma Magen; Mu Vorderdarmringmuskeln; N Nerven; Pbr Peribranchialraum; Qug Quergefäß des Kiemendarmes, mit aufsitzenden quergeschnittenen Längsgefäßen; Tr Trabekel; VoD vorderer, undurchbrochener Kiemendarm.

dünne, sich verzweigende, schlauchartige Magenausstülpung – die sog. darmumspinnende Drüse – deren Äste den Enddarm umgeben. Ihre Funktion ist unbekannt. Die Kloakenhöhle, zu der sich die beiderseits den Kiemendarm umschalenden Peribranchialräume vereinigen, ist, je nach Art, unterschiedlich lang und weit. Bei den *Pyrosoma fixata* ist der Dorsalrand der Kloakenöffnung in einen zipfeligen Fortsatz ausgezogen.

b) Atmungssystem

Über den Gasaustausch liegen keine speziellen Untersuchungen vor. Man darf annehmen, daß er an dem oberflächenreichen, gut durchbluteten Reusenwerk des Kiemendarmes vor sich geht. Dessen Wimperkleid unterhält einen ständigen Wasserstrom, der laufend neues, sauerstoffreiches Wasser an das „Kiemen“-Gewebe heranbringt und CO_2 abführt.

c) Kreislaufsystem

Der Raum zwischen der Epidermis und den Organen ist mit mesenchymaler Grundsubstanz ausgefüllt, in die einzelne Bindegewebszellen eingelagert und Spalträume für bestimmte Blutbahnen ausgespart sind. Vor dem Herzen teilt sich das Lakunensystem in drei parallele Bahnen. Sie verlaufen unter dem Endostyl und seitlich davon. Von ihnen steigen Abzweigungen unter den Flimmerbögen und durch die hohlen, dorsoventralen Stege zwischen den Kiemenspalten zum Kiemendarmdach auf, wo sie in einen ebenfalls dreiteiligen, dorsalen Sinus einmünden. Die unter den Flimmerbögen hinziehenden Kanäle kommunizieren mit den Kiemendarmlängsgefäßen. Durch eine nach hinten über den Darmtrakt und die Geschlechtsorgane zur hinteren Herzöffnung ziehende Blutbahn wird der Kreislauf geschlossen.

Als röhrenförmige Auswüchse der Epidermis entstehen mit einem einschichtigen Epithel ausgekleidete Mantelgefäße (*Pyrosoma fixata:* 2 Gefäße dorsal des Kloakenmuskels; *P. ambulata:* 1 Gefäß auf der Dorsalseite des Hinterkörpers), die innen mit Längsmuskelfibrillen versehen sind und bis ins Diaphragma der Kolonie reichen. Sie versorgen den Mantel mit den nötigen Stoffwechselprodukten und regulieren durch ihre Muskulatur wahrscheinlich den Tonus des Diaphragmas.

Der Blutstrom wird durch ein schlauchförmiges, ventral zwischen Endostyl und Darmtrakt sich erstreckendes Herz in Bewegung gehalten. Dieses Herz ist mit einer Muskelplatte aus quergestreiften Muskelfibrillen versehen und liegt in einem allseitig geschlossenen Perikard, aus dem es durch rinnenförmige Einfaltung der Dorsalwand hervorgegangen ist. Es zeigt die bei den Tunicaten allgemein verbreitete Eigenschaft der Schlagrichtungsumkehr.

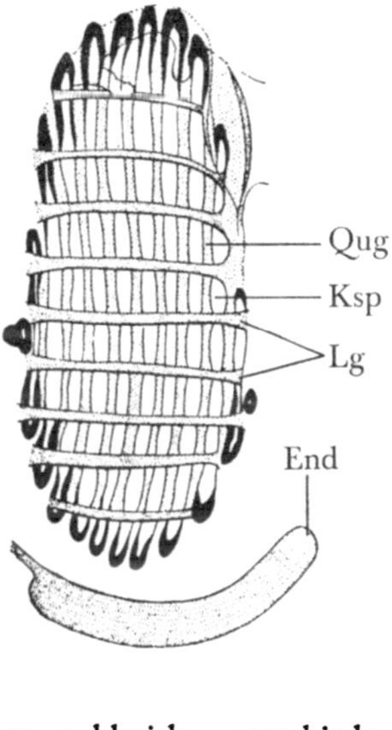

Abb. 17. Blick auf die Innenseite der Kiemendarmwand eines jungen Blastozoids von Pyrosoma elegans. Nach Julin. End Endostyl; Ksp Kiemenspalte; Lg Längsgefäß des Kiemendarmes; Qug Quergefäß des Kiemendarmes.

In der Blutflüssigkeit flottieren zahlreiche, verschiedenartige Zellen, z. T. mit acidophilen Granulae oder stark vacuolisiert und mit polymorphen Kernen ausgestattet. Sie werden bei den *Pyrosoma ambulata* von einem im dorsalen Blutsinus über dem Kiemendarm sich erstreckenden, mesenchymatischen Zellstrang – dem sog. Dorsalorgan – ins Blut abgegeben und stammen bei den *Pyrosoma fixata,* die kein Dorsalorgan haben, wahrscheinlich aus ähnlichen Mesenchymzellen, die dort den Darmtrakt umlagern.

d) Exkretionssystem

Spezielle Exkretionsorgane sind nicht ausgebildet. Die Ausscheidung der löslichen Stoffwechselendprodukte erfolgt, wie man annimmt, über die respiratorischen Oberflächen.

7. Geschlechtsorgane

Die Pyrosomen sind stets zwittrig. Die Gonaden liegen ventral zwischen dem Darmtrakt und der Kloake, wo sie den Körper gewöhnlich bruchsackartig vorwölben. Der meist stark fingerförmig gelappte Hoden befindet sich stets etwas vor dem flaschenförmigen Ovar. Beide Gonaden haben getrennte Ausführgänge, die in die Kloake münden. Das Ovar bringt zeitlebens nur 1 Ei zur Reife. Hoden und Ovarien haben bei den aufeinanderfolgenden Einzeltiergenerationen der Kolonie unterschiedliche Reifetermine. Die älteren Einzeltiergenerationen sind protandrisch, die mittleren bringen Hoden und Ovarien gleichzeitig zur Reife und die jüngeren sind protogyn.

8. Fortpflanzung und Entwicklung

Die Samenzellen werden über den Samenleiter in die Kloake entleert und gelangen von dort z. T. ins Freie, z. T. aber gleich in den Eileiter desselben Tieres, in dessen proximalem Teil sie bis zur Eireife gespeichert werden. Die Befruchtung des Eies erfolgt durch die eiumgebende Follikelwand hindurch, und das Ei beginnt sich in situ zu entwickeln. Infolge seiner Volumenzunahme sprengt es das umliegende Gewebe, gelangt in die mesenchymalen Spalträume und bricht im weiteren Wachstumsverlauf entweder in die Kloake oder in den Peribranchialraum durch.

Die Furchung des sehr dotterreichen Eies verläuft diskoidal. Die Keimscheibe breitet sich zunehmend über den Dotter aus, umschlingt ihn schließlich ganz, wird mehrschichtig, grenzt das Entoderm und das Pericard ab und legt durch Ektodermeinstülpungen eine Neuralblase und zwei symmetrische Peribranchialschläuche an, die sich zur Kloake vereinigen.

Dieser primitive, mit so wenigen Anlagen versehene Organismus wird als Oozoid (Cyathozoid) bezeichnet. Er bringt auf ungeschlechtlichem Wege, durch Knospung, die vier ersten Blastozoide, die sog. Primär-Ascidiozoide der Kolonie hervor. Es entwickelt sich dabei an seiner Ventralseite eine wurstförmige Ausstülpung, der Stolo, in den sich die Organanlagen des Oozoids – Darmrohr, Peribranchialschläuche, ein röhrenförmiger Auswuchs des Perikards, das Neuralrohr und Mesodermzellstränge – fortsetzen. Der Stolo schnürt sich an vier Stellen hintereinander ein und die zusammenhängenden Teilstücke entwickeln ihre Organanlagen, während das Oozoid, das der Stolo im Laufe seines Wachstums ring-

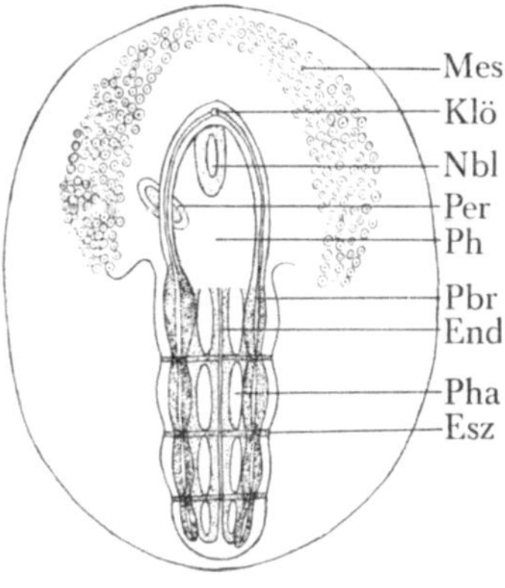

Abb. 18. Ei von Pyrosoma mit Oozoid (Cyathozoid) – Embryo an dem bereits der Stolo prolifer ausgebildet ist, von dem sich die ersten 4 Blastozoide, die sog. Primärascidiozoide, abgliedern. Nach Kowalevsky. End Endostylanlage; Esz Einschnürungszone zwischen den sich abgliedernden Primärascidiozoiden; Klö Kloakenöffnung des Oozoids; Mes Mesenchymzelleansammlung; Nbl Neuralblase des Oozoids; Pbr Peribranchialraumanlage (Peribranchialschlauch); Per Perikard; Ph Pharynx des Oozoids; Pha Pharynxanlage des Primärascidiozoids.

förmig umschlingt, immer stärker reduziert wird (Abb. 18). Dabei stellen sich die Blastozoide mit ihren Körperachsen senkrecht zur Achse des ursprünglichen Stolo und senkrecht zur Oozoidoberfläche (Abb. 19). Die Einstromöffnung bricht durch, im Vorderdarm öffnen sich Kiemenspalten in den Peribranchialraum, der Endostyl bildet sich aus und ein wenig später senkt sich die Kloake ein und die Ausstromöffnung entsteht.

Alle diese Vorgänge spielen sich noch im mütterlichen Körper ab, dessen Kiemendarm, Peribranchialräume und Kloake dabei völlig zur Seite geschoben und zusammengedrückt werden. Erst spät wird die Viererkolonie ausgestoßen und beginnt durch Knospung die Individuenzahl zu vermehren.

Die Knospung geht wiederum von einem Stolo prolifer aus, der an der Stelle erscheint, wo der Verbindungsstrang aus dem Körper des einen Primär-Ascidiozoids austritt und zum benachbarten hinüberzieht. In den Stolo setzen sich auch hier Gewebe- und Organstränge fort. Durch Einschnürung werden die Anlagen der weiteren Blastozoide abgegrenzt, die sich ganz wie bei den Primär-Ascidiozoiden entwickeln. Um die charakteristische Form der Kolonie zu bilden, müssen die Tochterindividuen an den vier Knospenketten der Primär-Ascidiozoide ganz bestimmte Plätze im Verband einnehmen (Abb. 20). Die Wanderung der abgeschnürten

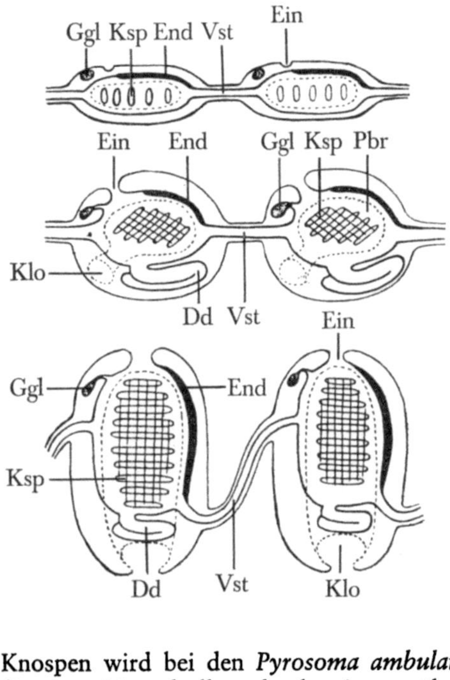

Abb. 19. Drei Phasen der Entwicklung und Aufrichtung der Primärascidiozoide. Nach Salensky. Dd Darmkanal; Ein Einstromöffnung; End Endostyl; Ggl Gehirnganglion; Klo Kloake und Ausstromöffnung; Ksp Kiemenspalte; Pbr Peribranchialraum; Vst Verbindungsstrang zwischen den Ascidiozoiden.

Knospen wird bei den *Pyrosoma ambulata* im Schlepptau sternförmiger Mantelzellen, der bereits erwähnten Phorozyten, ausgeführt, die die Knospen an ihren Platz bringen. Bei den *Pyrosoma fixata* erfolgt die entsprechende Lagerung durch Wachstumsverschiebungen.

Die Blastozoide vergrößern weiterhin durch Knospung die Individuenzahl der Kolonie, erst spät bringen sie auch Geschlechtszellen hervor und vermehren so auf geschlechtlichem Wege die Art.

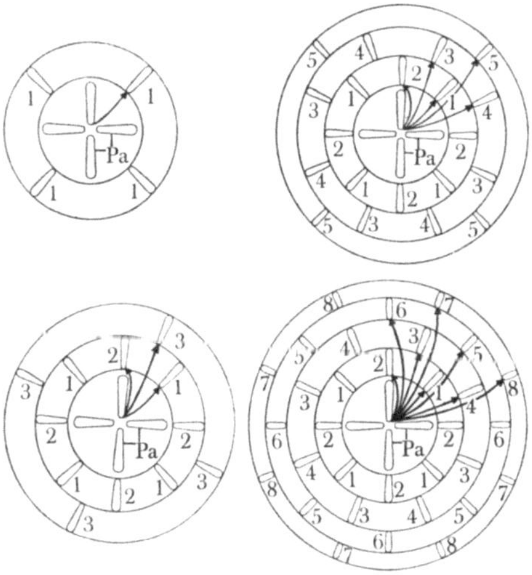

Abb. 20. Schema der Knospenwanderung und Anordnung bei der Koloniebildung von Pyrosoma. Nach Neumann. Die Zahlen geben die Reihenfolge wieder, in der die Wanderknospen (Blastozoide) von den Primärascidiozoiden (Pa) hervorgebracht werden; die Pfeile bezeichnen den Wanderweg. Die Primärascidiozoide befinden sich im Zentrum des Vorderendes der Kolonie.

System

Ordnung: **Pyrosomida**

Einzige Familie: *Pyrosomatidae*

Die einzige Gattung *Pyrosoma* Peron umfaßt 9 Arten, die in zwei Gruppen unterteilt werden:

1. Gruppe: *Pyrosoma fixata* Neumann

Die 2 Arten dieser Gruppe – *P. agassizi* Ritter & Byxbee und *P. spinosum* Herdmann – sind dadurch gekennzeichnet, daß sie keine wanderungsfähigen Knospen ausbilden, diese bleiben vielmehr bis zu ihrer späten Abtrennung mit dem Stolo verbunden. Jedes Einzeltier besitzt einen kurzen, dornartigen Mantelfortsatz ventral vor der Einstromöffnung, einen Dorsalanhang an der Ausstromöffnung und 2 Mantelgefäße. Zahlreiche Mundtentakel. Der Kloakenmuskel ist sehr weit nach vorn gerückt und liegt über dem Peribranchialraum. Die Öffnung der gemeinsamen, großen Kloakenhöhle der Kolonie wird nicht durch ein Diaphragma verengt.

2. Gruppe: *Pyrosoma ambulata* NEUMANN

Die Knospen dieser Arten schnüren sich frühzeitig vom Stolo ab und wandern zur jeweiligen Basis der Kolonie. Der Mantelfortsatz fehlt oder liegt dorsal von der Einstromöffnung. Kein Dorsalanhang über der Ausstromöffnung. Nur ein ventraler Mundtentakel vorhanden. Primärtiere mit 2, alle folgenden mit nur einem Mantelgefäß. Kloakenmuskel umspannt die Kloake. Die Öffnung der gemeinsamen Kloakenhöhle der Kolonie wird durch ein blendenförmiges Diaphragma verengt. Eine im Mittelmeer sowie im Atlantik bis 52° N und 50° S häufig anzutreffende Art dieser Gruppe ist *P. atlanticum* PERON mit einer Kolonielänge von 20–60 cm.

Mit Ausnahme der eben erwähnten Art, sowie *P. giganteum* LESUEUR und *P. spinosum* HERDMANN, die auch kühleres Wasser vertragen, sind die Feuerwalzen in ihrer Verbreitung auf eine schmale Zone beiderseits des Äquators beschränkt. Das Tiefenvorkommen liegt hauptsächlich zwischen 0–200 m, unter 500 m wurden nur äußerst selten einzelne Kolonien erbeutet.

Die Durchschnittsgröße der Kolonien liegt bei 3–10 cm Länge und 1–3 cm Durchmesser. Längste Kolonie 4 m. Länge der Einzeltiere 4–19 mm.

Doliolida (Cyclomyaria)

1. Allgemeine Kennzeichnung

Die Dolioliden sind wie die Pyrosomen pelagische, transparente Tunicaten, bleiben aber den überwiegenden Teil ihres Lebens solitär und sind nur in bestimmten Entwicklungsstadien für kurze Zeit kolonieartig verbunden. Ihre Körpergrundgestalt ist faßartig mit einer mehr oder weniger großen Einstromöffnung am Deckel des Fasses und einer Ausstromöffnung am Boden desselben (Abb. 21). Der weite Hohlraum im Faßinnern wird durch eine von horizontalen Schlitzen durchbrochene Querwand in zwei Räume unterteilt. Der vordere entspricht dem Kiemendarm, der hintere der Kloake, nur mit dem Unterschied, daß sich hier, im Gegensatz zu den Pyrosomen, die Kiemen in der Hinterwand des Kiemendarmes befinden, wo dieser sich bereits zum Oesophagus verengt und die Kiemenspalten sich direkt in die Kloakenhöhle öffnen, auf die der Peribranchialraum reduziert ist.

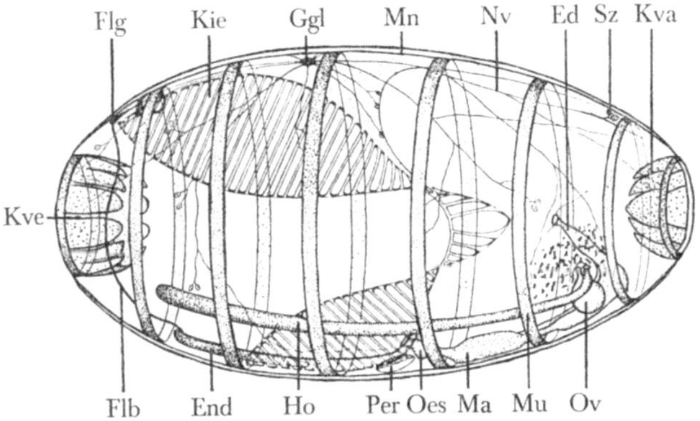

Abb. 21. Doliolum denticulatum. Gonozoid. Nach Neumann. Ed Enddarm; End Endostyl; Flb Flimmerbogen; Flg Flimmergrube; Ggl Gehirnganglion; Ho Hoden; Kie Kieme; Kva Klappventile der Austromöffnung; Kve Klappventile der Einstromöffnung; Ma Magen; Mn Mantel; Mu Muskelring; Nv Nerv; Oes Oesophagus; Ov Ovar; Per Perikard; Sz Sinneszelle.

Alle übrigen Organe sind in die dünne Wand des Fasses zurückgedrängt, wo wir ventral im Kiemendarm den Endostyl, dahinter das Herz, den U-förmig gebogenen Darmtrakt und die Gonaden, dorsal ein Gehirnganglion mit den abgehenden Nerven in mesenchymale Grundsubstanz eingebettet finden. Den Körper umschlingen wie Faßbänder, in Zahl und Mächtigkeit variierende, ringförmig geschlossene Muskelbänder *(Cyclomyaria)*.

Kennzeichnend ist ferner ein Generationswechsel während des etwas komplizierten Lebenszyklus, in dem ein ungeschlechtliches, durch Knospung sich vermehrendes Oozoid mehrere Generationen steriler Blastozoide unterschiedlicher Ausgestaltung (Trophozoid und Phorozoid) hervorbringt. Die letzte dieser Generationen bildet Gonaden aus, vermehrt sich geschlechtlich und schließt den Kreis zum Oozoid.

2. Integument

Die einschichtige Epidermis aus polygonalen, abgeplatteten Zellen scheidet, verglichen mit den übrigen Tunicaten, einen sehr dünnen Mantel ab, der nur in der Gattung *Doliopsis* und bei den älteren Oozoiden (Ammentieren) größere Mächtigkeit erlangt. Im Gegensatz zu den Ascidien, Pyrosomen und Salpen konnte in der Mantelsubstanz keine Zellulose nachgewiesen werden. Selten nur, und auch nicht bei allen Arten, wandern Zellen in den Mantel aus. Die Manteloberfläche ist bei manchen Arten klebrig oder schleimig, so daß allerlei Geschwebe daran haften bleibt und die Tiere schmutzig aussehen. An der Einstromöffnung bildet die Epidermis 10–12 abgerundet-dreieckige Hautläppchen, während die entsprechenden an der Ausstromöffnung lediglich aus Mantelsubstanz bestehen. Sie dienen als Klappventile zum Verschluß der Öffnungen.

3. Muskulatur

Mit Ausnahme der Gattung *Doliopsis* und der Trophozoide ist die Muskulatur bei den Dolioliden kräftig entwickelt. Die Gono- und Phorozoide besitzen 8, die Oozoide 9 reifenförmige, den Körper umschlingende Muskelbänder. Der erste und letzte Muskelring funktioniert als Sphinkter der Ein- bzw. Ausstromöffnung. Bei den Oozoiden verbreitern sich im Alter die Muskelreifen sehr stark bindenartig, so daß sie bei ganz alten Tieren schier zu einem Hautmuskelschlauch verschmelzen. Dieser Zuwachs an Muskulatur ist verständlich, wenn man bedenkt, daß die alten Oozoide (Ammen) einen Schwanz von Blastozoiden hinter sich herschleppen und alle Funktionen zugunsten dieser Transportaufgabe weitgehend einschränken. *Doliopsis* besitzt nur je 2 schmale Sphinkter an den Körperöffnungen und je einen S-förmig gekrümmten, schwachen Muskel an den Körperseiten. Histologisch bestehen die Muskeln aus einer Lage langgestreckter Muskelzellen mit stabförmigem Kern und randständiger, kontraktiler Fibrille.

Anders als bei den Pyrosomen erfolgt die Fortbewegung der Dolioliden ausschließlich durch die Tätigkeit der Muskulatur und nicht durch Wimperschlag. Dabei wechseln lange Ruhepausen mit

Perioden hastiger Tätigkeit ab. In der Regel kontrahieren sich die zwischen den Sphinktern liegenden Bänder synchron, während die Schließmuskeln alternierend arbeiten. Die Fortbewegung erfolgt durch Rückstoßschwimmen. Dazu kontrahiert sich zunächst der Sphinkter einer der beiden Körperöffnungen. Hierauf zieht sich die Körpermuskulatur zusammen, der dadurch entstehende Druck in der Kiemendarm- und Kloakenhöhle drückt die einwärts gestellten Lappen der geschlossenen Körperöffnung wie Klappventile dicht aneinander und preßt das Wasser aus den Hohlräumen zur unverschlossenen Öffnung heraus, wodurch ein Rückstoß entsteht, der das Tier in Richtung der verschlossenen Körperöffnung vorantreibt. Wie wirkungsvoll dieser Rückstoß ist, zeigen Beobachtungen, nach denen ein 1,5 mm langes Tier mit einem „Sprung" 4,5 cm und mehr zurücklegt, und viele Autoren berichten, daß die Dolioliden zu den beweglichsten Planktontieren überhaupt zählen. Diese Beweglichkeit kommt allen Generationen zu, mit Ausnahme der Trophozoide, die einer Eigenbewegung nicht fähig sind.

4. Nervensystem und Sinnesorgane

Das Nervensystem besteht aus einem Cerebralganglion, 3 paarigen und 2 unpaarigen davon ausgehenden Nerven. Das Gehirn liegt dorsal vom Kiemendarm im 3. oder 4. Intermuskularraum. Der vordere unpaare Mediannerv innerviert die dorsalen Mundläppchen und den Sphinkter; das erste, schräg nach vorn ziehende Nervenpaar die seitlichen und ventralen Mundläppchen, die ersten drei Muskelbänder – Sphinkter mitgerechnet – den Endostyl und Flimmerbogen, seitliche und ventrale Sinneszellen des Vorderkörpers. Das mittlere Nervenpaar versorgt das 4. Muskelband und das schräg nach hinten verlaufende, hintere Nervenpaar die Muskelreifen 5–9, die Kloakalläppchen und Sinneszellen des Hinterkörpers. Der unpaare hintere Mediannerv entsendet Zweige zu den Kloakalläppchen, dem hinteren Sphinkter und zu einem Visceralganglion, welches Kieme und Darmtrakt innerviert. Die Hautsinneszellen liegen immer in einer Dreiergruppe kleeblattartig vereint über den ganzen Körper verstreut, besonders dicht umstellen sie die Ein- und Ausstromöffnung. Auf der Ventralseite des Gehirnganglions befindet sich eine winzige Subneuraldrüse. Sie ist durch einen dünnen Flimmerkanal mit der Flimmergrube im Kiemendarmdach verbunden, die wahrscheinlich als chemisches Sinnesorgan funktioniert. Beim Oozoid ist auf der linken Körperseite im 3. Intermuskularraum eine Statocyste entwickelt, die mit dem 1. Nervenpaar in Verbindung steht.

5. Stoffwechselorgane

a) Ernährungssystem

Durch den Wimpersaum der 8–200 Kiemenspalten in der Hinterwand des Kiemendarmes wird ein in der Kiemendarmhöhle rotierender, mit Geschwebe beladener Saugstrom erzeugt. Gleichzeitig sondert der Endostyl beträchtliche Schleimmengen ab. Sie werden durch den zu beiden Seiten vom Vorderende des Endostyls steil zum Kiemendarmdach aufsteigenden, sich oben in einer Spirale vereinigenden Flimmerbogen zu mehr oder weniger breiten

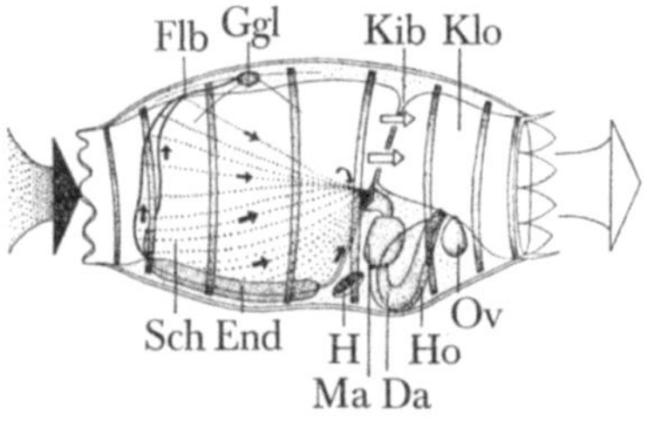

Abb. 22. Schematische Darstellung der Nahrungsgewinnung bei Doliolum. Da Darm; End Endostyl; Flb Flimmerbogen; Ggl Gehirnganglion; H Herz; Ho Hoden; Kib Kiemenbalken mit den Kiemenspalten; Klo Kloake; Ma Magen; Ov Ovar; Sch Schleimfahnen. Die Pfeile markieren den Weg des Wasserstromes bzw. der Schleimfahnen.

Schleimfahnen ausgezogen. An ihrer klebrigen Oberfläche bleiben Geschwebeteilchen aus dem Saugstrom haften. Durch den kegelförmigen, rotierenden Wasserkörper, dessen Kegelspitze auf die Oesophagusöffnung gerichtet ist, werden diese Schleimfahnen – ähnlich wie in einer Seilerwerkstatt die Schnüre zu einem Seil – zu einem Schleimstrang zusammengedreht. Er wird von einer Wimperstraße, die vom Hinterende des Endostyls median zum Oesophagus verläuft und in Schraubenwindungen zum Magen hinabsteigt, erfaßt und in diesen hineingeschraubt. Die ventrale, mediane Wimperstraße (Retropharyngealband) befördert abgesunkene Partikel direkt in den Oesophagus. Der angesaugte Wasserstrom tritt mehr oder weniger gut filtriert durch die Kiemenspalten in die Kloakenhöhle aus (Abb. 22).

Auf ihrem Weg durch den Verdauungstrakt wird die Nahrung durchgehend auf Wimperstraßen transportiert. Im erweiterten, dreikantigen Magen stehen am Eingang besonders lange Wimperbüschel. Daran schließt sich ein schleifen- oder U-förmig aufwärts gebogener Dünn- und Enddarm an, über dessen histologische und funktionelle Beschaffenheit fast nichts bekannt ist. Der Enddarm mündet in die Kloake aus. Der Nahrungswasserstrom durchfließt den Körper eines 1,5 mm langen Tieres mit einer Geschwindigkeit von etwa 15 cm/min, dabei werden am Tage mehr als $^1/_8$ l Wasser filtriert.

b) Atmungssystem

Atmungs- und Ernährungssystem sind wie bei allen Tunicaten auch bei den Dolioliden aufs engste gekoppelt. Der Wasserstrom – er wird von den Wimpern der paarig beiderseits eines Mittelsteges angeordneten Kiemenspalten bewegt – bringt neue Nahrung heran, führt den Kiemen gleichzeitig Sauerstoff zu und von ihnen CO_2 ab. Ein nicht unbeträchtlicher Teil des Gasaustausches erfolgt sicherlich auch über die ausgedehnten, nicht durchbrochenen Flächen des vorderen Kiemendarmes, die, vor allem bei den alten Oozoiden mit gänzlich reduziertem Kiemen- und Verdauungstrakt, die wichtigste respiratorische Oberfläche darstellen.

c) Kreislaufsystem

Der Raum zwischen der Epidermis und den inneren Organen ist mit mesenchymatischer Grundsubstanz erfüllt. Sie enthält unregelmäßig gestaltete Bindegewebszellen, die im Dorsalfortsatz der Oozoide besonders häufig auftreten. Durch die Lücken der Grundsubstanz strömt eine mit nur wenigen amoeboiden Zellelementen versehene, klare Blutflüssigkeit, von einem schlauchförmigen, ventral zwischen Endostylhinterende und Magen gelegenen Herzen in Bewegung gehalten.

Das Herz entsteht aus einer ventralen Abschnürung des Kiemendarmes, dem Perikard, dessen Dorsalwand sich der Länge nach rinnenförmig einsenkt und senkrecht zur Längsachse eine quergestreifte Muskulatur entwickelt. Die Längsrinne wird teilweise durch Bindegewebe, teils durch eine Gewebeplatte verschlossen, die aus einer dorsalen Abfaltung des Perikards hervorgegangen ist und als Epikard bezeichnet wird. Die überdeckte Rinne bleibt an beiden Enden offen, das Rinnenlumen wird zur Herzkammer. Auch das Doliolidenherz zeigt die periodische Schlagrichtungsumkehr aller Tunicatenherzen.

d) Exkretionssystem

Die Dolioliden haben ebenfalls keine speziellen Exkretionsorgane. Die Ausscheidung der löslichen Stoffwechselendprodukte erfolgt wahrscheinlich über die respiratorischen Oberflächen.

6. Geschlechtsorgane

Geschlechtsorgane besitzt nur die letzte Blastozoidengeneration. Die als Gonozoide bezeichneten Tiere sind stets protogyne Zwitter. Die Geschlechtsorgane lagern ventral hinter dem Darmtrakt. Beide, Hoden und Ovar, haben getrennte Ausführgänge, die in die Kloake münden. Der Hoden liegt vor dem birnenförmigen Ovar. Er entwickelt sich, je nach Art, verschieden mächtig, nimmt einmal eine kurze, flaschenartige Gestalt an, dann wieder dehnt er sich wurstförmig lang aus und erstreckt sich dann im Mesenchym der Ventralseite weit nach vorn bis über den Endostyl hinaus. Das Ovar bringt nacheinander mehrere Eier hervor, die von Follikelzellen umgeben sind, welche ein Chorion abscheiden. Der Hoden erreicht den Gipfel seiner Entwicklung, wenn das Ovar bereits leer ist. Eine Selbstbefruchtung ist daher ausgeschlossen.

7. Fortpflanzung und Entwicklung

Die Eier werden unter starker Dehnung des Oviduktes in die Kloakenhöhle und von da ins freie Wasser ausgestoßen. Entsprechendes geschieht mit den sehr langlebigen Samenzellen. Das befruchtete Ei macht eine totale, fast aequale Furchung durch und bildet eine Invaginationsgastrula. Über die weitere Entwicklung bis zur Larve ist nahezu nichts bekannt, da sie sich in größeren Tiefen vollzieht, in die der nicht schwimmfähige Embryo absinkt. Die später im Plankton erscheinenden Larven sind noch lange in die stark gedehnte Eihülle eingeschlossen, aber schon deutlich in einen spindelförmigen Rumpf und einen Schwanz gegliedert, in dem eine Chorda mit anliegender Schwanzmuskulatur ausgebildet ist.

Außer der Chorda treten auch noch andere larvale Organe auf, wie z. B. bei *Doliolum mülleri* eine flüssigkeitserfüllte Blase zwischen Schwanz und Rumpf (Schwanzblase) oder bei Doliolum denticulatum eine am Rumpfvorderende hervortretende, rüsselförmige Ektodermausstülpung von häufig beträchtlicher Länge. Man vermutet, daß es sich hierbei um Einrichtungen zur Vermin-

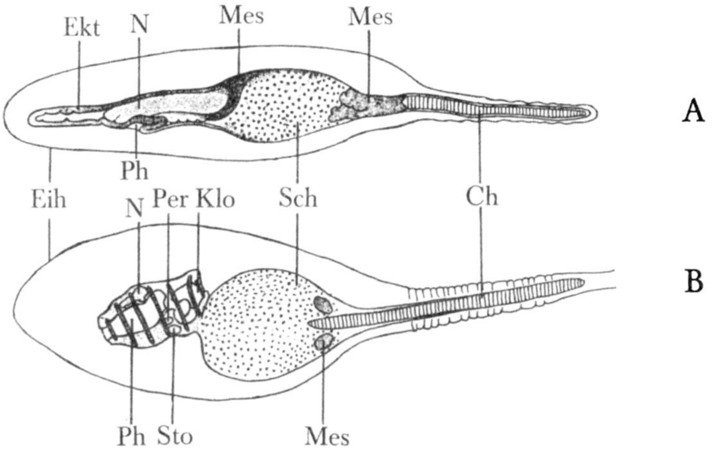

Abb. 23. A jüngere, B ältere Larve von Doliolum mülleri. Nach Neumann. Ch Chorda; Eih Eihaut; Ekt Ektoderm; Klo Kloake; Mes vorderes und hinteres Mesoderm; N Nervensystem; Per Perikard; Ph Pharynx; Sch Schwanzblase; Sto Mesodermanlage des Stolo prolifer.

derung der Sinkgeschwindigkeit handelt. Wie die Chorda, werden auch diese Larvenorgane später völlig zurückgebildet, so daß beim Sprengen der Eihülle nur mehr der tönnchenförmige Rumpf vorhanden ist (Abb. 23).

Die Kloakenhöhle entsteht – wie bei den Ascidien – aus paarigen, taschenförmigen Ektodermeinstülpungen, die sich an die Hinterwand der Pharyngealhöhle anlegen und zu einer einheitlichen Kloake verschmelzen.

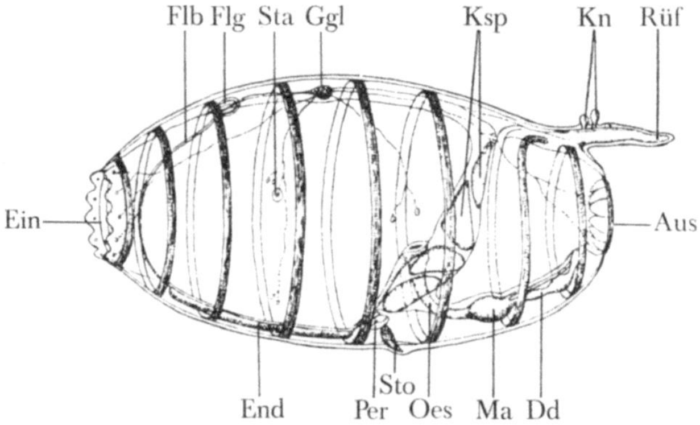

Abb. 24. Oozoid von Doliolum rarum. Nach Neumann. Aus Austromöffnung; Dd Dünndarm; Ein Einstromöffnung; End Endostyl; Flb Flimmerbogen; Flg Flimmergrube; Ggl Gehirnganglion; Kn Knospe; Ksp Kiemenspalten; Ma Magen; Oes Oesophagus; Per Perikard; Rüf Rückenfortsatz; Sta Statozyste; Sto Stolo prolifer.

Die alternde Larve entwickelt sich unter zunehmender Verbreiterung der Muskelreifen und Reduzierung der Kieme und des Verdauungstraktes zum Oozoid, das keine Gonaden hervorbringt, sondern sich durch Knospung vermehrt (Abb. 24). Die Abschnürung der Knospen erfolgt an einem speziell zu diesem Zweck hervorgebrachten Organ, dem Stolo prolifer. Dieser entwickelt sich als bruchsackartige Vorwölbung der Epidermis im Ventralbereich des Oozoids, unmittelbar hinter dem Endostyl, in die ein Mesodermzellenstrang und ein Zellzapfen aus der verdickten Ventralwand des Herzbläschens, sowie jederseits ein solider Zellstrang aus der Pharyngeal- und zwei aus der Kloakalwand hineinwachsen. Sie liefern das Bildungsmaterial für die Knospen (Abb. 25). Im Verlauf der Entwicklung des Stolo prolifer nimmt der Mesodermzellenstrang an Umfang gewaltig zu und drängt die übrigen, sich abflachenden Gewebekomponenten an die Peripherie. Äußerlich erscheint der Stolo prolifer zunächst keulen- oder zapfenförmig. Mit zunehmender Länge verjüngt er sich, durchbricht schließlich den Mantel und schiebt sich in einer Epidermisscheide nach hinten vor. An seinem Hinterende schnüren sich Teilstücke (Knospen) ab, die durch eine, meist aber mehrere Transportzellen (Phorocyten) einzeln oder in Trupps von der Ventralseite ausschließlich über die

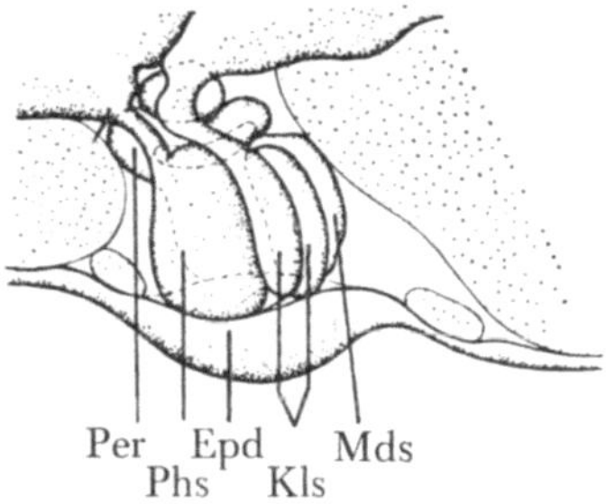

Abb. 25. Entstehung des Stolo prolifer am Oozoid von Doliolum denticulatum. Nach Neumann. Epd Epidermis; Kls primärer und sekundärer Kloakalstrang; Mds Mesodermstrang; Per Perikard; Phs Pharyngealstrang.

rechte Körperseite auf den Dorsalfortsatz transportiert werden. Die Phorocyten entwickeln sich aus Epidermiszellen, die den Zellverband verlassen. Das interessante Problem, wie der Transport der Knospen im einzelnen bewerkstelligt wird und weshalb er nur über die rechte Körperseite erfolgt ist nicht geklärt (Abb. 26).

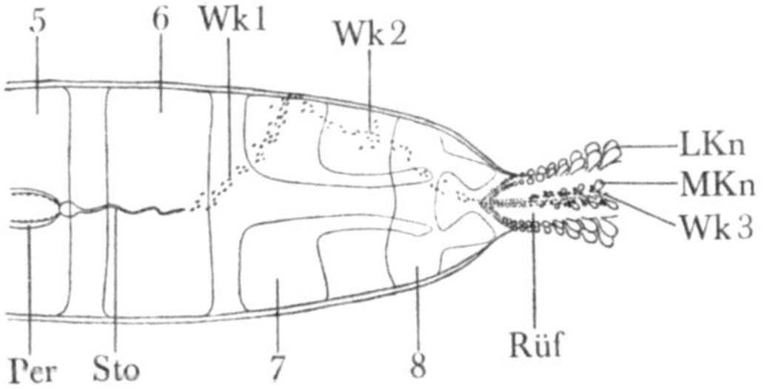

Abb. 26. Teil der hinteren Körperregion eines Oozoids von Doliolum gegenbauri, mit Wanderknospen. Nach Barrois. LKn Lateralknospen aus denen die Trophozoide (Nährtiere) hervorgehen; MKn Medianknospen, die sich zu Phorozoiden (Tragtieren) entwickeln; Per Perikard; Rüf Rückenfortsatz; Sto Stolo prolifer von dem sich die Wanderknospen (WK) abschnüren; Wk 1 von der Ventralseite zur Dorsalseite wandernde Knospen; Wk 2 auf der Dorsalseite nach hinten zum Rückenfortsatz wandernde Knospen; Wk 3 auf dem Rückenfortsatz weiter distalwärts wandernde Knospen; 5.–8. Muskelreifen.

Die zuerst am Dorsalfortsatz ankommenden Wanderknospen ordnen sich in zwei lateralen, ein- oder zweizeiligen Reihen an, richten sich vor der Verankerung auf, so daß der Pol an dem später die Einstromöffnung durchbricht vom Dorsalfortsatz abgewandt ist und drehen sich gleichzeitig um ihre Längsachse so, daß die künftige Dorsalseite nach außen, die ventrale der Medianen zugewandt ist. Diese Lateralknospen entwickeln sich zu löffelartig geformten Trophozoiden (Nährtierchen), welche ihrer Aufgabe entsprechend einen ausgedehnten Kiemendarm besitzen, dessen Spalten nicht in eine Kloakenhöhle, sondern unmittelbar nach außen münden. Die Trophozoide übernehmen die Ernährung des Oozoids und der ihm anhaftenden Knospen, sobald dessen Organe verkümmert sind (Abb. 27).

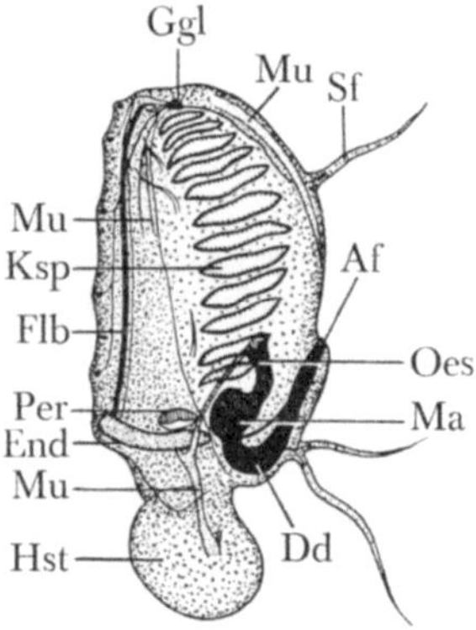

Abb. 27. Trophozoid (Nährtier) von Doliolum denticulatum. Nach Grobben. Af After; Dd Dünndarm; End Endostyl; Flb Flimmerbogen; Ggl Gehirnganglion; Hst Haftstiel; Ksp Kiemenspalte; Ma Magen; Mu Muskel; Oes Oesophagus; Per Perikard; Sf Sinnesfortsatz.

Wie die Ernährung der „Amme“ erfolgt ist nicht ganz geklärt. Alle später nachfolgenden Wanderknospen siedeln sich in medianen Reihen an und bilden dabei kurze Stiele aus, auf denen sie stehen. Diese Medianknospen entwickeln sich zu sog. Phorozoiden (Tragtiere). Sie sind wie die Gonozoide gebaut, bleiben jedoch völlig steril, d. h. sie bringen weder Geschlechtsorgane noch einen Stolo prolifer hervor. An die Stiele der Phorozoide heftet sich je eine neu nachrückende Wanderknospe (Geschlechtsurknospe), die ihrerseits durch Abschnüren 20 bis 30 neue Knospen erzeugt, welche sich traubenförmig am Stiel festsetzen. Aus ihnen entstehen nun endlich die Geschlechtstiere, die Gonozoide (Abb. 28, 29). Die voll entwickelten Phorozoide lösen sich vom Dorsalstolo, behalten aber ihren Stiel, an dem die heranwachsenden Gonozoide sitzen. Der frei werdende Platz am Dorsalstolo wird von einer nachrückenden Wanderknospe besetzt. Die zu zwittrigen Individuen herangereiften Gonozoide lösen sich nun ihrerseits vom Pflegetier und vollenden durch das Ablaichen den Generationenzyklus.

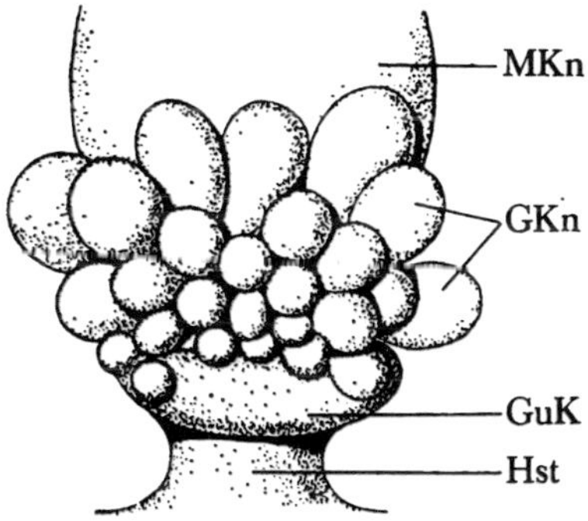

Abb. 28. Basis einer Medianknospe von Doliolum gegenbauri. Nach Neumann. GKn Geschlechtsknospen aus denen Gonozoide hervorgehen, GuK Geschlechts-Urknospe, von der sich die Geschlechtsknospen abschnüren; Hst am Rückenfortsatz des Oozoids inserierender Haftstiel; MKn Medianknospe, die zum Phorozoid (Tragtier) wird.

Zusammenfassend läßt sich feststellen: im durchlaufenen Generationenzyklus bringt eine vegetativ sich vermehrende Oozoidgeneration eine polymorphe Blastozoidengeneration hervor, die in drei Gestalttypen auftritt – Trophozoide, Phorozoide und Gonozoide – von denen der letzte zur geschlechtlichen Fortpflanzung befähigt ist. Oozoid- und Blastozoidgeneration sind vorübergehend zu einer Tierkolonie verschmolzen, in der Arbeits-

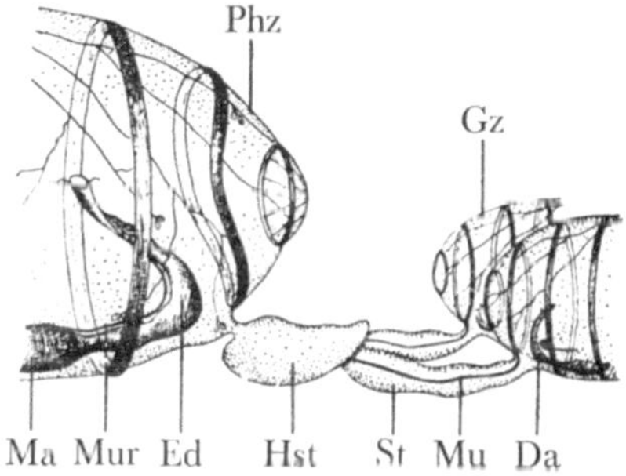

Abb. 29. Phorozoid (Tragtier) von Doliolum denticulatum, mit zwei jungen Gonozoiden (Geschlechtstieren). Nach Neumann. Da Darmtrakt; Ed Enddarm; Gz junges Gonozoid; Hst Haftstiel des Phorozoids; Ma Magen; Mu Muskel; Mur Muskelring; Phz Phorozoid; St Haftstiel des Gonozoids.

teilung herrscht. Das interessante Problem, wieso sich manche Knospen zu Trophozoiden, andere zu Phorozoiden oder Geschlechtsurknospen entwickeln, ist noch ungelöst.

System

Ordnung: **Cyclomyaria**

Einzige Familie: *Doliolidae* ULJANIN 1884

Gegenwärtig sind 15, teilweise umstrittene, kosmopolitisch verbreitete Arten bekannt, die zwei Gattungen zugeordnet werden: *Doliopsis* VOGT und *Doliolum* QUOY & GAIMARD. Die eindeutige Bestimmung der Arten wird durch den Generationswechsel und die mit dem Alter fortschreitenden Reduktionserscheinungen des Ammentieres außerordentlich erschwert.

Die Körperlänge, ohne Dorsalstolo, beträgt bei den Ammentieren (Oozoide) 5–15 mm. Die größte Amme, mit 30 mm Körperlänge und einem Dorsalstolo von 200 mm bringt *Doliolum gegenbauri* ULJANIN hervor. Die Geschlechtstiere (Gonozoide) erreichen meist nur eine Länge von 1,5–9 mm.

Mit Ausnahme von *Doliolum resistibile* NEUMANN, 9 mm lang, deren Vorkommen auf antarktische Gewässer beschränkt ist, liegt das Hauptverbreitungsgebiet der Familie in den warmen Meeren. Ammentiere sind aus Tiefen bis zu 3300 m bekannt. Im allgemeinen scheint sowohl die vertikale als auch die horizontale Verbreitung durch eine Temperatur von 10–12° C begrenzt zu werden. *Doliopsis rubescens* VOGT, gelegentlich im Atlantik und Mittelmeer anzutreffen, zeichnet sich durch rubinrote Färbung aus. *Doliolum mülleri* KROHN, 4 mm lang, sowie *D. denticulatum* GROBBEN, 9 mm lang, sind häufigere, mediterran-boreal verbreitete Arten.

Salpida (Desmomyaria)

1. Allgemeine Kennzeichnung

Wie die Dolioliden, so sind auch die ihnen äußerlich ähnlichen Salpen pelagisch lebende Tunicaten, die vorwiegend wärmere Meere besiedeln. Nur wenige Arten kommen in kalten oder polaren Meeresgebieten vor.

Der glasklar durchsichtige Körper ist faßförmig, prismatisch oder spindelförmig gestaltet. An den Enden der Längsachse befindet sich die Einstrom- bzw. Ausstrom-(Kloakal-)öffnung. Die Einstromöffnung führt in einen geräumigen Kiemendarm, dessen schräg von vorn-dorsal nach hinten-ventral ziehende Hinterwand

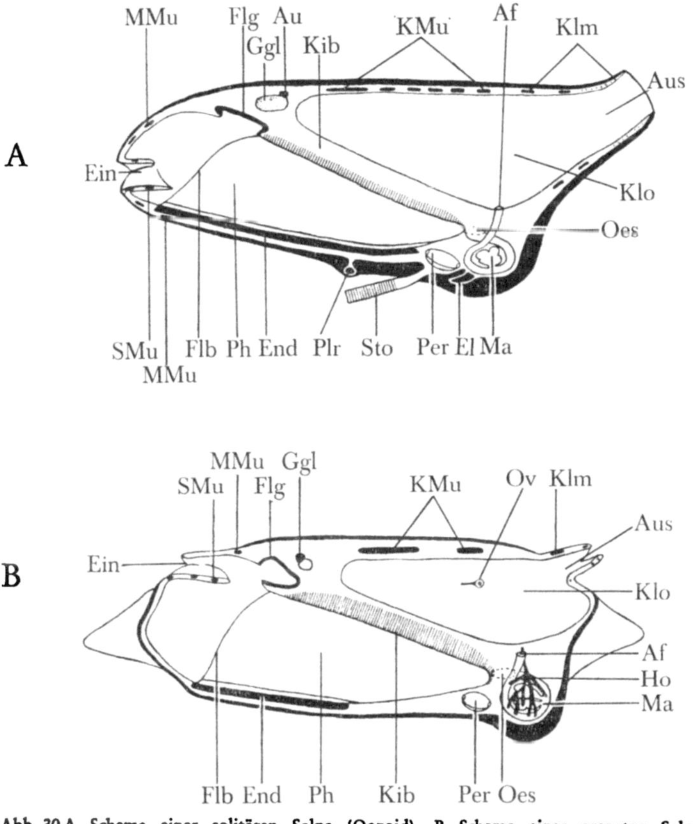

Abb. 30 A Schema einer solitären Salpe (Oozoid). **B** Schema einer gregaten Salpe (Blastozoid). Nach Ihle. Af After; Au Auge; Aus Ausstromöffnung; Ein Einstromöffnung; End Endostyl; Flb Flimmerbogen; Flg Flimmergrube; Ggl Gehirnganglion; Ho Hoden; Kib Kiemenbalken; Klm Kloakenmuskel; Oes Oesophagus; Ov Ovar; Per Perikard; Ph Pharynx; Plr Plazentarest; SMu Mundsegelmuskel; Sto Stolo prolifer.

von einem Paar langer, schmaler, dorsoventral verlaufender Kiemenspalten durchbrochen ist. Sie führen in die hinter und etwas über dem Kiemendarm liegende Kloakenhöhle, die ihrerseits durch die manchmal etwas dorsad verlagerte Ausstromöffnung nach außen mündet. Alle anderen Organe sind in die Körperwand verdrängt. Im vorderen Kiemendarmboden ist ein Endostyl ausgebildet, im Dach eine umfangreiche Flimmergrube. Der Kiemendarm verengt sich zu einem spiralig gewundenen Darmtrakt, der in die Kloakenhöhle einmündet. Ventral, vor dem Darmknäuel liegt ein Herz, dorsal der Flimmergrube ein Cerebralganglion, von dem zahlreiche Nerven ausgehen. Der Körper wird von mehreren querverlaufenden Muskelbändern umgürtet, die aber im Gegensatz zu denen der Dolioliden meist ventral offen sind, sich also nicht reifenartig schließen (Desmomyaria) (Abb. 30).

Jede Salpenart tritt, wie wir das schon von den Dolioliden kennen, in zwei Fortpflanzungstypen auf, die miteinander im Generationswechsel stehen. Das sich durch stoloniale Knospung ungeschlechtlich vermehrende, solitär lebende Oozoid bringt zu Kolonien vereinigte (gregate) Blastozoide hervor, die Gonaden entwickeln und einen oder mehrere Embryonen zur Reife bringen, welche sich wiederum ungeschlechtlich vermehren.

2. Integument

Unter allen Thaliaceen haben die Salpen die am mächtigsten entwickelte Tunica. Sie wird von einem abgeplatteten, einschichtigen Epithel abgeschieden. Rippenartige Versteifungsleisten verleihen ihr eine große Elastizität, die alleiniger Antagonist der Muskulatur ist. Die Grundsubstanz enthält, im Gegensatz zu den Dolioliden, Zellulose. Durch die Epidermis wandern ständig Mesodermzellen in die Tunica ein. Gelegentlich finden sich auch eingelagerte Pigmente in ihr. Am dorsalen und ventralen Rand der spaltförmigen Einstromöffnung sind nach innen in den Kiemendarm gerichtete, transversal stehende Hautlappen (Velum) ausgebildet, die als Klappen zum Verschließen der Öffnung dienen. Manchmal wird das Dorsalvelum reduziert. Die Ausstromöffnung kann rund und mit lippenartigem Rand oder spaltförmig mit dorsalen und ventralen Klappen, wie bei den Einstromöffnungen, versehen sein.

Manche hoch entwickelte Salpen *(Thalia, Jasis, Pegea)* weisen im Dach des Ausstromsipho ein dreieckiges Feld auf, das seitlich von tief in den Mantel eingeschnittenen Furchen begrenzt und durch eine Medianfurche in spiegelbildliche Hälften unterteilt wird, dessen Hinterrand aber frei ist. Die Furchen funktionieren als Scharniergelenke und ermöglichen beim Wasserausstoß durch die Ausstromöffnung ein passives, dachartiges Aufrichten der beiden ebenfalls dreieckigen Hälften des Feldes. Andererseits kann aber durch Kontraktion eines in dieses Feld laufenden Kloakenmuskels die Öffnung aktiv verschlossen werden.

3. Muskulatur

Wie bei den Dolioliden ist die Muskulatur in Form von quer verlaufenden Muskelbändern entwickelt, die, mit Ausnahme der Gattung *Ihlea,* hufeisenförmig, d. h. ventral offen sind *(Desmomyaria).* Gewöhnlich werden drei Muskelgruppen, nämlich Mund-, Rumpf- und Kloakenmuskel unterschieden, deren Form, Zahl und Anordnung zwar bei Oozoid und Blastozoid der gleichen Art verschieden, für die betreffende Erscheinungsform der Art jedoch charakteristisch sind. Mund- und Kloakenmuskel erweisen sich als spezielle Differenzierungen der Körpermuskulatur. Besonders die Mundmuskeln bilden durch Aufspaltung in zahlreiche Stränge einen komplizierten Apparat zum Verschluß der Einstromöffnung. Hinsichtlich der Anzahl der Rumpfmuskelbänder werden zwei Gruppen, die sog. *Polymyaria* und die *Oligomyaria* unterschieden. Erstere besitzen in der solitären Form zahlreiche (bis zu 8) ringförmige oder ventral offene, regelmäßig angeordnete Muskelbänder. Diese Formen werden als primitiv erachtet. Bei den hochentwickelten oligomyaren Arten dagegen wird die Zahl der Rumpfmuskelbänder stark reduziert – im Extremfall bis auf 4 – wobei die Bänder dorsal meist einander näherrücken oder gar miteinander verschmelzen, so daß sie von einem Verzweigungszentrum auszugehen scheinen (Abb. 31).

Die Fortbewegung erfolgt nach dem Rückstoßprinzip. Durch von vorn nach hinten über den Körper laufende Kontraktionswellen der Muskulatur wird ständig Wasser über die Einströmöffnung angesaugt und durch die Ausstromöffnung ausgestoßen und so das Tier vorangetrieben. Die Richtung des Kontraktionswellenablaufes kann umgekehrt werden, wodurch Wasser aus der

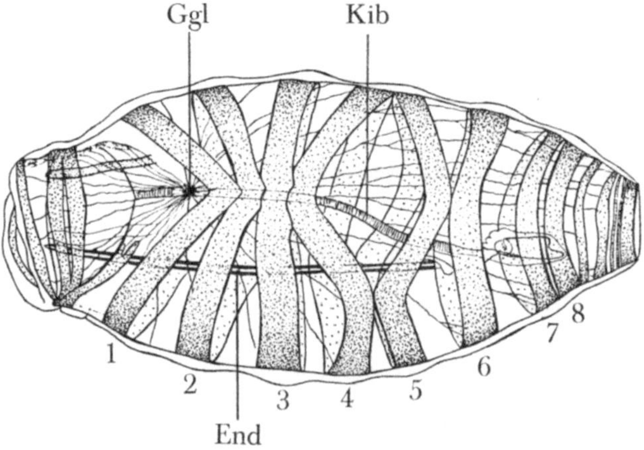

Abb. 31. Anordnung der Muskelbänder bei Salpa racovitzai (Oozoid). Nach Sélys-Longchamps. End Endostyl; Ggl Gehirnganglion; Kib Kiemenbalken: 1–8 Körpermuskeln.

Einstromöffnung ausgestoßen wird und das Tier rückwärts zu schwimmen vermag. In den Salpenketten erfolgt die Muskelkontraktion synchron. Alleiniger Antagonist der Muskulatur ist die elastische Spannkraft der Tunica.

4. Nervensystem und Sinnesorgane

Als zentraler Nervenkomplex ist ein Gehirnganglion entwickelt, das dorsal, meist zwischen der Flimmergrube und dem 1. Rumpfmuskel liegt, dort wo der Kiemenbalken das Kiemendarmdach erreicht. Es kann jedoch bei den verschiedenen Arten beträchtlich vor- oder zurückverlagert werden. Die solitären Formen haben in der Regel ein größeres Gehirnganglion als die gregaten. Histologisch läßt sich eine vorwiegend aus Zellen bestehende Rinde von einer faserigen Markschicht unterscheiden (Abb. 32).

Die vom Gehirnganglion ausgehenden Nerven sind im Vergleich mit anderen Tunicaten auffallend zahlreich (16–75). Die solitären Formen haben, ihrer stärker entwickelten Muskulatur und ihrer allgemein höheren Entwicklung entsprechend, ein differenzierteres peripheres Nervensystem als die gregaten Erscheinungsformen. Neben zahlreichen, paarig angelegten Nervensträngen gibt es auch unpaarige, nur einseitig ausgebildete. Die verschiedenen Organsysteme werden meist von Nervengruppen innerviert. So verbindet z. B. jeweils eine dorsal verlaufende und eine ventral ziehende Nervengruppe die Ein- bzw. Ausstromöffnung mit dem Gehirnganglion. Seitlich abgehende Nerven versorgen die Rumpfmuskulatur, sowie Flimmerbogen, Endostyl und Leuchtorgane.

Neben rein sensorischen bzw. motorischen Nerven wurden auch kombinierte sensorisch-motorische Nervenbündel festgestellt. Die motorischen Nerven treten mit den Muskeln durch motorische Endplatten in Kontakt. Die Salpenmuskeln werden im Gegensatz zur myogen erregten Doliolidenmuskulatur neurogen gesteuert. Im Bereich der Flimmerbögen, des Retropharyngealbandes, des Endostyls, am Kiemenbalken und Oesophagus sind mehr oder weniger ausgedehnte Nervennetze entwickelt, die als autonomes, viscerales Nervensystem betrachtet werden, welches durch einen umfangreichen Nerv mit dem hinteren Teil des Gehirnganglions verbunden ist.

Von den bei den Salpen entwickelten Sinnesorganen ist vor allem das Auge wegen seines Entwicklungsstandes bemerkenswert, und daher auch näher untersucht worden. Es liegt dorsal am Dach des Gehirnganglions und ist mehr oder weniger in dieses inkorporiert. Sein Bau ist bei den gregaten und solitären Formen stets verschieden, wobei das Auge der Solitären (Oozoide) sich meist einfacher und in seiner Ausgestaltung bei den verschiedenen Arten einheitlicher erweist als jenes der Gregaten (Blastozoide).

Das Auge der Oozoide ist in Form eines langgestreckten, hufeisenförmig gekrümmten, nach vorn geöffneten Pigmentbecherocells gebaut. In den Pigmentbecher oder in diesem Falle zutreffender die Pigmentrinne, ragen Sehzellen hinein, die im apikalen Teil seitlich Rhabdome entwickelt haben. Nach Konstruktion und Lage ergibt sich bei diesem Auge eine Vorzugsrichtung der Lichtwahrnehmung aus vorne schräg oben. Bei den Blastozoiden ist der Pigmentbecher mit seinen Sehzellen in mehrere (bis zu 5) gegeneinander verdrehte Teilstücke aufgespalten, von denen jedes eine andere Vorzugsrichtung der Lichtperzeption aufweist. Sie werden als Vorder-, Mittel-, Hinter- und Nebenaugen bezeichnet (Abb. 32).

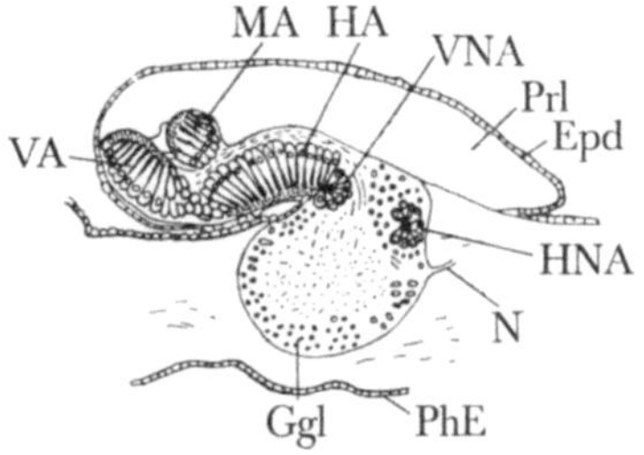

Abb. 32. Kombinierter Längsschnitt durch Augen und Gehirn von Cyclosalpa pinnata. Nach Metcalf. Epd Epidermis; Ggl Gehirnganglion; HA hinteres Auge; HNA hinteres Nebenauge; MA mittleres Auge; N Nerv; PhE Pharynxepithel; Prl primäre Leibeshöhle über dem Gehirnganglion; VA vorderes Auge; VNA vorderes Nebenauge.

Ein Bildsehen ist mit ihnen zwar nicht möglich, jedoch kann – eine entsprechende Auswertung im Gehirn vorausgesetzt – die ganze Anordnung eine vorzügliche Einrichtung zur Ermittlung der Raumlage des Tieres sein. Diese Vermutung wird durch die Tatsache gestützt, daß die Zerstörung der Augen eine Beeinträchtigung der richtigen Fortbewegung bewirkt.

Bei manchen Salpen ist dorsal von der Flimmergrube eine scheibenförmige Epidermisverdickung entwickelt, in die von jeder Seite her Sinneszellen mit apikalen, fadenförmigen Fortsätzen (Sinneshaaren) hineinragen. Über die Funktion dieser sog. Haut-Sinnesplatte ist nichts bekannt, doch könnte sie ihrem Bau nach auf Verformungen der Tunica ansprechen.

Die Blastozoide mancher Arten besitzen an einer oder auf beiden Körperseiten in Höhe der Flimmergrube einen nach außen vorragenden, kochlöffelförmigen Mantelfortsatz. Seine stark verdickte, in eine Tunicagrube versenkte Basis enthält am Gipfel einer Epidermisausstülpung ein Aggregat von Sinneszellen, deren lange terminale Sinneshaare in den Mantelfortsatz hineinragen. Dieser sog. Sinnes-Tentakel erinnert sehr an die Cupulae im Seitenorgan der Fische und dürfte eine ähnliche Aufgabe haben, nämlich das

Tier über die Strömungsverhältnisse an seiner Körperoberfläche zu informieren.

Eine Statocyste ist im Gegensatz zu den Dolioliden nicht ausgebildet.

Neben diesen Sinnesorganen sind zahlreiche Sinneszellen über die ganze Körperoberfläche verteilt, die z. T. auf mechanische, z. T. auf chemische Reize ansprechen. Sie treten besonders gehäuft an den Mundrändern auf.

5. Leuchtorgane

Die Fähigkeit zu leuchten ist unter den Salpen allgemein verbreitet. Vor allem vom Darmknäuel wird ein intensives, weißliches Licht ausgesandt. Die Gattung *Cyclosalpa* hat darüber hinaus in den seitlichen Körperwänden ein mehr oder weniger langgestrecktes, häufig in mehrere Teilstücke unterbrochenes Leuchtorgan entwickelt. Wahrscheinlich werden die Zellen der Leuchtorgane von symbiontischen Leuchtbakterien besiedelt. Gleichzeitig sollen die Leuchtorgane blutbildend, d. h. Produktionsstätten der Blutzellen sein.

6. Stoffwechselorgane

a) Ernährungssystem

Wie bei allen Tunicaten ist der Vorderteil des Darmes als geräumiger Kiemendarm ausgebildet, der gleichzeitig als Nahrungserwerbs- und Atmungsorgan tätig ist. Die runde oder spaltförmige Einstromöffnung (Mund) kann besonders bei den gregaten Formen etwas dorsad verschoben sein. Hinter dem Mund sind stets ventral, meist aber auch dorsal eine oder mehrere, schräg nach hinten gerichtete, mit Muskeln versehene, häutige Klappen, die sog. Mundsegel (Velum) entwickelt, welche zum Verschließen der Einstromöffnung dienen. Die vom Kiemendarm und Kloakenepithel gebildete Rückwand der weiten Kiemendarmhöhle verläuft schräg von vorn oben nach hinten unten und ist von zwei parallelen, langen Kiemenspalten durchbrochen, die den Weg in die Kloakenhöhle freigeben. Der schmale, zwischen den beiden Kiemenspalten übrig bleibende Steg, der Kiemenbalken, ist röhrenförmig, von Blutbahnen durchzogen und mit einem Flimmerepithel ausgestattet, das auf Querrippen steht. Rechts vom ventralen Kiemenbalkenende verengt sich der Kiemendarm zum Oesophagus. Zur Nahrungsgewinnung und zu ihrem Transport sind, wie bei den meisten anderen Manteltieren, besondere Differenzierungen der Kiemendarmwand entwickelt: Endostyl, Flimmerbogen und Retropharyngealband.

Der Endostyl ist, wie bereits bekannt, eine furchenartig vertiefte Längsfalte im Kiemendarmboden, die schon bald hinter der ventralen Mundklappe beginnt und bei den einzelnen Arten unterschiedlich weit nach hinten reicht. Entlang den Seiten dieser Furche laufen drei Streifen histologisch voneinander unterscheidbarer Drüsenzellen, der sog. dorsale, mittlere und ventrale Drüsenstreifen. Die Furchenränder sind mit je einem Wimpersaum versehen, der linke davon wird allerdings bei vielen Arten reduziert. In der Mitte des Furchenbodens erhebt sich ein weiterer mächtiger Flimmerstreifen. Im vorderen und hinteren Teil des Endostyls verwachsen bei den höher entwickelten Formen die Furchenränder miteinander, so daß der Endostyl teilweise röhrenförmig wird; es bildet sich ein vorderer und hinterer Blindsack.

Der Flimmerbogen, ein etwas erhabenes Band von Flimmerzellen, entspringt jederseits am Vorderende des Endostyls und steigt über die Seitenwände zum Kiemendarmdach empor, wo sich das linke und rechte Band in Nähe der Flimmergrube am oberen Ende des Kiemenbalkens vereinigen. Das Retropharyngealband schließlich ist die Fortsetzung von einem der beiden Wimpersäume der Endostylfurchenränder, das am Kiemendarmboden entlang vom Endostylhinterende zum Oesophagus verläuft, dessen Eingang es ringförmig umgibt.

An weiteren Differenzierungen des Kiemendarmes wären noch die Flimmergrube und die Hirnganglion- oder Neuraldrüsen zu erwähnen. Die Flimmergrube ist eine taschenartige Ausstülpung des Kiemendarmdaches. Sie befindet sich meist vor dem oberen Kiemenbalkenende in der Nähe des Gehirnganglions, aus dessen Anlagen sie durch Abtrennung entsteht. Am Gipfel der Aussackung läuft ein aus mehreren Flimmerzellstreifen zusammengesetztes Wimperband entlang. Über die Funktion der Flimmergrube ist nichts bekannt. Sie wird von manchen Autoren als Chemorezeptor angesehen, der das einströmende Wasser prüft.

Als Hirnganglion- oder Neuraldrüsen wird ein Paar abgeflachter, mit dem Kiemendarm durch je einen Ausführgang verbundener Bläschen bezeichnet, die ventrolateral dem Gehirn anliegen und als Ausstülpung der dorsalen Kiemendarmwand entstehen. Sie sind bei den Solitären stets, bei den Gregaten meist vorhanden, wenngleich man sie auch häufig nur einseitig ausgebildet findet. Ihre Funktion ist unbekannt.

Nahrungsgewinnung: Die Salpen ernähren sich von kleinen Planktonorganismen, die sie mit Hilfe der verschiedenen Wimperapparate ihres Kiemendarmes aus dem durch die Mundöffnung eintretenden Wasserstrom herausfiltrieren. Als Filter dient der aus dem Endostyl reichlich abgesonderte Schleim, der von den beiden Flimmerbögen ergriffen und wie auf einem Fließband über die seitlichen Kiemendarmwände emporgeführt wird. Durch das einströmende Wasser und die zum Oesophagus hin schlagenden Wimpern des Kiemenbalkens und des Retropharyngealbandes wird nach hinten zu ein von den Flimmerbögen gehaltener Schleimsack ausgezogen, dessen Hinterende durch die den Oesophagus umgebenden Wimpern wurstförmig zusammengedreht und magenwärts geschoben. Das einströmende Wasser muß nun, bevor es durch die Kiemenspalten in die Kloake austreten kann, die feinen Maschen dieses Schleimnetzes passieren, wobei alles Geschwebe darin kleben bleibt und mit dem zusammengedrehten Schleim magenwärts wandert. Der meist etwas abgeflachte, rechts neben dem Ventralende des Kiemenbalkens gelegene Oesophagus leitet die von den Wimpern transportierte Nahrungswurst in einen kaum erweiterten, mit 1–2 Blindsäcken versehenen Darmteil, den man als Magen bezeichnet.

Das Magen- und Blindsackepithel besteht aus Drüsenzellen mit zahlreichen Granula und Zellen mit Bürstensaum, der auf eine resorptive Tätigkeit dieser Zellen hindeutet. Dem Magen fehlt, wie dem gesamten Darmtrakt, jegliche Muskulatur. Der Transport des Nahrungsbreies und der unverdaulichen Reste erfolgt ausschließlich durch Wimpern, die den ganzen Darm durchziehen. Der auf den Magen folgende Darmteil ist von fein verzweigten, netzartig anastomosierenden Schläuchen, der sog. darmumspinnenden

Drüse, umgeben, die mit 1 oder 2 Ausführgängen in einen der Blindsäcke mündet. Es wird angenommen, daß sie Verdauungssäfte produziert. Der Enddarm mündet durch den meist auf der linken Körperseite gelegenen After in die Kloakenhöhle. Insgesamt ist der Darmtrakt U-förmig gebogen oder sich überkreuzend schleifenförmig gewunden, wobei sich die Blindsäcke auf der Innenseite der Darmwindung befinden, so daß der Eindruck eines Darmknäuels (Nucleus) entsteht.

b) Atmungssystem

Wie bei allen Tunicaten ist auch der Kiemendarm der Salpen Atemorgan und Nahrungsgewinnungsapparat in einem. Der durch die Einstromöffnung eintretende Wasserstrom bringt nicht nur Nahrung mit sich, sondern auch den nötigen Sauerstoff und nimmt beim Verlassen des Kiemendarmes das abgegebene CO_2 mit aus dem Körper. Der Gasaustausch erfolgt durch die ganze Fläche des außerordentlich dünnwandigen, von zahlreichen zirkulär- und längsverlaufenden Blutbahnen umgebenen Kiemendarmes. Das Blut enthält keinen respiratorischen Farbstoff.

c) Kreislaufsystem

Das Kreislaufsystem besteht aus sehr zahlreich entwickelten, das Mesenchym lakunenartig durchsetzenden Blutbahnen und einem von einer Perikardhöhle umschlossenen Herzen. Letzteres liegt

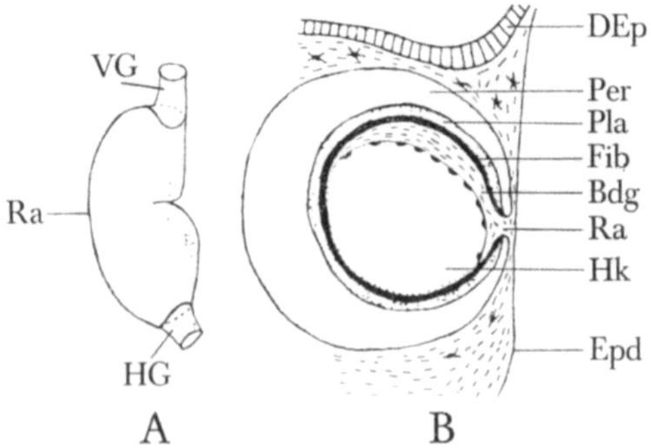

Abb. 33. Herz einer Salpe. A Herz von der Ventralseite gesehen. Nach Heine. B schematischer Querschnitt durch das Herz. Nach Fernandez. Bdg Bindegewebe; DEp Darmepithel; Epd Epidermis; Fib Muskelfibrillenschicht; HG nach hinten ziehender Gefäßstamm; Hk Herzkammer; Per Perikardhöhle; Pla Plasmaschicht; Ra Herz-Raphe; VG nach vorn ziehender Gefäßstamm.

ventromedian oder etwas nach rechts gedrängt zwischen dem Hinterende des Endostyls und dem Darmknäuel (Abb. 30). Es entsteht dadurch, daß sich meist die rechte Wand der ovalen Perikardblase, die von vielen Autoren als Coelomrest betrachtet wird, der Länge nach rinnenförmig einfaltet, bis sich die Ränder nahezu berühren. (Der von Bindegewebe überbrückte Berührungsspalt wird als Herz-Raphe bezeichnet.) (Abb. 33). Die eingefaltete Perikardwand – sie grenzt eine schlauchförmige Herzkammer ab – verdickt sich und entwickelt in transversaler Richtung quergestreifte Muskelfibrillen, sowie eine bindegewebige Auskleidung, die sich teilweise durch die vordere und hintere Öffnung des Herzschlauches in die Blutbahnen fortsetzt, welche dadurch stellenweise den Charakter von Blutgefäßen annehmen. Sie beginnen am Vorder- und Hinterende des Herzens mit je einem nach vorn bzw. hinten ziehenden Gefäßstamm. Das nach vorne ziehende Gefäß gabelt sich alsbald in die paarigen, unter dem Kiemendarm verlaufenden Hypobranchialgefäße. Von ihnen gehen seitlich mehrere Ringgefäße ab, und steigen, den Kiemendarm umschlingend, zur Dorsalseite auf, wo sie in ein caudad ziehendes Dorsalgefäß einmünden. Seitlich sind die Ringgefäße durch Längskanäle verbunden (Abb. 34). Vom Vorderende des Dorsalgefäßes läuft ein Strang durch den Kiemenbalken ventralwärts zum Darmknäuel, am Hinterende verbindet eine Gefäßkommissur die dorsale Bahn

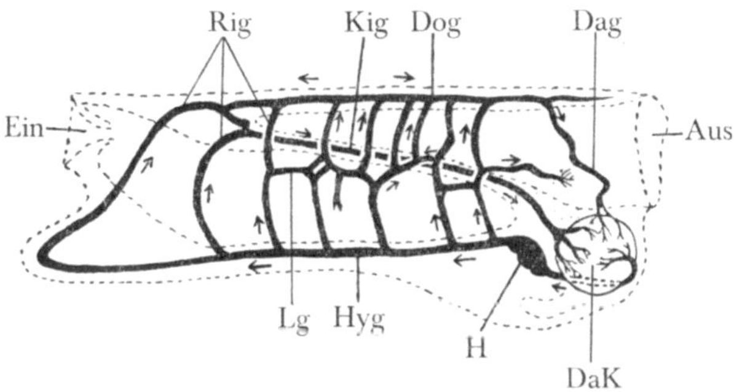

Abb. 34. Schema des Blutkreislaufes von Salpa maxima. Nach Nicolai. Aus Ausstromöffnung; Dag Darmgefäß; Dak Darmknäuel; Dog Dorsalgefäß; Ein Einstromöffnung; H Herz; Hyg Hypobranchialgefäß; Kig Kiemengefäß; Lg Längsgefäß; Rig Ringgefäße. Die Pfeile geben die Strömungsrichtung des Blutes an.

mit dem Verdauungstrakt. Dieser wird von zahlreichen Verzweigungen der ankommenden Gefäße umsponnen, welche wiederum mit den Verzweigungen des Gefäßstammes, der vom Herzhinterende ausgeht und zum Darmknäuel zieht, verbunden sind. Somit schließt sich der Kreislauf.

Die Kontraktionen des Salpenherzens werden von zwei an seinen Enden sitzenden Erregungszentren gesteuert, von denen zeitweise eines über das andere dominiert. Je nach der Vorherrschaft des vorderen, bzw. des hinteren verläuft die Kontraktionswelle von vorn nach hinten oder umgekehrt. Entsprechend kehrt sich auch die Richtung des Blutstromes um, eine Erscheinung, die bei allen Tunicaten auftritt. Die Blutflüssigkeit enthält viele unterschiedlich große, zum Teil amöboid bewegliche, zum Teil unbewegliche Zellen.

d) Exkretionssystem

Ein spezielles Exkretionssystem gibt es bei den Salpen nicht. Rund um das Darmknäuel und in den Darmblindsäcken finden sich in manchen Zellen Konkremente. Man kann sie als Exkretstoffe betrachten. Um welche Exkretstoffe es sich dabei handelt, ob sie den Körper überhaupt verlassen und auf welchem Wege dies erfolgt ist nicht bekannt.

7. Geschlechtsorgane

Geschlechtsorgane gelangen nur bei den Blastozoiden zur Entwicklung. Sie sind vorwiegend protogyne Zwitter mit unpaarigen Gonaden. Die Hodenschläuche, mehr oder weniger stark verzweigt, liegen entweder in der Darmschlinge eingebettet, wobei sie meist mit ihren Verästelungen das Darmknäuel umgeben, oder befinden sich in einem eigenen, zipfelartigen Körperfortsatz in Darmnähe. Bei *Cyclosalpa pinnata* (FORSKAL) schließlich ist der Hoden stark verlängert und ragt zwischen Endostyl und Kiemendarmboden nach vorne. Stets findet man ein je nach Lage unterschiedlich langes Vas deferens, das nahe dem After in die Kloakenhöhle mündet. Die Spermien reifen meist erst vollständig heran, wenn sich im Ovar bereits ein Embryo entwickelt.

Das Ovar wandert von seiner anfänglichen Lage zwischen Darmknäuel und Kloakenhöhle zu seinem endgültigen Platz auf die rechte Körperseite, wo es sich zwischen Körper- und Kloakenwand in einen Blutsinus schiebt. Es ist durch einen Eileiter, der jedoch nur als Befruchtungsgang dient, mit der Kloake verbunden. Das Ovar enthält meist 1–2, selten bis zu 7 Follikel mit Eizellen, woraus sich eine entsprechende Anzahl von Embryonen entwickelt.

8. Fortpflanzung und Entwicklung

Die Eier reifen bereits bei sehr jungen, ca. 2,5 mm langen Blastozoiden heran und dementsprechend erfolgt auch die Befruchtung schon sehr frühzeitig. Die von einer fremden, älteren Kettensalpe ausgestoßenen Spermatozoen gelangen in die Kloakenhöhle eireifer Jungtiere und dringen von dort durch den Ovidukt ins Ovarium vor, wo sie durch eine Öffnung im Follikel die Eizelle befruchten.

Nach der Befruchtung wird der Ovidukt zu einem soliden Stielchen reduziert, das sich dabei stark verkürzt und die zum Uterus gewordene Keimhöhle so weit nach vorne zieht bis sie mit einem auffallend verdickten, nahe der Oviduktmündung gelegenen

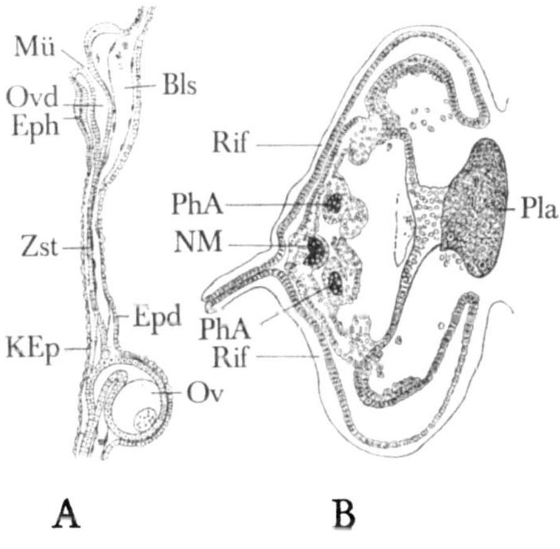

Abb. 35. A Ovar und Ovidukt von Cyclosalpa virgula. Nach Todaro. B Querschnitt durch Brutkammer, Embryo und Placenta von Salpa maxima. Nach Brien. Bls Blutsinus; Epd Epidermis; Eph Epithelialhügel; KEp Kloakenepithel; Mü Mündung des Ovidukts in die Kloake; NM Neuralmassiv des Embryo; Ov Ei; Ovd Ovidukt; PhA linke und rechte Pharynxanlage des Embryo; Pla Placenta; Rif Ringfalte, die sich zur Brutkammer geschlossen hat; Zst zum Zellstrang reduzierter Eileiter.

Epithelbereich der Kloakenwand, dem sog. Epithelialhügel, in Berührung kommt (Abb. 35 A).

Obwohl die Eier relativ groß sind, machen sie eine totale Furchung durch. Unterdessen lösen sich Follikelzellen aus dem Verband und begeben sich in das Follikelinnere, wo sie sich durch Teilung rasch vermehren, zu sog. Kalymmocyten werden und sich zwischen die Blastomeren drängen. Der wachsende Embryo wölbt den Epithelialhügel, hinter dem er verankert ist, allmählich immer stärker in die Kloakenhöhle vor. Der vorgedrängte Epithelbereich flacht sich nun stark ab oder bricht bei manchen Arten ganz durch, während sich das basal anliegende Epithel sehr verdickt. Es schließt sich mit dem ebenfalls mächtig verdickten, anliegenden Uterusepithel zur „Placenta“ zusammen, die den Embryo auf seiner Ventralseite in der Kloakenwand verankert und über die er vom elterlichen Blutsinus ernährt wird (Abb. 35 B). Bei einigen Arten bildet nun das an die Placenta angrenzende Kloakenepithel eine Ringfalte um den Embryo, die sich zunehmend erhebt und schließlich bis auf eine kleine Öffnung den Embryo ganz umhüllt.

Die weiteren Vorgänge bei der frühen Embryonalentwicklung sind sehr unklar, äußerst umstritten und lassen sich nur schwer verfolgen. Vor allem ist bisher nicht deutlich zu unterscheiden, welcher Anteil am Aufbau des Embryo den Blastomeren zukommt und wie weit ihn die Kalymmocyten beeinflussen oder diese sich gar daran beteiligen.

Bei der Organbildung ist bemerkenswert, daß es im Laufe der Embryonalentwicklung zu keiner eindeutigen Chordabildung kommt. Zwar wird von einigen Autoren ein dem Hinterende des Embryo anhängender, sackförmiger Zellhaufen, der sog. Elaeoblast, als rudimentäre Chorda gedeutet, doch andere widersprechen dem und sehen in ihm ein für den wachsenden Embryo Reservestoffe enthaltendes Organ, das später Blutzellen erzeugt. Freilich ist eine Chorda als Antagonist einer Schwanzmuskulatur auch nicht notwendig, da sich der Embryo direkt, ohne frei bewegliches Larvenstadium zur solitären Salpe (Oozoid) entwickelt.

Das fertige Oozoid ragt bereits weit in die Kloakenhöhle des Elterntieres hinein, der Brutbeutel ist zu einer bescheidenen Manschette um die jetzt stielförmige Placenta geworden, von der sich die Salpe löst und durch die elterliche Ausstromöffnung ins Freie schwimmt. Die gregaten Salpen (Blastozoide) sind also lebendgebärend (vivipar).

Das freigewordene Oozoid vermehrt sich nun seinerseits auf ungeschlechtlichem Wege durch Knospung. Die Knospen werden, wie wir das bereits von den Dolioliden her kennen, von einem

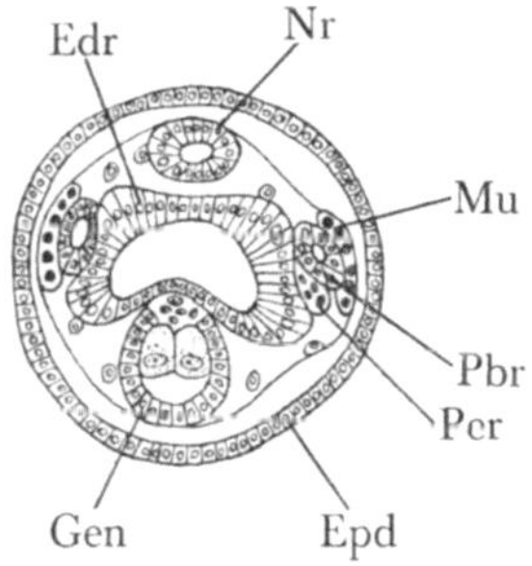

Abb. 36. Querschnitt durch den Stolo von Salpa fusiformis. Nach Korotneff. Edr Entodermrohr; Epd Epidermisscheide; Gen Genitalstrang; Mu Muskelstrang; Nr Neuralrohr; Pbr Peribranchialrohr; Per Perikardialstrang.

ventral vom Herzen nach unten vorn gerichteten Stolo prolifer abgeschnürt. Dieser besteht aus einer Epidermisscheide, in die ein Entodermrohr, ein Nervenrohr, meist ein Perikardialstrang, ein Genitalstrang, ein Paar Muskelstränge und ein Paar Peribranchialhöhlen hineinragen (Abb. 36). Der Stolo tritt geradlinig oder nach

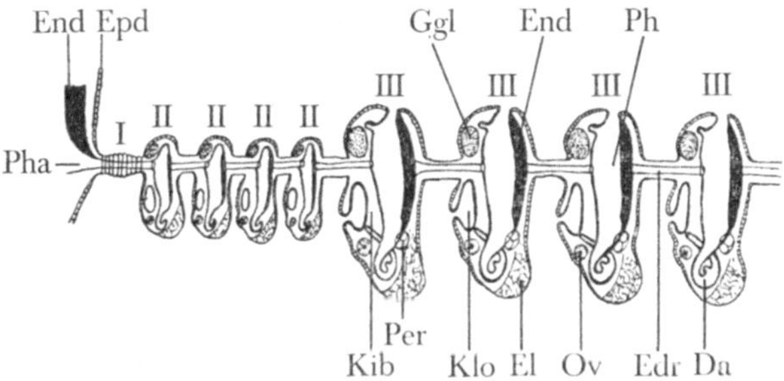

Abb. 37. Schema eines Salpenstolo mit stark verringerter Individuenzahl und ohne sekundäre Verlagerung der Blastozoide. Nach Brooks. Da Darm; Edr Entodermrohr; El Eläoblast; End Endostyl; Epd Epidermis des Oozoids; Ggl Gehirnganglion; Kib Kiemenbalken; Klo Kloake; Ov Ovar; Per Perikard; Ph Pharynx; Pha Pharynxausstülpung des Oozoids.

einer spiraligen Umwindung des Darmknäuels durch den Mantel nach außen. An ihm werden immer ganze Serien von Knospen abgegliedert, die sich jedoch nicht voneinander lösen, sondern durch die eingeschnürten Stolostücke miteinander verbunden bleiben. Auf diese Weise entsteht eine zusammenhängende Kette von sich entwickelnden Individuen, die sog. Salpenkette (Abb. 37). Eine Knospenserie, aus der eine entsprechende Serie von Blastozoiden mit gleichem Entwicklungsstand hervorgeht, kann 40–250 Individuen umfassen, wobei ein Oozoid gewöhnlich 3–4 solcher Serien am Stolo hinter sich herzieht. In den Verbindungsstücken verläuft ein Entodermrohr, das die Kiemendarmhöhlen des vorhergehenden und des nachfolgenden Individuums miteinander verbindet. Das Entodermrohr, das bald zurückgebildet wird, begleitet auf der Ober- und Unterseite je ein mit Endothel ausgekleidetes Blutgefäß, welches mit den Blutbahnen des Oozoids in Verbindung steht, von dem aus die Tochterindividuen auf diesem Wege mit Nährstoffen versorgt werden. Im oberen Gefäß fließt das Blut in Richtung Stolospitze, im unteren zurück zum Muttertier.

Die sich entwickelnden Blastozoide stehen zunächst stets in einer Reihe hintereinander (Abb. 38 A). Ihre Dorsalseiten sind dem

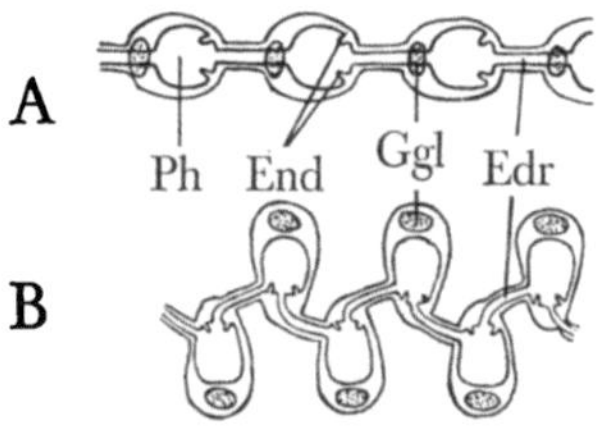

Abb. 38. Schematische Darstellung der Blastozoidanordnung und Verlagerung am Stolo. Nach Heider. A der Verbindungsstrang verbindet die Ventralseite des einen Blastozoids mit der Dorsalseite des folgenden. B Lage der Blastozoide nach der Drehung um 90°. Edr Entodermrohr im Verbindungsstrang; End Endostyl; Ggl Gehirnganglion; Ph Pharynx.

proximalen, die Ventralseiten dem distalen Stoloende zugewandt. Durch seitliches Auseinanderweichen der Individuen, wobei sie sich gleichzeitig um 90° um ihre Längsachse drehen, entsteht eine zweireihige Kette, in der die Blastozoide auf Lücke sitzen, ihre Dorsalseite nach außen wenden und die Ventralseite dem Stolo zukehren (Abb. 38 B). In vielen Salpenketten bleibt diese zweireihige Anordnung bestehen, erhält aber durch eine charakteristische Lage der Individuen zueinander ein artspezifisches Aussehen. Bei *Pegea confoederata* z. B. stehen die Blastozoide mit ihren Längsachsen senkrecht zum Stolo, während sie sich bei *Salpa maxima,* von der Seite betrachtet, schräg zur Längsachse neigen, eine Anordnung, die als diagonal zweireihig bezeichnet wird (Abb. 39). Die Blastozoidenlängsachse kann sich so weit neigen, daß sie schließlich parallel zur Stoloachse liegt, wie dies beispielsweise bei den Ketten von *Jasis zonaria* und *Salpa fusifor-*

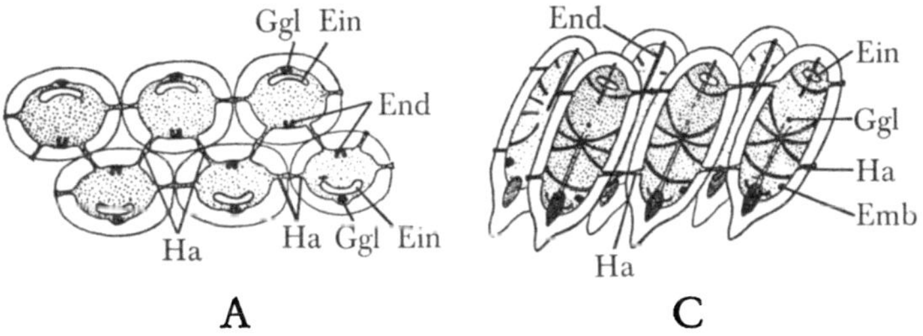

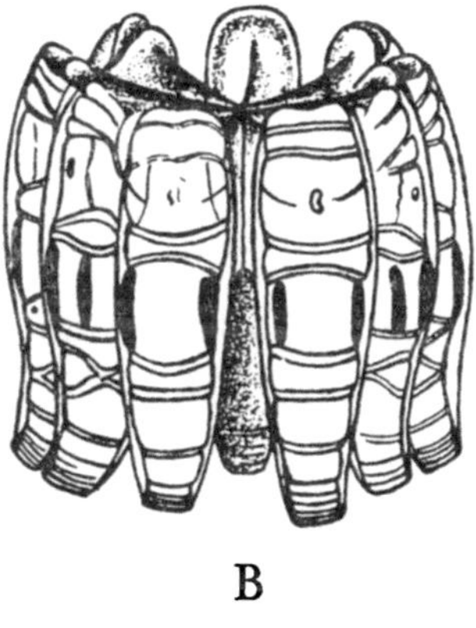

Abb. 39. Schema einer diagonalen und kreisförmigen Blastozoidanordnung. Nach Korschelt und Heider bzw. nach Brooks. A Stück einer Salpenkette mit diagonaler Blastozoidanordnung von oben gesehen. B Seitenansicht derselben. C Ringgruppe einer kreisförmigen Blastozoidanordnung. Ein Einstromöffnung; Emb Embryo; End Endostyl; Ggl Gehirnganglion; Ha Haftpapillen.

mis anzutreffen ist. Eine Ausnahme hiervon macht die Gattung *Cyclosalpa,* bei der die zweireihige Anordnung weiter abgewandelt wird und in eine kreisförmige übergeht (Abb. 39 C). Die Kreise bestehen aus 8 bis 12 Individuen, die ihre Dorsalseiten nach außen kehren, ihre Ventralseiten zum Kreismittelpunkt hin ausrichten und sich gemeinsam als Kranz vom Stolo ablösen.

Obwohl die stolonialen Verbindungsstücke zunehmend abgebaut und schließlich ganz resorbiert werden, bleibt trotzdem die Tierkolonie auch weiterhin zusammen. Um den Zusammenhalt zu gewährleisten, entwickeln sich zwischen den Blastozoiden spezielle Haftfortsätze – bis zu 8 Stück pro Individuum – die meist zur lebenslangen Verkettung der Blastozoidkolonie führen. Die Haftfortsätze sind häufig nur umgrenzte, mehr oder weniger erhabene Kittstellen in der Tunica, können sich jedoch bei den oligomyären Salpen zu regelrechten, zapfenförmigen Organen mit Epidermisauswüchsen entwickeln (Abb. 40).

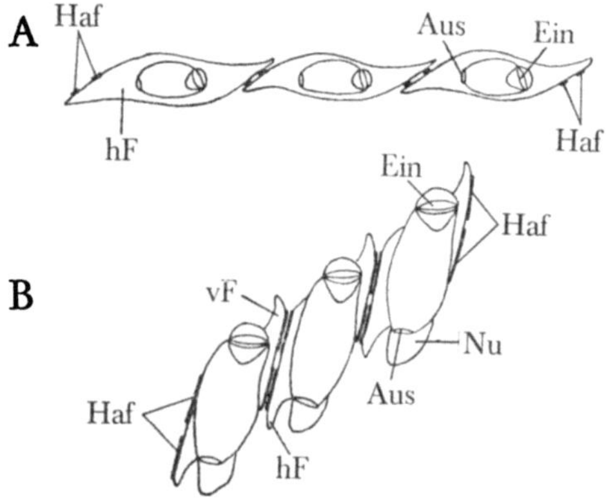

Abb. 40. Anordnung der Haftflächen. A drei liegende Blastozoide der rechten Kettenseite von Salpa fusiformis. B drei diagonal stehende Blastozoide der rechten Kettenseite von Salpa maxima. Nach Streiff. Aus Ausstromöffnung; Ein Einstromöffnung; Haf Haftflächen; hF hinterer Fortsatz; vF vorderer Fortsatz; Nu Aussackung in der sich das Darmknäuel (Nucleus) befindet.

In der vom Muttertier (Oozoid) losgelösten Salpenkette beginnen die noch jungen und relativ kleinen Blastozoide schon frühzeitig mit der Gametenproduktion. Als protogyne Zwitter bringen sie zuerst die Eier zur Reife, die dann durch Spermien einer anderen, älteren Salpenkette befruchtet werden, worauf der Fortpflanzungszyklus aufs Neue beginnen kann. Der Generationswechsel zwischen dem ungeschlechtlichen, solitären Oozoid und dem geschlechtlichen, gregaten Blastozoid wurde erstmals von dem Dichter Adalbert v. Chamisso erkannt und beschrieben.

System

Ordnung: **Desmomyaria**
Einzige Familie: *Salpidae* Traustedt 1885

Gegenwärtig werden 11 Gattungen mit etwas mehr als 30 Arten unterschieden, von denen jedoch ungefähr $^1/_3$ als unsicher gilt. Die wichtigsten Unterscheidungsmerkmale bieten die Anzahl und Lage der Muskelbänder, sowie der mehr oder weniger kompakte Darmknäuel (Nucleus).

Die durchschnittliche Körperlänge der solitären Salpen liegt zwischen 3–8 cm. Die größten Formen bringt *Thetys vagina* (Tilesius) mit bis zu 22 cm Länge hervor, die kleinsten *Brooksia rostrata* (Traustedt) mit nur 0,8 cm. Kettensalpen (gregate Form) erreichen eine Länge von 25 m und mehr.

Fast alle Salpen sind ausgesprochene Hochseetiere und vorwiegend in den warmen Meeren verbreitet, einige Formen jedoch kosmopolitisch und auch in kalten Meeren anzutreffen, wie *Thalia democratica* (Forskal) und *Salpa fusiformis* Cuvier, die nicht nur im Mittelmeer und warmen Atlantik massenhaft bis häufig vorkommen, sondern auch bis 62° N und 70° S vordringen. Eine stenotherme Kaltwasserform der antarktischen Meere ist *Ihlea magalhanica* (Apstein). Die meisten Salpen scheinen außerdem stenohalin zu sein, da sie in salzärmeren Gewässern, wie in der Umgebung großer Flußmündungen und in der Ostsee völlig fehlen.

Ihre Tiefenverbreitung wird ebenso wie das horizontale Vorkommen durch das Absinken der Temperatur begrenzt. Es überrascht daher nicht, daß die Arten mit der weitesten horizontalen Verbreitung auch die größten Tiefen (1000–1500 m) bewohnen.

Ascidiacea

1. Allgemeine Kennzeichnung

Ascidien sind solitär lebende oder koloniebildende Tunicaten (Manteltiere). Sie kommen in allen Meeren vor, wo sie in erwachsenem Zustand am Untergrund festsitzen. Als artenreichste Tunicatengruppe haben sie eine Fülle von Erscheinungsformen hervorgebracht. Die einzellebenden Ascidien sind meist sackförmig, häufig unscheinbar klumpen- oder knollenartig gestaltet, aber auch kugelig rund oder zylindrisch schmal und lang. Wurzelähnliche Ausläufer des Mantels (Tunica) verankern sie im oder am Untergrund. Einige Arten erheben sich auf mehr oder weniger langen Stielen über den Grund (Abb. 41).

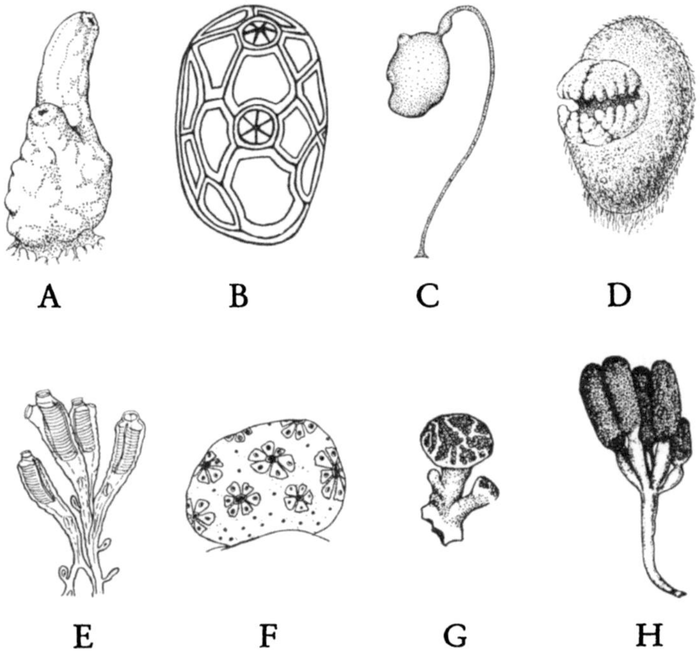

Abb. 41. Gestalttypen der Ascidien. A Phallusia mammillata; B Chelyosoma macleayanum; C Boltenia elegans; D Hexacrobylus indicus; E Clavelina lepadiformis; F Botryllus schlosseri; G Distaplia bursata; H Sycozoa umbellata.

Unter den koloniebildenden Formen gibt es verschiedene Stufen der Integration zu einer Kolonie. Im einfachsten Fall stehen einige Einzeltiere nahe beieinander, wobei sie nur durch basale Ausläufer miteinander verbunden sind, sonst aber völlig frei bleiben. Andere stehen dichtgedrängt und verschmelzen in ihrem unteren Teil die Mantelsubstanz. Dieser Gemeinschaftsform angehörende Arten werden als soziale Ascidien bezeichnet. Die vollkommenste Vereinigung zur Tierkolonie finden wir bei den Synascidien. Bei diesen sind die Einzeltiere vollständig in einen gemeinsamen Mantel eingebettet und so miteinander verwachsen, daß mehreren Tieren gemeinsame Bildungen (Kloake) entstehen. Die Synascidien breiten sich in Form von Krusten und Polstern über den Untergrund aus, oder bilden knorpelig-gallertige Klumpen, die sich auf Stielen pilzartig erheben können.

Die seßhafte Lebensweise bringt es mit sich, daß der Darmtrakt, unabhängig von sekundären Windungen, insgesamt U-förmig gebogen ist. Dies hat zur Folge, daß Ein- und Ausstromöffnung nahe beieinander liegen. Sie münden häufig aus schornsteinartigen Erhebungen, den sog. Siphonen, nach außen.

Der geräumige, sackförmige Kiemendarm erreicht bei den Ascidien unter allen Tunicaten die höchste Differenzierung. Seine

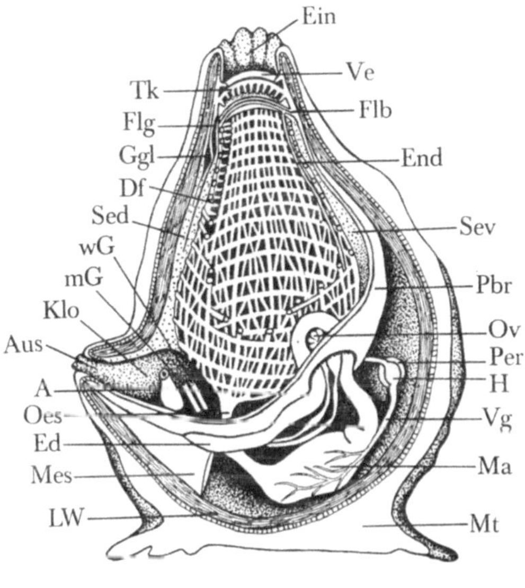

Abb. 42. Bau einer solitären Ascidie. Nach Delage & Herouard. A After; Aus Ausstromöffnung; Df Zungen der Dorsalfalte; Ed Enddarm; Ein Einstromöffnung; End Endostyl; Flb Flimmerbogen; Flg Flimmergrube; Ggl Gehirnganglion; H Herz; Klo Kloake; LW Leibeswand; Ma Magen; Mes Mesenchym, das im übrigen Teil entfernt wurde; mG männliche Geschlechtsöffnung; Mt Mantel; Oes Oesophagus; Ov Ovar; Pbr äußere Peribranchialraumwand; Per Perikard; Sed dorsales Septum; Sev ventrales Septum; Tk Tentakelkranz; Ve Velum; Vg Visceralgefäß; wG weibliche Geschlechtsöffnung.

Wände werden von außerordentlich zahlreichen, meist in Quer- und Längsreihen stehenden Kiemenspalten durchbrochen, die nur bei wenigen Formen reduziert sind oder gar fehlen. Der median im Kiemendarmboden liegende Endostyl erstreckt sich über dessen ganze Länge. Ihm gegenüber ist in der Mittellinie des Kiemendarmdaches eine Dorsalfalte entwickelt. Der an den Kiemendarm anschließende Verdauungstrakt – aus Magen und Mitteldarm bestehend – liegt, je nachdem ob das Tier langgestreckt oder stark gestaucht ist, mehr oder weniger weit hinter dem Kiemendarm, bzw. seitlich neben ihm (Abb. 42, 50). Der Kiemendarm ist auf jeder Seite von einem halbschalenförmigen Hohlraum, den Peribranchialräumen, umgeben, die sich auf der Dorsalseite zur unpaaren Kloake vereinigen. Diese steht durch die Ausstromöffnung mit dem umgebenden Medium in Verbindung. In sie mündet der Enddarm.

Über dem Vorderrande des Kiemendarmdaches befindet sich ein Cerebralganglion mit zahlreichen abgehenden Nerven. Die Ränder der Ein- und Ausstromöffnung sind vielfach mit Sinneszellen dicht besetzt.

Ventral zwischen Kiemendarmhinterrand und Darmschleife liegt, von einem Perikard umschlossen, ein schlauchförmiges Herz.

Ascidien können sich sowohl geschlechtlich wie ungeschlechtlich fortpflanzen. Die Fähigkeit sich durch Knospung ungeschlechtlich zu vermehren ist nur bei den koloniebildenden Arten entwickelt und Grundlage der Koloniebildung. Geschlechtlich betrachtet sind die Ascidien, von wenigen Ausnahmen abgesehen, Zwitter.

Die Geschlechtsorgane liegen entweder seitlich vom Kiemendarm in der Körperwand eingebettet oder befinden sich hinter dem Kiemendarm vor, nach oder in der Darmschleife. Die hinten lagernden Hoden und Ovarien bleiben unpaar und stehen durch Ausführgänge mit der Kloake in Verbindung. Die seitlich in der Körperwand sitzenden Testes und Eierstöcke sind meist vielteilig und münden durch mehrere Ausführgänge in die Peribranchialräume.

Die Entwicklung führt, von wenigen Ausnahmen abgesehen, stets über eine freilebende, geschwänzte, mit Chorda versehene Larve, die sich nach kurzer Zeit festsetzt und eine Metamorphose durchmacht, aus der die sessile Form hervorgeht.

2. Integument

Die Körperoberfläche wird von einem einschichtigen Epithel bedeckt, das auch das Innere der Siphonen auskleidet. Diese Epidermis scheidet nach außen den Mantel (Tunica) ab. Die Trockensubstanz des Mantels besteht zu etwa 60 % aus Zellulose (Tunicin), der Rest sind stickstoffhaltige Verbindungen und anorganische Salze. Bei den Synascidien verschmilzt die Mantelsubstanz der Einzeltiere vollkommen mit der benachbarter Tiere, so daß die gesamte Kolonie in einer gemeinsamen Tunica steckt. Verlorengehende Teile werden ersetzt und bei manchen scheint die oberflächliche Abnutzung durch entsprechende kontinuierliche Abscheidung kompensiert zu werden.

Die Struktur des Mantels ist teils hyalin, teils stark fibrillär. Seine Mächtigkeit reicht von Bruchteilen eines Millimeters bis zu 2–4 cm, seine Konsistenz ist ledrig, knorpelig oder gelatinös. Die Manteloberfläche kann glatt, rauh, höckerig oder runzelig, mit Papillen und Falten besetzt oder dornen- und stachelbewehrt sein. Vielfach sind auch weiche, haarartige Fortsätze entwickelt, die einen oberflächlichen Haarfilz bilden, in dem sich zahlreiche Fremdkörper verfangen, zum Teil inkrustiert werden und die Tiere vorzüglich tarnen. Diese Maskierung wird häufig noch durch den Aufwuchs von Epizoen und Algen verstärkt. Einige wenige Arten besitzen eine plattenartig zusammengesetzte Tunica. Basale, wurzelartige Mantelausläufer verankern die Tiere im Boden.

Die Tunica wird von röhrenförmigen Epidermisausstülpungen durchzogen. Sie sind am Ende meist zu kontraktilen Ampullen erweitert, die den Blutstrom in diesem, weit vom Herzen entfernten Gefäßbereich aufrecht erhalten. Manche dieser Mantelgefäße werden durch eine Scheidewand in Doppelgefäße unterteilt. Bei den Synascidien, die man vorwiegend mit einfachen Mantelgefäßen ausgestattet findet, kommunizieren die Gefäße der Einzeltiere miteinander.

Durch die Mantelgefäße und wohl auch durch die gesamte Epidermis wandern mesenchymatische Zellen in den Mantel ein. Diese Mantelzellen enthalten häufig Farbstoffe und reflektierende, doppelbrechende Purin-Pigmente, die den Ascidien gelegentlich ein hübsches Farbkleid oder eine bunte Zeichnung verleihen. So gibt es neben dem weitverbreiteten opaken Schimmer der ungefärbten Tunica, rot, orange, grün oder blau getönte oder gemusterte Ascidien. Der Mantel mancher Arten ist mit scheibenförmigen bis morgensternartigen Kalkkörpern durchsetzt und bei den Didemniden und Polycitorinen sind eigene Epidermistaschen entwickelt, in denen die Kalkkörper erzeugt werden sollen.

3. Muskulatur

Die Muskulatur ist der festsitzenden Lebensweise gemäß nur sehr bescheiden entwickelt. Sie liegt meist dicht unter der Epidermis im Mesenchym der Körperwand eingebettet. In der Regel besteht sie aus einer inneren Lage von Ringmuskeln und einer äußeren Schicht von Längsmuskeln. Manchmal folgen auch eine Längs-, eine Ring- und wiederum eine Längsmuskelschicht aufeinander. Die Muskulatur ist meist in Form von Muskelbündeln oder -bändern in regelmäßigen Streifen angeordnet, die als Ringmuskelstreifen den Körper umgürten und als Längsmuskelbahnen an den Siphonen beginnend über den Körper zur Basis ziehen (Abb. 43).

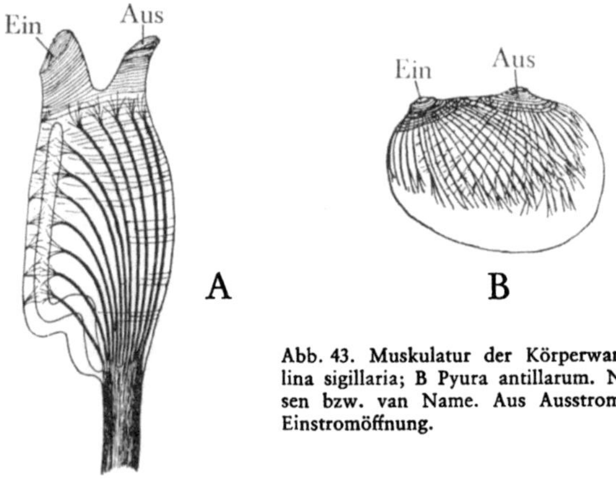

Abb. 43. Muskulatur der Körperwand. A Clavelina sigillaria; B Pyura antillarum. Nach Michaelsen bzw. van Name. Aus Ausstromöffnung; Ein Einstromöffnung.

Nur selten findet sich eine geschlossene Muskelschicht, dagegen häufig eine einseitig stärker entwickelte, asymmetrische Muskulatur.

Die Synascidien haben im allgemeinen eine nur schwach ausgeprägte Muskulatur. Besonders kräftig sind bei fast allen die Ring- und Längsmuskeln der Siphonen. Sie dienen zum Schließen und Einziehen dieser exponierten Körperteile. Die Längsmuskulatur vermag nur bei sehr dünnwandigen Arten den Körper in größerem Umfang zu verkürzen. Allerdings haben einige koloniebildende Formen unter den *Clavelinidae* und vor allem *Didemnidae* im basalen Körperabschnitt eine kräftige Längsmuskulatur hervorgebracht, die sich zu einem mächtigen Muskelbündel, dem Körperrückzieher, zusammenschließt, der bei entsprechenden Reizen den Körper tief in die gemeinsame Tunica zurückzieht.

Alleiniger Antagonist der Muskulatur ist die Elastizität des Mantels.

4. Nervensystem und Sinnesorgane

Das Gehirnganglion liegt dorsal, meist ungefähr in der Mitte zwischen den beiden Siphonen, wo es in einem bindegewebigen Septum, das sich zwischen der Epidermis und dem Kiemendarm durch den Peribranchialraum hindurch ausspannt, eingeschlossen liegt. Es ist bei koloniebildenden Formen stets kleiner als bei den solitären.

Histologisch besteht es aus einer peripheren Ganglienzellschicht, die einen Faserkern umschließt.

Unter den vom Gehirnganglion entspringenden Nerven herrscht nach Zahl und Anordnung eine große Vielfalt, die sich nur schwer schematisieren läßt. In der Regel kann man jeweils ein nach vorn und ein nach hinten abgehendes Nervenpaar unterscheiden. Das vordere zieht zum Einstromsipho und der Kiemendarmwand, das hintere zum Ausstromsipho und der Kloake. Bei manchen Arten findet sich jedoch nur ein unpaarer vorderer und hinterer Nerv, bei anderen wiederum treten mehrere voneinander getrennte Nerven auf. Seitlich abgehende Nerven sind bei solitären Ascidien selten, dagegen treten aus dem kleinen Gehirn der koloniebildenden alle Nerven seitlich aus, entsprechen jedoch wahrscheinlich denen der solitären. Häufig entspringt neben einem der zum Ausstromsipho ziehenden, hinteren Nerven ein unpaarer Visceralnerv, der am Kloakenboden entlang zum Darmtrakt und den Geschlechtsorganen zieht.

Über die Sinnesphysiologie der Ascidien ist wenig bekannt. Sinneszellen, wahrscheinlich vorwiegend mechanorezeptorische Sinneszellen, sind über den ganzen Körper verstreut, häufen sich aber stark an den Außen- und Innenwänden der Siphonen, wo sie sich vielfach zu Gruppen zusammenschließen und kuppelartig vorgewölbte Organe bilden.

Viele Ascidien haben an den Rändern der Siphonen oder zwischen den Siphonallappen rote oder blaue Pigmentflecken, die oft als Ocellen gedeutet werden. An diesen Stellen zeigt sich eine von Pigmentzellen umlagerte, grubenartige Epithelvertiefung. Die Epithelzellen sind hier auffallend hoch und distal mit wimperartigen Fortsätzen versehen, verfügen jedoch über keinen für ein Sinnesorgan ausreichenden, nervösen Kontakt. Da die Pigmentflecken zudem auch keineswegs lichtempfindlich sind, kann es sich unmöglich um Ocellen handeln. Ihre Funktion ist unbekannt.

Im Gegensatz zur allgemein geringen Lichtempfindlichkeit der Ascidien ist die Sensibilität für Berührungsreize gut ausgebildet. Je nach der Reizintensität erfolgt eine entsprechend starke und ausgedehnte Reaktion. Bei leichter Berührung des Körpers verschließt und kontrahiert sich der dem Reizort am nächsten gelegene Sipho. Eine etwas kräftigere Reizung hat die Kontraktion beider Siphonen zur Folge und nach einem starken Berührungsreiz schließlich zieht sich der ganze Körper zusammen (sog. direkter Reflex).

Die Berührung der Innenseite eines Siphos führt zum Verschluß und zur Kontraktion des anderen (Kreuzreflex). Auf diese Weise ist gesichert, daß ein eindringender, erregungsauslösender Fremdkörper auf dem kürzesten Wege mit einem durch die Kontraktion erzeugten Wasserstrom durch den offen gehaltenen Sipho wieder ausgestoßen wird. Exstirpation des Cerebralganglions führt zum Verlust des Kreuzreflexes, während die direkten Reflexe abgeschwächt und verlangsamt werden. Der Ascidienkörper zeigt spontane, rhythmische Kontraktionen unterschiedlicher Stärke. *Ciona intestinalis* beispielsweise kontrahiert sich bei 24° C im Abstand von etwa 3 min und Styela clava macht das etwa 8–27mal in der Stunde. Da nicht bei jeder Kontraktion das im Kiemendarm-

Kloakenraum befindliche Wasser ausgestoßen wird, ist die Bedeutung dieser rhythmischen Kontraktionen nicht recht klar.

An das Cerebralganglion schmiegt sich eine mehr oder weniger umfangreiche Drüse, die embryonal aus Zellen des Neuralrohres hervorgeht. Diese Neuraldrüse liegt bei den *Aplousobranchiata* und *Phlebobranchiata* ventral, bei den *Stolidobranchiata* meist

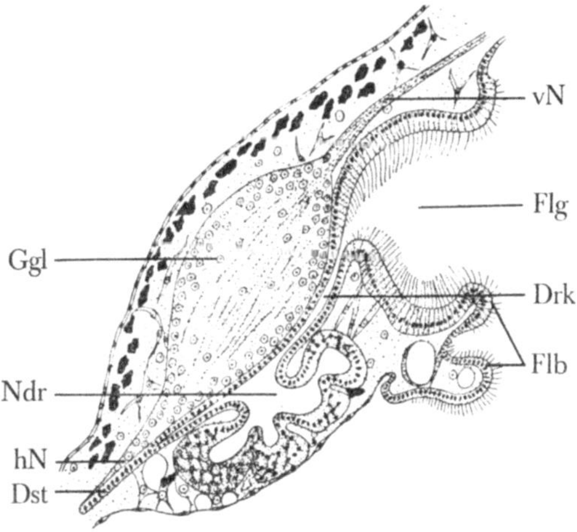

Abb. 44. Längsschnitt durch Gehirnganglion, Flimmergrube und Neuraldrüse von Clavellina lepadiformis. Nach Seeliger. Drk Ausfuhrkanal der Neuraldrüse; Dst Dorsalstrang; Flb Flimmerbogen quer; Flg Flimmergrube; Ggl Gehirnganglion; hN hinterer Nerv; Ndr Neuraldrüse; vN vorderer Nerv.

dorsal oder lateral vom Gehirn. Sie kann bis zum Umfang des Gehirnganglions anwachsen und dabei zahlreiche Divertikel hervorbringen. Ihr Ausfuhrgang mündet in die röhrenartige Verlängerung der Flimmergrube (Abb. 44). Über die Funktion hat man fast ausschließlich Vermutungen geäußert, die nur selten experimentell geprüft wurden. Die Entstehung dieser Drüse aus dem Neuralrohr führte zu der Annahme, daß sie dem Hypophysenhinterlappen der Wirbeltiere homolog sein könnte. Drüsenextrakte zeigen nun tatsächlich eine dem Oxytocin des Hypophysenhinterlappens entsprechende Wirkung. Bei *Ciona* ließen sich zudem saisonale Veränderungen der Drüse beobachten, die mit der Aktivität der Geschlechtsorgane gekoppelt sein könnten. Eine endokrine Funktion der Drüse ist daher durchaus wahrscheinlich, andererseits widerspricht dem jedoch ihre Einmündung in den Flimmergrubenkanal.

In diesem Zusammenhang ist vielleicht eine Verbindung zwischen dem Flimmergruben-Neuraldrüsen-Komplex und den Geschlechtsorganen bedeutsam, die vom sog. Dorsalstrang hergestellt wird. Es ist dies ein massiver Zellstrang zu dem sich der Flimmergrubenkanal kurz nach Einmündung der Neuraldrüse verdichtet. Er verläuft bei Jungtieren vom Kanalhinterende am Kloakenboden entlang nach hinten, begleitet ein Stück den Enddarm und endet an den Geschlechtsorganen; bei erwachsenen Tieren soll er jedoch im Gebiet des Verdauungstraktes unterbrochen sein.

5. Stoffwechselorgane

a) Ernährungssystem

Den Zugang zum Ernährungssystem bildet die Einstromöffnung. Ihr Rand ist meist in 4–8 Lappen geteilt, welche ein dichtes Verschließen der Öffnung ermöglichen. Von einer Ringfalte am Grunde der Lappen, die den unmittelbaren Eingang zum Kiemendarm kennzeichnet, erheben sich mehr oder weniger viele Tentakel (o-mehrere Hundert, meist unterschiedlicher Größe). Sie können

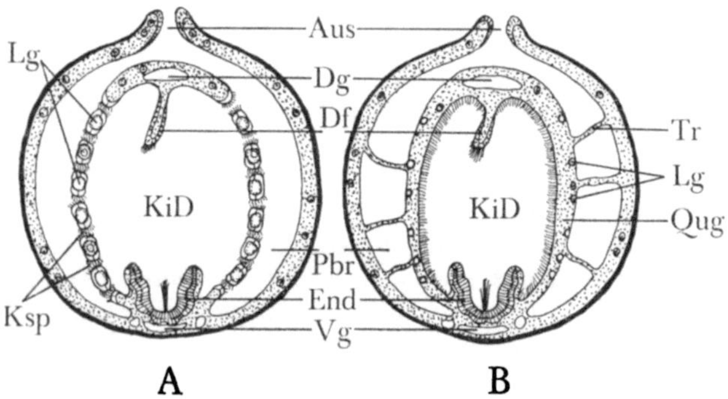

Abb. 45. Körperquerschnitt im Kiemendarmbereich von Clavelina lepadiformis. Nach Seeliger. A Querschnitt liegt zwischen zwei Quergefäßen; B Querschnitt in der Ebene eines Quergefäßes. Aus Ausstromöffnung; Df Dorsalfalte; Dg Dorsalgefäß; End Endostyl; KiD Kiemendarm; Ksp Kiemenspalten; Lg Längsgefäß des Kiemendarmes; Pbr Peribranchialraum; Qug Quergefäß des Kiemendarmes; Tr Trabekel; Vg Ventral- oder Hypobranchialgefäß.

einfach oder verzweigt sein und sehr weit radial in den Kiemendarmeingang hineinragen. Vermutlich prüfen auf ihnen sitzende, chemo- und mechanorezeptorische Sinneszellen das vorbeiströmende Wasser auf seine Genießbarkeit.

Hinter dem Tentakelkranz weitet sich der Kiemendarm zu einem umfangreichen, sackförmigen Raum, dessen seitliche Wände von unterschiedlich zahlreichen Kiemenspalten durchbrochen sind. In der ventralen Mittellinie ist der Kiemendarmboden rinnenförmig gefaltet und bildet den Endostyl. Dieser ist bei allen Ascidien ziemlich einheitlich aus 3 langgestreckten Drüsenmassen aufgebaut, die voneinander durch schmale, nicht drüsige, jedoch mit Wimpern ausgestattete Bänder getrennt sind (Abb. 46). Am Boden

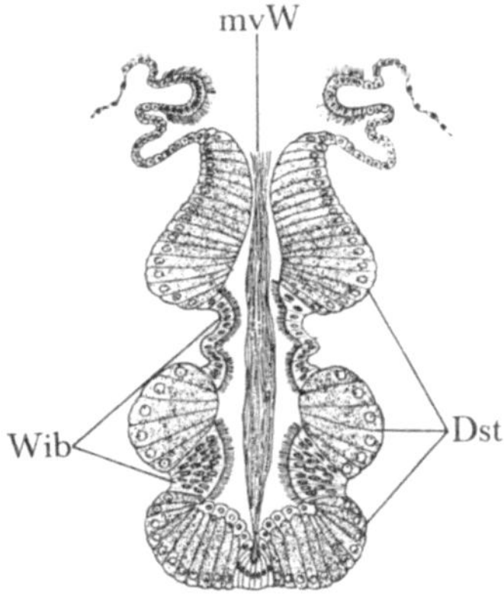

Abb. 46. Querschnitt durch den Endostyl von Corella parallelogramma. Nach Sokólska. Dst Drüsenstreifen; mvW medioventrales Wimperband; Wib laterale Wimperbänder.

des Endostyls erstreckt sich über seine ganze Länge ein Epithelband mit besonders langen Wimpern, die den vom Organ erzeugten, für den Nahrungserwerb außerordentlich wichtigen Schleim herausbefördern. Den Molguliden fehlt eine derartige, medioventrale Wimperstraße. Bei jenen Formen, deren Endostyl nicht bis zum Oesophagus reicht, zieht die Wimperstraße allein als sog. Retropharyngealband bis zum Oesophaguseingang weiter.

Dem Endostyl gegenüber ist das Kiemendarmdach in eine dorsale Längsfalte gelegt. Diese Dorsalfalte kann in zahlreiche einzelne Zungen aufgespalten sein – bei *Trididemnum* sind es beispielsweise 2, bei *Ciona* und *Corella* einige hundert – oder die Form einer durchgehenden Membran haben. Zwischen beiden Ausgestaltungen gibt es Übergänge, bei denen der Faltenrand mehr oder weniger tief gesägt und mit Querrippen versehen ist. Die Aufspaltung in Zungen wird als der primitivere Zustand angesehen, da die höheren *Enterogona* wie z. B. die *Ascidiidae* und die spezialisierteren *Pleurogona* wie die Styeliden, Molguliden und einige Pyuriden membranöse Dorsalfalten haben.

Auf der Höhe des Endostylvorderendes ist die Kiemendarmwand zu einer, häufiger aber zu zwei parallel verlaufenden Ringfalten aufgewölbt, die stark bewimpert sind. Sie bilden einen Flimmerbogen (Peripharyngealband), der, jederseits vom Endostylvorderende ausgehend, über die Seitenwände des Kiemendarmes zu seinem Dach emporsteigt, wo er sich hinter der Flimmergrube mit dem der Gegenseite vereinigt und den Anschluß zur Wimperstraße der Dorsalfalte herstellt.

Die Dorsalfalte reicht von der Flimmergrube bis zum Oesophagus. Beide, Flimmerbogen und Dorsalfalte, tragen im Zusammenwirken mit dem Endostyl und dem Retropharyngealband durch ihre starke Bewimperung wesentlich zum Nahrungserwerb und -transport bei.

Die Kiemendarmwand selbst erreicht bei den Ascidien den höchsten Differenzierungsgrad unter allen Tunicaten. Sie ist in ein kompliziertes Netzwerk aus Längs- und Querfalten, Papillen und Spalten aufgelöst (Abb. 47). Die endgültige Kiemendarmwand ent-

A

B

Abb. 48. Innenansicht eines Ausschnittes des Kiemendarmes vom Microcosmus helleri (A) und Molgula manhattensis (B). Nach van Name.

steht durch die enge Verbindung der Innenwände der Peribranchialräume mit der Vorderdarmwand. Als verbindendes Gewebe zwischen den beiden Epithelschichten dient eine Mesenchymlage, in der Blutbahnen verlaufen und in die ein Netz feiner Muskelfibrillen eingebettet ist. An bestimmten Stellen, wo Peribranchial- und Darmepithel unmittelbar miteinander verwachsen, brechen die Kiemenspalten durch. Dies geschieht in einer für die einzelnen Ascidiengruppen charakteristischen Weise. Aus 2–3, manchmal auch aus weit mehr Protostigmata auf jeder Seite, entsteht dann in fast gesetzmäßiger Folge durch Teilung der bereits vorhandenen Spalten und Bildung neuer Spaltanlagen die Vielzahl der Kiemenspalten.

Diese haben im einfachsten Fall schlitzförmige oder ovale, bisweilen kreisförmige Gestalt, liegen meist mit ihrer Längsachse zur Kiemendarmachse parallel, in Quer- und Längsreihen nebeneinander. Nur die Gattung *Boltenia* hat transversal ausgerichtete Kiemenspalten. Starke Abweichungen von der gestreckten Spaltenform finden sich bei den *Agnesiinae, Corellinae, Molgulidae* und manchen *Pyuridae,* die in Gruppen beisammen stehende, sichelförmig oder spiralig gekrümmte Kiemenspalten entwickelt haben (Abb. 48).

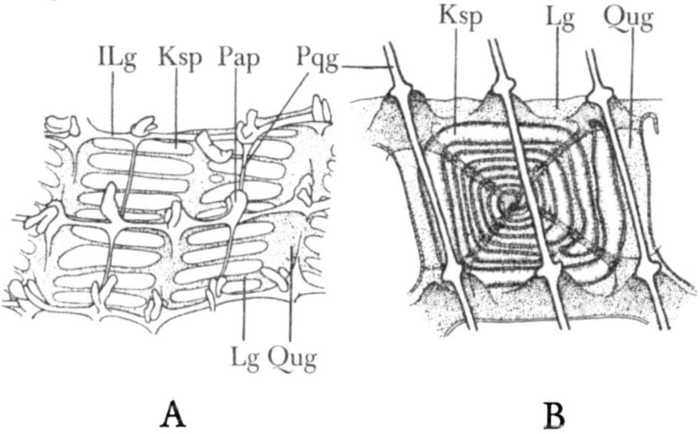

Abb. 48. Ausschnitte der Kiemendarmwand von (A) Ciona intestinalis und (B) Corella benedeni, von innen gesehen. Nach Thompson bzw. von Beneden u. Selys-Longchamps.
ILg interstigmatisches Längsgefäß; Ksp Kiemenspalte; Lg primäres Längsgefäß; Pap Papille; Pqg parastigmatisches Quergefäß; Qug primäres Quergefäß.

Die Spaltenlänge beträgt meist nur Bruchteile eines Millimeters und nur sehr selten, wie im Falle der spiralig gewundenen Kiemenspalten von *Eugyra* werden sie länger als 1 mm. Der Spaltenrand ist ringsherum mit zahlreichen Wimpern besetzt, die fast bis zur Spaltmitte vorragen. Durch ihre Tätigkeit wird Wasser aus dem Kiemendarm in die Peribranchialräume getrieben.

Die Zahl der Spaltenquerreihen ist weitgehend von der Größe des Tieres abhängig und reicht von 2 bis zu einigen hundert auf jeder Seite. Die Aplousobranchiata beispielsweise, die vorwiegend kleine Zooide hervorbringen, bilden durchschnittlich meist 3–4, im Extrem 2–15 Reihen aus. Bei den solitären, in der Regel wesentlich größer werdenden Ascidien finden sich dagegen häufig mehr als 100 Querreihen; so sind z. B. bei *Ciona intestinalis* über 500 festgestellt worden. Die Anzahl der Spalten pro Querreihe beträgt bei den kleinen, koloniebildenden Arten etwa 6–24, bei den Einzellebenden, wie z. B. *Phallusia mammillata* mehr als 500.

Die Kiemendarmwand ist nun keinesfalls nur ein glatter, lediglich von Spalten durchbrochener Darmteil. Vielmehr ist sein Innenepithel in den zwischen den Spalten stehenbleibenden, undurchbrochenen Wandzonen in regelmäßige, in das Lumen vorspringende, ringwulstförmige Quer- und meist auch in rippenartige Längsfalten gelegt. Im Innern der Falten verlaufen Blutbahnen, weshalb diese zwischen den Spalten liegenden Erhebungen als innere, interstigmatische Quer- und Längsgefäße bezeichnet werden. Der Grat der rippenartigen Gefäße ist bewimpert, besonders die Quergefäße tragen einen, bei der Nahrungsgewinnung sehr wirksamen Cilienapparat und werden daher oft auch Flimmerreifen genannt.

Bei den meisten Formen, die mit Längs- und Quergefäßen ausgestattet sind, erheben sich von den Kreuzungspunkten der Quergefäße mit etwa jedem 4. oder 5. Längsgefäß zweizipfelige, innen hohle, papillenartige Fortsätze. Sie sind in der Regel dorsad gebogen und auf der äußeren, konvexen Seite stark bewimpert; auch sie haben eine wesentliche Aufgabe beim Nahrungserwerb. Ähnliche zweizipfelige, papillenartige Fortsätze entwickeln sich auch außerhalb der erwähnten Kreuzungsstellen. Sie wachsen in Längs- oder Querrichtung zu Röhren aus und verbinden sich mit gleichartigen, benachbarten Fortsätzen, häufig über mehrere Kiemenspalten hinweg, zu freigespannten Gefäßbrücken. Auf diese Weise entsteht ein zusätzliches Netz von inneren Längs- und Quergefäßen, die im Unterschied zu den interstigmatischen als parastigmatische Gefäße bezeichnet werden. Auf den parastigmatischen Gefäßen können sich den Primärpapillen gleichende Sekundärpapillen erheben. Durch Spaltenteilungen und Gefäßverwachsungen ist es möglich, daß ursprünglich parastigmatische Gefäße einen gemischt para-interstigmatischen Verlauf nehmen oder gänzlich in eine interstigmatische Position geraten, in der sie dann kaum von den primären interstigmatischen Gefäßen zu unterscheiden sind.

Auch auf der äußeren, den Peribranchialräumen zugewandten Kiemendarmoberfläche treten gefäßführende Längs- und Querfalten auf. Besonders auffallend sind hier aber Blutgefäße, die quer durch die Peribranchialräume ziehen und das Gefäßsystem der Körperwand direkt mit dem Gefäßnetz des Kiemendarmes verbinden. Man nennt sie Dermatobranchial- oder Trabekulargefäße. Sie dienen zum Teil sicherlich auch der Aufhängung und Verspannung des Kiemendarmnetzes. Sie werden darin vom Dorsal- und Ventralseptum unterstützt, die an den dorsalen bzw. ventralen Kontaktflächen der Peribranchialräume entstehen und den Kiemendarm nach Art von Mesenterien halten.

Im Querschnitt ist der Kiemendarm der einfachen Formen annähernd rund, d. h. oval oder kreisförmig. Die *Pleurogona* jedoch zeigen eine Tendenz den Kiemendarm als Ganzes in Längsfalten zu legen, so daß er im Querschnitt gewellt, aus- und eingebuchtet erscheint. So haben z. B. die Styeliden jederseits 4 Längsfalten, die Molguliden 4–9 und die Pyuriden 4–12. Bei den Formen mit gekrümmten oder spiraligen Kiemenspalten *(Molgulidae, Corellinae, Agnesiinae)* ist die Kiemendarmwand häufig an vielen Stellen vom Peribranchialraum her fingerhutförmig ins Darmlumen vorgewölbt.

Diese als Trichter oder Infundibula bezeichneten Einbuchtungen enthalten meist nur eine kleine Gruppe von Kiemenspalten oder gar nur einen einzigen, großen, spiralförmigen Spalt (Abb. 48 B).

Anzahl, Form und Anordnung der Kiemenspalten, Papillen, Gefäße und der Gesamtfaltung sind wichtige taxonomische Merkmale.

Nahrungserwerb: Die Ascidien haben die bei fast allen Tunicaten angewandte Schleimfilter-Methode der Nahrungsgewinnung aus dem Atemwasserstrom zu größter Vollkommenheit entwickelt. Der Nahrungspartikel zuführende und dem Gasaustausch dienende Wasserstrom wird durch den Ciliensaum der Kiemenspalten erzeugt, die ständig Wasser aus dem Kiemendarm heraus in den Peribranchialraum schaffen, was zur Folge hat, daß durch die Einstromöffnung neues Wasser angesaugt wird. Die Cilien schlagen metachron. Vom Darmlumen aus betrachtet wird ihr Bewegungsablauf als eine im Uhrzeigersinn umlaufende Welle im Ciliensaum sichtbar.

In dem so erzeugten, durch den Kiemendarm über die Kiemenspalten in den Peribranchialraum zur Kloake ziehenden und von da aus wieder ins Freie tretenden Wasserstrom, wird an der Kiemendarmwand ein Schleimfilter ausgespannt, welches das im Strom enthaltene Geschwebe festhält.

Die Bildung des Schleimfilters beginnt im Endostyl. Durch die außerordentlich langen Cilien in der Mittellinie der Endostylrinne, die eine von der Basis zur Spitze verlaufende Schlängelbewegung ausführen, wird der von den Drüsenbändern abgesonderte Schleim aus der Rinne herausgeschafft. Die so aus dem Endostyllängsspalt nach beiden Seiten ständig hervorquellenden Schleimbänder werden vom Wimpersaum des Endostylrinnenrandes erfaßt und auf den angrenzenden Kiemendarmboden weitergeschoben. Dort gelangen sie auf die fließbandartig arbeitenden Wimperstraßen der vorn liegenden, kräftigen Flimmerbögen und der über den ganzen Kiemendarm verteilten Flimmerreifen und Papillen der Quergefäße. Sie schleppen den zu Anfang noch kompakten Schleim über die Seitenflächen des Kiemendarmes bis hin zur Spitze der Dorsalfalte und ziehen ihn dabei zu einem feinen Teppich aus, der die gesamte Kiemendarminnenfläche bedeckt.

Das Gefüge dieses so entstandenen Schleimfilters, den der Wasserstrom vor seinem Durchtritt durch die Kiemenspalten passieren muß, ist nicht genau bekannt. Man nimmt an, daß er eine porös-schwammige oder watteartige Struktur hat. In diesem Filter bleibt alles mit dem Wasserstrom zugeführte Geschwebe bis herab zur Größe von etwa 1 μm hängen. Über die pro Zeiteinheit gefilterte Wassermenge sind keine sehr zuverlässigen Angaben vorhanden, die zudem nie auf eine Körpergröße, wie Gewicht oder Volumen bezogen sind. Bei *Phallusia mammillata* soll ein Wasserstrom von 60–240 ml/Std. das Schleimfilter und die Kiemenspalten passieren.

Das Filter kann nicht verstopfen, da das Schleimband praktisch endlos über die Kiemen hinweggleitet und ständig unverbrauchte Filtermasse nachgeliefert wird. Am Kiemendarmdach, an der Spitze der Dorsalfalte, stoßen die linke und rechte Filterhälfte von den beiden Kiemendarmseiten her aufeinander und vereinigen sich zu einem doppelschichtigen Band. Die Weiterverarbeitung des mit Nahrungspartikeln behafteten, doppelschichtigen Schleimbandes wird von der Dorsalfalte bzw. deren Zungen gesteuert. Die Dorsalzungen sind alle sichelförmig nach einer Seite gekrümmt (Abb. 45), wie etwa die Halter einer Dachrinne. Alle Zungen zusammen bilden auf diese Weise eine von Zwischenräumen unterbrochene Rinne, in welche das Doppelschleimband unter Rotation hineingewälzt und dabei zu einer Wurst zusammengedreht wird. Bei den mit einer ganzrandigen, nicht in Zungen aufgespaltenen Dorsalfalte ausgestatteten Ascidien verläuft der Vorgang im Prinzip genauso, nur bildet hier die zur Seite gekrümmte Dorsalfalte eine ununterbrochene, echte Rinne. Die so entstehende Nahrungswurst ragt mit ihrem Hinterende in den trichterförmigen Oesophaguseingang hinein und wird unter fortwährender Rotation durch die Wimpern des Oesophagus ständig in diesen hineingezogen.

Der Verdauungstrakt nimmt insgesamt einen U- oder schleifenförmigen Verlauf und liegt je nach Ausgestaltung des gesamten Körpers – mit Postabdomen oder ohne – hinter oder neben dem Kiemendarm. Der unterschiedlich lange, meist mit Längsfalten und Wimperrinnen versehene Oesophagus leitet die Nahrungswurst in den sackförmig erweiterten Magen, wo sie aufgeknäuelt wird. Der Magen kann von den vorangehenden und nachfolgenden Darmabschnitten durch Sphinkter abgegrenzt sein. Er ist in der Regel stark längsgefaltet und enthält eine auch äußerlich als Aufwölbung sichtbare Magenrinne, eine Fortsetzung der Oesophagusrinne. Die aus dimorphem Epithel aufgebaute Magenwand bildet zahlreiche lappen-, schlauch- oder büschelförmige Ausstülpungen in denen Verdauungssäfte erzeugt werden. An Enzymen wurden bisher eine sehr wirksame Amylase neben Invertase, Maltase und Lactase, sowie eine schwache Lipase und Protease festgestellt.

Im hinteren Magenbereich breitet sich auf der äußeren Magenoberfläche das Geflecht der darmumspinnenden Drüse oder Pylorusdrüse aus. Es besteht aus stark verzweigten, anastomosierenden Schläuchen mit ampullenartigen Enderweiterungen. Durch einen gemeinsamen Ausführgang mündet das Drüsengeflecht in den Magen. Die Funktion der Drüse ist unbekannt.

Der anschließende Dünndarm ist nicht immer deutlich durch Einschnürungen vom Enddarm abgesetzt. Er befindet sich bereits im wiederaufsteigenden Ast des gekrümmten Darmtraktes und zieht der Kloake entgegen. In das Dünndarmlumen ragt häufig eine tief vorspringende Falte hinein, in der Blutbahnen verlaufen. Vermutlich werden hier die Nahrungsbausteine resorbiert.

Im Enddarm wird der unverdauliche Rest in Kotballen geteilt und der Kloake zugeführt, in die er durch den meist auf einem Hügel liegenden, mit Hautlappen dicht verschließbaren After austritt.

Die Kloake entsteht durch die mediodorsale Vereinigung der beiden Peribranchialräume. In sie münden bei den Enterogona neben dem After auch noch die Gonadenausführgänge ein. Die Kloake der Ascidien kann zu einem sehr weitläufigen Ausstromsystem entwickelt sein. Dies trifft vor allem für die meisten Synascidien zu, bei denen sich die distalen Abschnitte der Kloaken mehrerer Einzeltiere zu einem, in der gemeinsamen Tunica verlaufenden, manchmal sehr ausgedehnten Hohlraumsystem vereinigen.

Deshalb unterscheidet man bei den Ascidien häufig den proximalen, unmittelbar aus der Peribranchialraumvereinigung hervorgegangenen Kloakenteil als Atrium von dem distalen, aus der Tunica gebildeten Teil, der nun Kloake genannt wird. Es wäre freilich besser diesen distalen bei den Synascidien in der gemeinsamen Tunica verlaufenden Kloakenteil als gemeinsames Ausstromsystem zu bezeichnen und den Terminus Kloake auf den vereinigten Peribranchialraum zu beschränken.

Der Sinn dieser Ausstromführung scheint darin zu bestehen, den Auswurf (verbrauchtes und gefiltertes Atemwasser + Faeces) an wenigen, von den Einstromöffnungen entfernten Stellen zu konzentrieren, damit die Verunreinigung des eingestrudelten Wassers so gering wie möglich bleibt.

b) Atmungssystem

Eingehende Untersuchungen über das Atmungssystem der Ascidien wurden nicht vorgenommen. Die anatomischen Gegebenheiten lassen jedoch vermuten, daß der Gasaustausch vorwiegend im Kiemendarm erfolgt. Dieser wird von zahlreichen Blut-Längs- und Quergefäßen netzartig durchsetzt und umgeben (Näheres s. S. 88 f.). Ein respiratorischer Farbstoff ist im Blut nicht vorhanden, obwohl lange Zeit der sich an der Luft dunkelblau färbende, in einer Vielzahl der Blutzellen enthaltene Vanadium-Komplex als solcher betrachtet wurde. Doch konnte gezeigt werden, daß sich im Ascidienblut nicht mehr O_2 löst als in einer entsprechenden Menge Meerwasser.

c) Kreislaufsystem

Das Kreislaufsystem setzt sich aus einem Gefäßsystem, einem Herzen als Antriebsmotor, aus der Blutflüssigkeit und den darin verteilten Zellen zusammen.

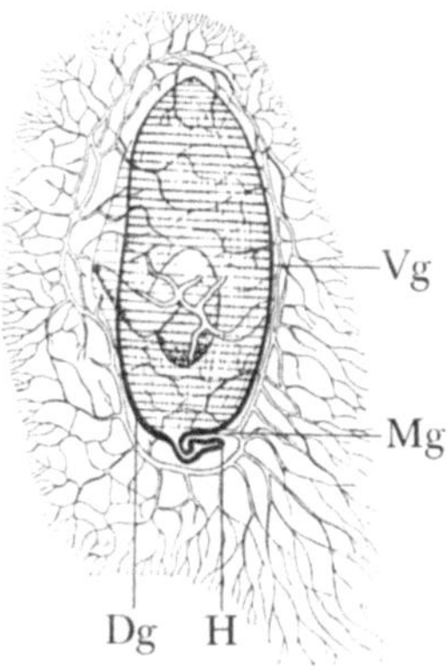

Abb. 49. Kreislaufsystem von Ascidia raphanus. Nach Heller. Körpergefäße schwarz, Mantelgefäße weiß angelegt. Dg Dorsalgefäß; H Herz; Mg gemeinsamer Mantelgefäßstamm; Vg Ventralgefäß.

Das Herz entsteht aus einer langgestreckten, mesodermalen Perikardblase, die sich der Länge nach tief einfaltet, wobei die

Falträнder einander stark genähert werden und häufig sogar miteinander verwachsen (Verwachsungsnaht oder Berührungslinie = Herzraphe). Der eingefaltete Teil bildet ein vom Perikard umgebenes Rohr – die Herzkammer – in dessen Wand sich quergestreifte Muskelfasern entwickeln, die es, sich überkreuzend, umschließen. Diese röhrenförmige Herzkammer mündet an ihrem Vorder- und Hinterende in die dort anschließenden Gefäßbahnen (Abb. 49).

Das Herz liegt meist zwischen dem Endostylhinterende und dem Verdauungstrakt. Anfänglich gestreckt, wird es aber im Laufe des Wachstums häufig V-förmig geknickt und vielfach seitlich an den Kiemendarm gedrängt oder bei Formen mit einem ausgeprägten Hinterleib mehr zum Verdauungstrakt hin verlagert.

Bei der Herztätigkeit laufen Kontraktionswellen von einem Kammerende zum anderen und treiben das Blut in die davorliegende Gefäßbahn. Nachdem eine Anzahl (20–40) solcher peristaltischer Wellen, immer vom gleichen Ende beginnend, über das Herz gelaufen sind, kehrt sich nach einer kurzen Pause die Richtung des Kontraktionswellenablaufes und damit auch die Richtung des Blutstromes um. Meist ist die Anzahl der Wellen in Richtung Verdauungstrakt etwas größer als die zum Endostyl hin. Das Herz ist in seiner Tätigkeit weitgehend unabhängig. An den Kammerenden befindet sich je ein autonomes Nervenzentrum. Das, von dem gerade die Kontraktionswellen ausgehen, dominiert jeweils über das andere oder hemmt dieses.

Die Blutbahnen verlaufen so, daß sich ein geschlossener Kreislauf ergibt. Nur die größeren von ihnen sind mit Endothel ausgekleidet und haben Gefäßcharakter. Am Vorderende des Herzens beginnt ein umfangreicher, einheitlicher oder in mehrere Teilkanäle aufgespaltener Gefäßstrang, der als Ventralgefäß unter dem Endostyl nach vorne zieht. Von ihm gehen seitlich zahlreiche Blutbahnen ab, die zum Gefäßnetz des Kiemendarmes (Näheres s. S. 88 f.) und in die Körperwand ziehen. Ihre Verzweigungen vereinigen sich wieder in einem ebenfalls umfangreichen ein- oder mehrteiligen Dorsalgefäß, das über der Mitte des Kiemendarmdaches nach hinten zieht, wo es stark aufspaltet und das Gefäßnetz der Verdauungs- und Geschlechtsorgane bildet, das sich im Visceralgefäß sammelt, welches zur hinteren Herzkammeröffnung läuft und damit den Kreislauf schließt.

Die Blutflüssigkeit ist dem Meerwasser isotonisch und enthält eine Anzahl verschiedenartiger Zellen, die jedoch alle durch eine Reihe von Umwandlungsstufen aus einfachen Lymphocyten hervorzugehen scheinen. Der zahlenmäßig stark vorherrschende Zelltyp der Vanadocyten hat einen in 8 bis 18 Bläschen geteilten Zelleib von morula-ähnlichem Aussehen. Er enthält eine Vanadiumverbindung, in manchen Fällen statt dessen eine Eisenverbindung, Schwefelsäure, Eiweiß und Kohlehydrate, von denen ein Teil aus unlöslichen Polysacchariden besteht. Die Vanadocyten wandern sehr häufig in die Gewebe ein und in die Tunica aus und bereiten Polysaccharidmaterial, das möglicherweise zum Aufbau des Tunicins verwendet wird. Neben den Vanadocyten gibt es noch zahlreiche Lymphocyten, mit großen Kernen und relativ wenig Cytoplasma. Aus ihnen gehen die Vanadocyten und alle übrigen, in geringerer Anzahl vorhandenen Blutzellen hervor, wie etwa die Phagocyten mit ihren fadenförmigen Pseudopodien, die beispielsweise eingebrachte Karminpartikel aus dem Blut aufnehmen; Amoebocyten mit Pseudopodien und großen, granulaerfüllten Vakuolen, sowie Pigmentzellen, die Melanin, Carotinoide, submikroskopische, ausgerichtete Kristalle und reflektierende Scheibchen enthalten.

Die Strömungsgeschwindigkeit im Hauptblutkreislauf ist bemerkenswert. Bei *Ciona* kehrten in den Gefäßstamm eingebrachte Karminpartikel nach 1 min wieder zum Herzen zurück.

d) Exkretionssystem

Die Ascidien haben kein spezielles Exkretionsorgan im Sinne einer Niere, die Stoffwechselendprodukte konzentriert und aus dem Körper ausscheidet.

Leicht lösliche Stoffwechselendprodukte werden wahrscheinlich über den Kiemendarm abgegeben, schwer lösliche, purinartige Stoffwechselendprodukte (Harnsäure, Xanthin) werden als Konkremente verschiedenster Gestalt in Zellvakuolen abgelagert. Hierauf spezialisierte Zellen, die Nephrocyten, sammeln sich vorwiegend im perivisceralen Mesenchym an und bilden häufig charakteristische, durch die Körperwand schimmernde Muster. Während es sich in den primitiveren Fällen um ein bloßes Aggregat von Nephrocyten handelt, erfolgt bei manchen Formen eine Integration zu einer Art Speicherniere. Die Nephrocyten, die bereits große, Konkremente enthaltende Vakuolen besitzen, teilen sich und bilden Zellketten mit ineinanderfließenden, umfangreichen Vakuolen, wobei die Zellkerne und das Cytoplasma ganz an den Rand gedrängt werden. In das von den Zelleibern umgrenzte Lumen werden durch diese dauernd Exkretstoffe ausgeschieden, so daß es sich ständig vergrößert und zunehmend mit Konkrementen füllt. Viele kleine, derartige Speichernieren sind bei den *Ascidiinae* entwickelt. *Pyura* hat nur etwa ein Dutzend solcher Organe, die aber wesentlich umfangreicher als die der Ascidiinae sind. Bei den Molguliden schließlich findet sich nur eine einzige große, bohnenförmige Speicherniere, meist auf der rechten Körperseite in der Nähe des Herzens. Ihre Wandung besteht aus einschichtigem, kubischem Epithel und umschließt ein beachtliches, flüssigkeitserfülltes Lumen, in dem sich geschichtete Konkremente ansammeln.

6. Geschlechtsorgane

Ascidien sind fast ausschließlich Zwitter. Die Geschlechtsorgane können in ihrem Körper zwei voneinander deutlich verschiedene Standorte einnehmen, von denen aus betrachtet die Ascidien zwei recht einheitliche Tiergruppen bilden – die *Enterogona* und die *Pleurogona*. Bei den *Enterogona* liegen die Gonaden in, neben oder hinter der Schleife des Verdauungstraktes, bei den *Pleurogona* in der vorderen Körperwand, meist zu beiden Seiten des Kiemendarmes.

Die Assoziation der Gonaden mit der Darmschleife bei den Enterogona kann, je nach Lage der Verdauungsorgane, zu sehr extremen Verlagerungen der Geschlechtsorgane führen. Bei starker Stauchung der Körperlängsachse kommt die Darmschleife samt den Geschlechtsorganen neben den Kiemendarm zu liegen, wie z. B. bei den Corelliden und Ascidiiden (Abb. 50 B). Das andere Extrem finden wir etwa bei den Polycliniden, deren Körper so stark gestreckt ist, daß man nicht nur einen Rumpf (Thorax) mit dem Kiemendarm und einen Hinterleib (Abdomen) mit der weiten Schleife des Verdauungstraktes unterscheidet, sondern hinter dieser auch noch ein Postabdomen, in das die Gonaden verlagert sind

(Abb. 50 A). Die immer nur in der Einzahl vorhandenen Ovarien und Hoden der *Enterogona* bilden nach außen einen kompakten, einheitlichen Komplex, sind aber geweblich voneinander getrennt. Der Entfernung von der Kloake entsprechend, ist je ein mehr oder weniger langer Ovidukt bzw. Samenleiter entwickelt. Sie ziehen nebeneinander am Enddarm entlang zur Kloake, in die sie einmünden. Den Didemniden fehlt ein Ovidukt, die Eier werden durch Platzen der Ovarienwand freigesetzt. Mehrere *Distaplia*-Arten und *Sycozoa* bilden getrenntgeschlechtliche Kolonien.

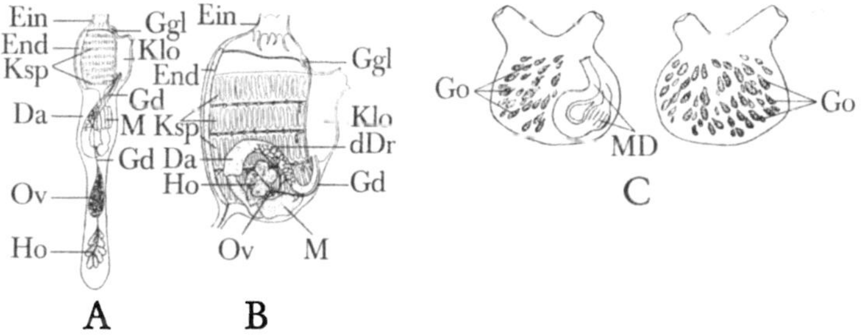

Abb. 50. Lage der Geschlechtsorgane bei verschiedenen Ascidien. A Polyclinidae; B Ascidiidae; C Styelidae (linke bzw. rechte Körperseite). Nach Seeliger bzw. van Name. Da Darm; dDr darmumspinnende Drüse; End Endostyl; Ein Einstromsipho; Gd Geschlechtsausführgang; Ggl Gehirnganglion; Go Gonaden; Ho Hoden; Klo Kloake; Ksp Kiemenspalten; M Magen; Ov Ovar.

Die in die Körperwand eingebetteten Gonaden der *Pleurogona* sitzen meist zu beiden Seiten des Kiemendarmes. Nur bei wenigen Ausnahmen sind sie einseitig entwickelt und bestehen dann auch in der Regel aus nur einem Ovar, das von einem oder mehreren Hoden flankiert wird. Sonst aber herrscht unter den Pleurogona die Tendenz vor, die Gonaden in viele kleine, zwittrige Gonadeneinheiten aufzuspalten, die sich serial in einer zum Endostyl parallelen Reihe anordnen oder flächenhaft über die seitlichen Körperwände ausbreiten. Jede Gonadeneinheit mündet durch ein kurzes Ovidukt und mehrere sich zu einem Samenleiter vereinigende Vasa efferentia in die Peribranchialräume. Besonders viele dieser Gonadeneinheiten (Polykarpen), bis zu 100 und mehr auf jeder Seite, bringt die Gattung *Polycarpa* hervor. Manche Arten, wie z. B. die von *Distomus,* haben geschlechtlich streng separierte Polykarpen, indem auf der einen Körperseite nur Ovarien auf der anderen nur Hoden entwickelt sind (Abb. 50 C).

Die Ovarien vieler koloniebildender Arten bestehen nur aus einigen zu einem kompakten Haufen vereinten Keimzellen, die nur wenige Eier, oder, wie bei den Botryllinae und manchen Didemnidae, vermutlich nur ein einziges Ei zur Reife bringen. Bei *Clavelina,* vielen Polyzoinen und vor allem den Phlebobranchiata bildet sich im Eierstock eine Ovarialhöhle, um die herum sich die Keimzellen in Form eines Keimepithels anordnen, das allmählich verflacht und in das Eileiterepithel übergeht, welches bei einigen Formen Ringmuskelfasern enthalten soll.

Die Hoden sind aus einer unterschiedlichen Anzahl kleiner, aus mehrschichtigem Keimepithel bestehender Hodenbläschen aufgebaut, die lose nebeneinander liegen oder eng beisammenstehen. Sie bilden einen mehr oder weniger kompakten, trauben- bis strangförmigen Hoden, oder mehrere kleine Hoden, wie etwa in den zahlreichen Gonadeneinheiten (Polykarpen) der *Pleurogona.* Die Hodenbläschen sind durch Vasa efferentia, deren einschichtiges Epithel bewimpert ist, mit einem gemeinsamen Samenleiter verbunden.

Die Eier erreichen einen Durchmesser von 0,1–0,72 mm. Die größeren Eier findet man vorwiegend bei viviparen Formen. Das Ei ist von einer Hülle aus Follikelzellen umgeben, die in der Regel sehr hoch und mit großen Vakuolen versehen sind, so daß sie vermutlich dem Ei als Schwimmkörper dienen. Die Eier viviparer Arten haben dagegen sehr flache Follikelzellen. Zwischen der Eioberfläche und der Eihaut (Chorion) befinden sich, vermutlich von den Follikelzellen abstammende, stark amoeboid bewegliche Zellen, die Perivitellinzellen (= Kalymmocyten der Salpen), deren Funktion – sie sollen Enzyme zum Abbau des Chorions erzeugen – unklar ist.

7. Fortpflanzung und Entwicklung

Eier und Spermatozoen werden durch die Ausführgänge in die Peribranchialräume oder die Kloake geleitet und mit dem Atemwasser ausgestoßen. Häufig laichen mehrere benachbarte Individuen gleichzeitig ab. Wodurch die Synchronisation erfolgt ist nicht bekannt. Die Befruchtung geschieht im freien Wasser. Obwohl vielfach Eier und Samen gleichzeitig entleert werden, ist bei einigen – *Ascidiidae* und *Ciona intestinalis* – Selbstbefruchtung sicher ausgeschlossen, da die Spermien das Chorion ihrer Schwestereier nicht durchdringen können. Bei den lebendgebärenden Formen, das sind die meisten koloniebildenden Ascidien, wird das Ei in der Kloakenhöhle oder im Peribranchialraum befruchtet oder die Spermatozoen dringen gar durch den Ovidukt zum Ei vor. In der Regel haben die viviparen Arten besondere Einrichtungen zur Brutpflege. Im einfachtsen Falle, so bei den *Polyclinidae* und *Clavelinidae*, entwickeln sich die Eier in der Kloakenhöhle. Bei *Amaroucium, Distaplia* und *Sycozoa* bildet sich eine dorsale, sackartige Ausstülpung der Kloakenwand, die beachtliche Ausmaße erreichen kann und als Bruttasche dient. Die *Botryllinae* und *Polyzoinae* entwickeln in der äußeren Wand der Peribranchialräume unterschiedlich umfangreiche Brutbehälter (Abb. 51).

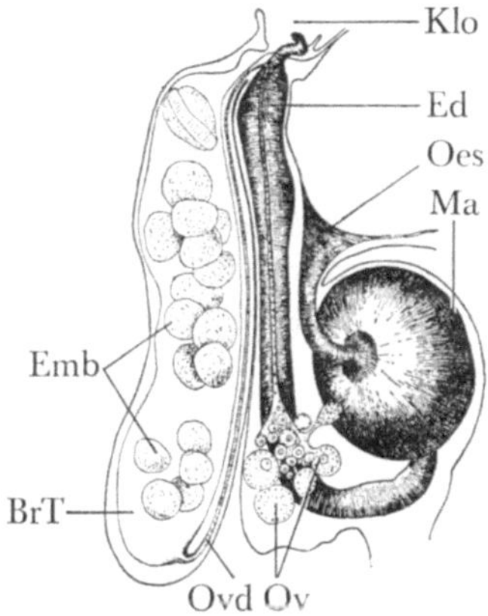

Abb. 51. Ovar, Brutbehälter und Darmtrakt von Sycozoa racovitzai. Nach van Beneden & Selys-Langchamps. BrT Bruttasche; Ed Enddarm; Emb Embryonen; Klo Kloake; Ma Magen; Oes Oesophagus; Ov Ovar; Ovd Eileiter.

Die Furchung ist total, bilateral und fast äqual. Die Determination erfolgt sehr früh, ja schon das Eiplasma scheint determinierte Bezirke aufzuweisen. Bereits an der Blastula lassen sich deutlich Ecto-, Ento- und Mesodermzellen und sehr bald auch die Zellen unterscheiden, aus denen das Neuralrohr, die Chorda und die Muskelzellen hervorgehen.

Die Dauer der Embryonalentwicklung beträgt, je nach Dottergehalt der Eier, ca. 20–420 Stunden, wobei sich die dotterreichen wesentlich langsamer entwickeln.

Aus dem Ei schlüpft eine freischwimmende Larve, deren Körper in einen Rumpf und einen seitlich zusammengedrückten Ruderschwanz von 2–3facher Rumpflänge gegliedert ist. Die Larven erreichen Rumpflängen von 0,17–1 mm; am größten werden Larven koloniebildender Formen. Der ganze Schwanz ist der Länge nach von einem elastischen Achsenstab, der Chorda, durchzogen, an dem auf beiden Seiten die in einer Zellage formierte Schwanzmuskulatur angreift, deren Stütze und Widerlager er ist.

Die Chorda besteht aus 60–64 geldrollenartig hintereinanderliegenden, umfangreichen Zellen mit großen Vakuolen, die mit denen der Nachbarzellen zum einheitlichen Achsenstab verschmelzen. Seine Oberfläche wird vom verdrängten, restlichen Cytoplasma und den Kernen bedeckt. Ventral unter der Chorda verläuft ein solider, entodermaler Zellstrang, dorsal der Chorda erstreckt sich bis in die Spitze des Rumpfes das Neuralrohr. Es erweitert sich am Vorderende blasenartig und ist durch einen Kanal mit dem Vorderdarm verbunden. Aus dem Kanal entwickelt sich später die Flimmergrube und die Neuraldrüse. In der blasenartigen Erweiterung des Neuralrohres entsteht eine einzellige Statocyste und ein Pigmentbecherocellus.

Während die *Enterogona* stets beide dieser larvalen Sinnesorgane besitzen, wird bei vielen *Pleurogona* häufig nur eines von beiden ausgebildet. In der Rumpfmitte formt sich in der Ventralwand des Neuralrohres ein Ganglion, das Rumpf- oder Visceralganglion, dessen Nervenfasern die larvalen Sinnesorgane und die Schwanzmuskulatur innervieren. Der Rumpf unterhalb der Chorda ist von der umfangreichen Darmanlage ausgefüllt, die auf beiden Seiten von dorsalen, taschenförmigen Ectodermeinstülpungen, den Peribranchialräumen, flankiert wird. Bei den *Pleurogona* entwickeln sich die Peribranchialräume aus einer medianen unpaaren Einstülpung, die sich gabelt. An der Rumpfspitze sitzt ein Haftapparat, der den Larven am Ende ihres meist nur wenige Stunden oder gar Minuten dauernden, freischwimmenden Lebens zur Festheftung am Untergrund dient. Er besteht bei den *Aplousobranchiata* aus 3 in einer Reihe stehenden, saugnapfartigen Haftstellen, bei den *Phlebobranchiata* aus 3 in einem Dreieck angeordneten, zapfenartigen Haftpapillen. Die Haftpapillen der *Enterogona* sind stark reduziert oder fehlen gänzlich. Der Haftapparat scheidet ein klebriges Sekret aus, das die Tiere im Substrat verankert (Abb. 52).

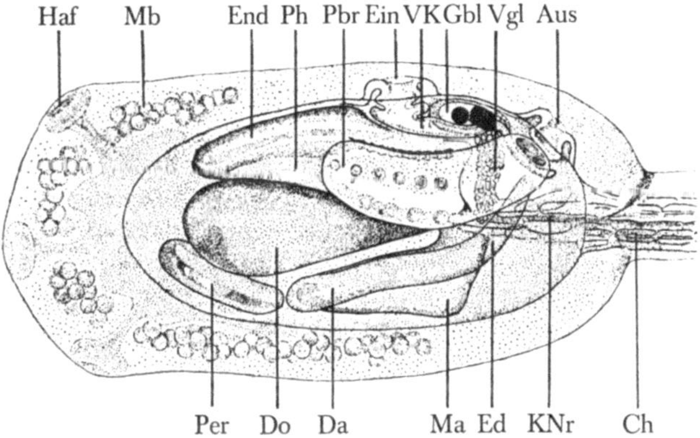

Abb. 52. Larve von Amaroucium constellatum. Schwanz unvollständig. Nach Grave. Aus Anlage der Ausstromöffnung; Ch Chorda; Da Mitteldarm; Do Dotter; Ed Enddarm; Ein Einstromöffnung; End Endostyl; Gbl Gehirnbläschen mit Ocellus und Statocyste; Haf Haftpapille; KNr kaudales Neuralohr; Ma Magen; Mb Epidermisblasen in der Mantelsubstanz; Pbr Peribranchialraum mit durchbrechenden Kiemenspalten; Per Perikard; Ph Pharynx; Vgl Rumpf- oder Visceralganglion; VK Verbindungskanal zwischen Vorderarm und Gehirnbläschen.

Nach dem Festsetzen beginnt die Metamorphose. Der nicht mehr benötigte Ruderschwanz wird abgebaut und die larvalen Sinnesorgane (Statocyste und Ocellus) und das Rumpfganglion werden zurückgebildet. Durch das gleichzeitig einsetzende allometrische Wachstum wandert die zunächst ventral neben der Festhaftungsstelle gelegene Mundöffnung immer mehr vom Untergrund weg nach oben und gelangt schließlich in die Nähe der vorerst noch paarigen oder bereits zur medianen Ausstromöffnung vereinigten Peribranchialöffnungen.

Der Vorderdarm differenziert sich zum Kiemendarm, indem taschenartige, seitliche Aussackungen der Darmwand mit der inneren Wand des Peribranchialraumes der gleichen Seite verwachsen und an der Verwachsungsstelle der Kiemenspalt durchbricht. Aus dem hinteren Teil der Rumpfdarmanlage entwickelt sich der Verdauungstrakt und aus einer Mesodermplatte, die ventral zwischen dem Darm und der Epidermis liegt, das Herz. Im vorderen Darmboden entsteht durch Einfaltung der Endostyl, in der hinteren ventralen Kiemendarmwand bilden sich nach hinten gerichtete, paarige Ausstülpungen, die unterschiedlich umfangreich werden und ganz oder teilweise den Verdauungstrakt und die Geschlechtsorgane umgeben. Diese als Epikard bezeichneten Gebilde bleiben bei manchen Ascidien zeitlebens in offener Verbindung mit dem Kiemendarm. Häufig vereinigen sich die beiden Ausstülpungen zu einem Sack, der sich vom Kiemendarm abschnürt oder sie werden teilweise oder gänzlich ab- und umgebaut. Bei *Molgula* nimmt man an, daß aus einem derartigen Epikardsack ihre umfangreiche Speicherniere hervorgeht und bei jenen Arten, die ihr Epikard abbauen, glaubt man, daß daraus die Nephrocyten und die von ihnen gebildeten, einfachen Speichernieren entstehen.

Eine von diesem Werdegang stark abweichende Entwicklung zeigen die *Molgula*-Arten. Bei ihnen entwickelt sich aus dem befruchteten Ei direkt eine kleine Ascidie, ohne daß es zur Ausbildung einer geschwänzten Larve mit ihren speziellen Sinnesorganen kommt.

Die in der oben geschilderten Weise aus einem Ei als Produkt der geschlechtlichen Fortpflanzung entstehenden Ascidien werden Oozoide genannt. Neben dieser geschlechtlichen Fortpflanzung können sich einige Ascidien auch noch ungeschlechtlich, durch Knospung (Blastogenese), vermehren. Die daraus hervorgehenden Individuen werden als Blastozoide bezeichnet. Die Fähigkeit zur Blastogenese besitzen vor allem die *Aplousobranchiata,* sowie die *Diazoninae, Perophoridae, Botryllinae* und *Polyzoinae.* Die Knospen, aus denen sich die Tiere schließlich entwickeln, entstehen als Vorwölbungen oder schlauchförmige Aussackungen der Körperwand. Diese mehr oder weniger großen Epidermisbeutel haben als Innenauskleidung, je nach dem Knospentyp, epikardiales, mesenchymatisches oder peribranchiales Gewebe, aus dem alle inneren Organe des Blastozoids hervorgehen, während die Epidermis nur wieder Epidermis, d. h. das Integument des Blastozoids bildet.

Nach der Herkunft des inneren Knospengewebes unterscheidet man drei verschiedene Knospungsarten: epikardiale, mesoblastische und peribranchiale Knospung. Am verbreitetsten ist die epikardiale Knospung, die beispielsweise bei vielen Enterogona anzutreffen ist. Bei dieser Knospungsart wächst meist das basale Körperende schlauchförmig zu einem Postabdomen aus, das einen langen Epikardstrang enthält. Durch Strobilation werden dann die einzelnen Knospen abgegliedert. Aus dem Epikardstück, das dabei in jede Knospe gelangt, entstehen die inneren Organe des sich differenzierenden Blastozoids. Bei manchen Formen der epikardialen Knospung wird zuvor kein ausgeprägtes Postabdomen gebildet, sondern die Einschnürungen erfolgen bereits im Bereich des Verdauungstraktes, so daß bei der Strobilation neben den Epikardröhren auch noch Darmstücke mit in die Knospen einbezogen werden (enteroepikardiale Knospung). Aus diesen entwickelt sich in den Blastozoiden wieder der Verdaungstrakt, während der Kiemendarm und die Peribranchialräume aus den Epikardteilen hervorgehen (Abb. 53).

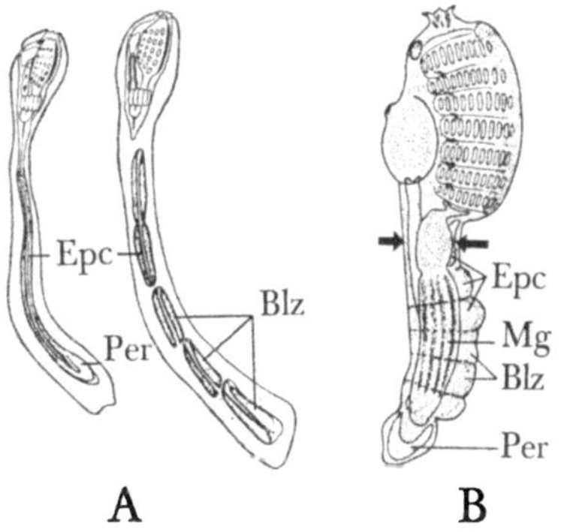

Abb. 53. Ungeschlechtliche Vermehrung durch Knospung (Blastogenese). A epikardiale Knospung bei Amaroucium proliferum. Nach Kowalevsky. B entero-epikardiale Knospung bei Aplidium zostericola. Nach Brien. Die Pfeile markieren die Abschnürungsstelle vom Muttertier. Blz sich abgliedernde Blastozoide; Epc Epikard; Mg Magen; Per Perikard.

Einen Spezialfall der epikardialen Knospung finden wir bei den *Didemnidae*. Ihr Körper bildet schon bald nach dem Festsetzen der Larven in zwei verschiedenen Bereichen, nämlich am Oesophagus und im Gebiet zwischen Magen und Enddarm, epidermale Auswüchse. Die Oesophagusknospen enthalten Oesophagusmaterial, die Abdominalknospen epikardiales Gewebe. Über die weitere Entwicklung der beiden Knospen liegen einander widersprechende Berichte vor. Nach dem einen entstehen aus den beiden Knospen zwei selbständige Blastozoide, indem die Oesophagusknospe zunächst den hinteren Körperabschnitt und später den vorderen entwickelt, während die Abdominalknospe zuerst den Kiemendarm und danach den Verdauungstrakt hervorbringt. Nach dem anderen Entwicklungsbericht entsteht aus den beiden Knospen ein einziges Blastozoid, indem sich die von den Knospen zuerst gebildeten Körperteile (Thorax und Abdomen) zu einem Tier vereinigen (Abb. 54).

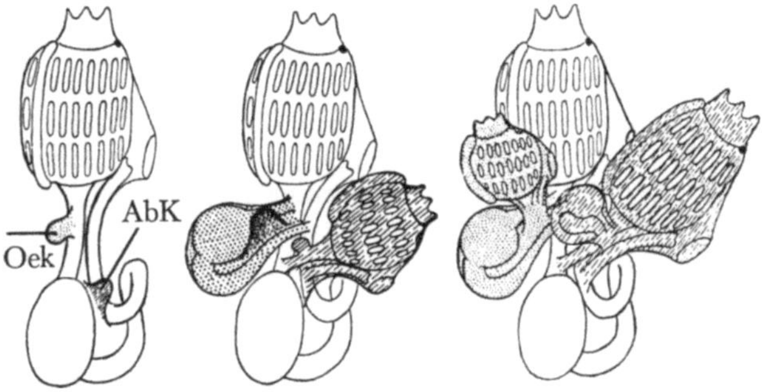

Abb. 54. Drei Stadien der Knospung und Blastozoidbildung bei den Didemnidae. Nach Salfi. Abk Abdominalknospe; Oek Oesophagealknospe.

Der mesoblastische Knospungstyp ist bei *Perophora* und *Clavelina* anzutreffen. Hier setzt die Knospenbildung an basalen, stolonialen Auswüchsen der primären Leibeshöhle ein. Im Lumen der Stolone befindet sich ein mesenchymatisches Längsseptum, das bis in die Knospen reicht, die sich als Stolonendivertikel abgrenzen. Dieses Septum verdickt sich terminal und bildet eine Blase, aus deren Wand sich alle inneren Organe entwickeln. Bei *Perophora* bleiben die Knospen und die Blastozoide durch die Stolonen in offener Verbindung mit dem Muttertier, während bei *Clavelina* bereits die Knospen von den Stolonen abgeschnürt werden (Abb. 55 A + B).

Peribranchiale Knospung tritt bei den *Botryllinae* und *Polyzoinae* auf. Die Knospen werden meist auf beiden Körperseiten gebildet. Sie entstehen als Ausstülpungen der äußeren Peribranchialwand, wobei das darin einbezogene peribranchiale Epithel zum totipotenten Material wird, das alle Organe, mit Ausnahme der Epidermis, erzeugt (Abb. 55 C).

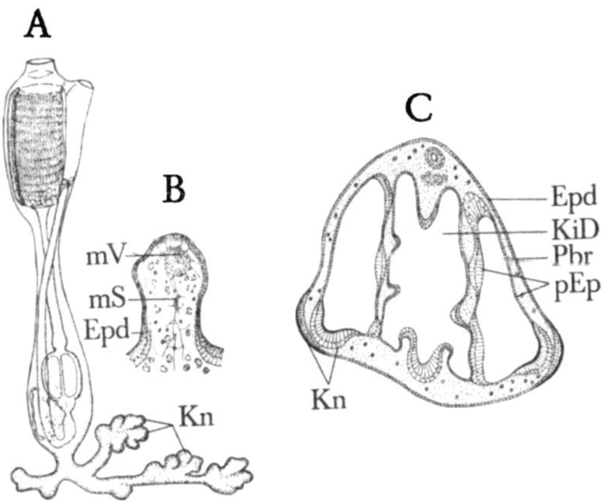

Abb. 55. A Mesoblastische Knospung bei Clavelina lepadiformis. Nach Berrill. B Schnitt durch eine mesoblastische Knospe. Nach Brien. C Peribranchiale Knospung bei Botryllus schlosseri. Nach Huus. Epd Epidermis; KiD Kiemendarm; Kn Knospe; mS mesenchymatisches Septum; mV mesenchymatische Verdikkung; Pbr Peribranchialraum; pEp peribranchiales Epithel.

Die Knospenentwicklung ist – ganz gleich ob das Knospeninnere epikardiales, mesenchymatisches oder peribranchiales Material enthält – weitgehend die gleiche. Die Knospenepidermis bringt immer nur Epidermis und deren Strukturen hervor, d. h. sie liefert nur die Hülle des entstehenden Tieres. Das innere Gewebe, gleichgültig woher es stammt, bildet alle übrigen Organe einschließlich der Gonaden und des Nervensystems.

Die innere Knospenwand wächst stark und faltet sich dabei auf. Es entstehen zwei Längsfalten, die den Knospenhohlraum in drei Kammern unterteilen. Die mittlere Kammer wird zum Kiemendarm, die beiden seitlichen ergeben die Peribranchialräume. Vom Kiemendarm entwickelt sich nach hinten der Verdauungstrakt, nach der rechten Seite das Herz und dorsal das Neuralrohr.

Die ungeschlechtliche Vermehrung ist die Grundlage der Koloniebildung. Bei einigen Ascidien, z. B. den *Botryllinae, Didemnidae, Perophora* und *Distaplia,* besteht ein echter Generationswechsel zwischen einem sterilen Oozoid und einer oder mehrerer Blastozoidgenerationen, von denen einzelne Individuen Gonaden bilden und sich geschlechtlich fortpflanzen.

System

Klasse: **Ascidiacea**

Etwa 2000 Arten, die je nach der Lage der Gonaden zwei Unterklassen – *Enterogona* und *Pleurogona* – zugeordnet werden. Daran wird meist als 3. Unterklasse die aberrante Gruppe der *Octacnemida* angehängt.

1. Unterklasse: *Enterogona*

Gonaden in, hinter oder neben der Darmschlinge, unpaarig. Ei- und Samenleiter laufen am Enddarm entlang und münden in die Kloake. Die Unterklasse besteht aus 2 Ordnungen, die durch die Ausrüstung des Kiemendarmes und die vorhandene, bzw. fehlende Gliederung des Körpers in Abschnitte gekennzeichnet sind.

1. Ordnung: *Aplousobranchiata*

Koloniebildende Ascidien, deren Kiemendarm keine Längsrippen mit inneren Gefäßen oder Längsfalten aufweist. Körper in Thorax mit Kiemendarm, Abdomen mit Magen, Darmschlinge und Gonaden und manchmal auch in ein Postabdomen unterteilt, das dann die Gonaden umschließt.

1. Familie: *Polyclinidae* Verrill 1871

Meist massige Kolonien, deren Tuniken keine Kalkkörperchen enthalten. Einzeltiere deutlich in Thorax, Abdomen und Postabdomen gegliedert, wobei letzteres Herz und Gonaden enthält. Einstromöffnung 6–8lappig. Ausstromöffnung gelappt oder mit einem zungenartigen Fortsatz ausgestattet. Kiemendarm mit 7 oder mehr vertikalen Reihen von Kiemenspalten. Epikardiale Knospung.

Eine häufige, durch die rote Färbung ihrer Einzeltiere auffallende Art dieser Familie ist die mediterranboreal verbreitete *Amaroucium proliferum* Milne-Edwards, die auf Steinen, Algen oder Muschelschalen ausgedehnte, klumpenförmige Kolonien aufbaut. Mehrere Einzeltiere haben eine Kloake (im Sinn von Ausstromsystem) gemeinsam. Dies trifft auch auf *Sidnyum turbinatum*

Savigny zu, eine ebenfalls häufige, rotorange gefärbte Art im gleichen Gebiet, die kleine Kugelkolonien mit jeweils einer gemeinsamen Kloake bildet, wobei mehrere Kugeln durch Ausläufer miteinander verbunden sind. In außereuropäischen Meeren (Ochotskisches Meer, kalifornische Küste) sind Polycliniden verbreitet, die kein gemeinsames Ausstromsystem haben, wie die jeweils nur eine Art umfassenden Gattungen *Placentela* Redikorzev, *Homoeodistoma* Redikorzev, *Euherdmania* Ritter, *Ritterella* Harant. Die meisten *Polyclinidae* sind vivipar, einige *Amaroucium*-Arten besitzen Bruttaschen im Peribranchialraum.

2. Familie: *Clavelinidae* Forbes 1840

Teils massig pilzförmige, teils keulenförmige, durch stielartige Ausläufer bukettartig verbundene Kolonien, deren Einzeltiere deutlich in Thorax und Abdomen gegliedert sind, jedoch kein ausgeprägtes Postabdomen besitzen. Gonaden an der Darmschleife. Mit gemeinsamer oder getrennter Kloake. *Clavelina lepadiformis* (Müller), eine in den europäischen Meeren häufige Art, die rasenartige Kolonien aus nur an der Basis verbundenen, sonst frei aufragenden, transparenten Einzeltieren bildet. Mit mesoblastischer Knospung.

Distaplia magnilarva Della Valle, Art mit dorsalem Brutsack in den der Eileiter mündet. Siedelt in krusten- bis knollenartigen, rostfarbenen Kolonien (Mittelmeer – Atlantik). Gebiert 2 mm lange Larven.

3. Familie: *Didemnidae* Giard 1872

Kleine, kurze Einzeltiere, die in Thorax und Abdomen geteilt sind, ausschließlich krustenförmige Kolonien bilden und einen Kiemendarm mit nur 3–4 Spaltenreihen besitzen. Gemeinsame Kloake, Gonaden in der Darmschleife. Kein Eileiter vorhanden. Meist mit sternförmigen Kalkkörperchen in der Tunica. Ungeschlechtliche Vermehrung durch eine komplizierte Sonderform der entero-epikardialen Knospung, bei der sowohl am Oesophagus als auch am Abdomen gleichzeitig je eine Knospe erscheint, die eine gegenläufige Organentwicklungsfolge durchmachen.

Polysyncraton lacazei (Giard), Mittelmeer – Atlantik, baut krustenförmige Kolonien mit scharlachrot gefärbten Einzeltieren. *Diplosoma listerianum* (Milne-Edwards), eine mediterran-boreal verbreitete Art, ohne Tunica-Kalkkörper, siedelt in farblosen bis schwarzbraunen, durchscheinenden, gallertigen Häufchen.

2. Ordnung: *Phlebobranchiata*

Koloniebildende oder solitär lebende Ascidien, deren Kiemendarm niemals eine große Längsfalte aufweist, wohl aber mit Längsrippen (= Längsgefäße) ausgestattet ist, in denen Blutgefäße verlaufen, die allerdings manchmal zu Reihen zweizipfliger Papillen reduziert sein können. Körper – mit Ausnahme der *Diazonidae* – nie in Thorax und Abdomen gegliedert. Gonaden stets einseitig, dicht hinter (Ausnahme: *Diazonidae*) oder neben dem Kiemendarm gelegen.

1. Familie: *Diazonidae* GARSTANG 1819

Vorwiegend koloniebildend, selten solitär. Körper der Einzeltiere ähnlich wie bei den Clavelinidae in Thorax und Abdomen gesondert. Dorsalfalte des Kiemendarmes in zungenförmige Fortsätze aufgelöst. Zahlreiche Kiemenspaltenreihen mit inneren Längsgefäßen oder Papillen.

Diazona violacea SAVIGNY, Mittelmeer – Atlantik, bildet massige Kolonien aus vielen Hunderten von gelblichen Einzeltieren, die jedoch nur mit ihrem Abdomen in einer gemeinsamen, grünlichen Tunica stecken, während der Thorax frei emporragt. *Rhopalaea neapolitana* PHILIPPI, bis 10 cm lang, keulenförmige, derbe, graue Einzeltiere, die nur an der Basis durch Stolonen miteinander verbunden sind, gelegentlich aber auch solitär vorkommen.

2. Familie: *Cionidae* LAHILLE 1890

Solitär, mit weichem, dünnen Mantel. Innere Längsgefäße des Kiemendarmes mit Papillen. Dorsalfalte in Zungen aufgelöst. Darmschleife und Gonaden unmittelbar hinter dem Kiemendarm.

Ciona intestinalis (LINNE), etwa 8 cm lang, völlig transparent bis milchig trüb. Kosmopolit.

3. Familie: *Agnesiidae* MICHAELSEN 1898

Solitär. Innere Längsgefäße des Kiemendarmes ohne Papillen. Dorsalfalte in Zungen aufgespalten. Darmtrakt und Gonaden links neben dem Kiemendarm gelegen. Hochspezialisierte Tiefseeformen.

Ciallusia longa VAN NAME mit geraden Kiemenspalten (Philippinen), *Agnesia, glasiata* MICHAELSEN, mit spiraligen Kiemenspalten (Magellan).

4. Familie: *Corellidae* LAHILLE 1887

Solitär. Die inneren Längsgefäße des Kiemendarmes stets ohne Papillen und durch Gefäßträger mit Quergefäßen verbunden. Dorsalfalte in Zungen aufgespalten. Darmtrakt und Gonaden rechts neben dem Kiemendarm.

Bei der Gattung *Rhodosoma* EHRENBERG ist der anteriore Mantelteil als Deckel ausgebildet, der sich über die Körperöffnungen legen kann. Harte, polygonale Platten, die durch Muskelbänder eng miteinander verbunden sind, schützen die Manteloberfläche der Gattung *Chelyosoma* BRODERIP & SOWERBY.

Corella parallelogramma (MÜLLER), 4 cm lang, Mittelmeer – Atlantik, rundlich-eiförmig mit dickem, hyalinem Mantel, besitzt spiralige, unterbrochene Kiemenspalten.

5. Familie: *Perophoridae* GIARD 1872

Soziale, freie Einzeltiere, durch lange Ausläufer miteinander verbunden. Dorsalfalte mit gezähntem Rand, jedoch nie in Zungen aufgelöst. Kiemendarm mit internen Längsgefäßen oder mit gegabelten Papillen. Darmtrakt links neben dem Kiemendarm.

Perophora listeri FORBES, 3 mm lang, mediterran-boreal, vollkommen durchsichtig, mit 4 Reihen von Kiemenspalten.

6. Familie: *Ascidiidae* HERDMAN 1880

Solitär. Stets mit gut entwickelten, inneren Längsgefäßen im Kiemendarm, mit oder ohne Papillen. Darmtrakt und Gonaden links neben dem Kiemenkorb. Dorsalfalte mit glattem oder gezähntem Rand. Kiemenspalten gerade. Ausstromöffnung meist weit nach hinten verlagert.

Phallusia mammillata (CUVIER), Mittelmeer – Atlantik, etwa 12 cm lang, milchig trüb, mit dickem, knorpeligem, höckerigem Mantel. Im gleichen Gebiet *Ascidiella aspersa* (MÜLLER) etwa 10 cm lang, gelblich-graubraun, mit knorpeligem und häufig durch Leisten und Papillen verziertem Mantel. *Ascidia mentula* (MÜLLER), ca. 14 cm lang, mediterran-boreal, milchigweiß, der knorpelige Mantel nicht so dick wie bei Phallusia, mit leicht gebogener Körperachse.

2. Unterklasse: *Pleurogona*

Gonaden in der lateralen Leibeswand, weit vorn neben dem Kiemenkorb gelegen, meist beiderseits vorhanden. Ei- und Samenleiter kurz, fast stets direkt von den Gonaden zum Peribranchialraum ziehend. Körper nie in Thorax und Abdomen geteilt. Ungeschlechtliche Fortpflanzung der koloniebildenden Arten durch peribranchiale Knospung.

1. Ordnung: *Stolidobranchiata*

Die 4 Familien dieser Ordnung unterscheiden sich hauptsächlich durch die verschiedenartige Ausstattung des Kiemendarmes mit Längsfalten, durch verzweigte oder einfache Mundtentakel und die Anzahl der Lappen an den Körperöffnungen. Die Arten sind am leichtesten durch die Zahl der Aufspaltungen und die Anordnung der Gonaden zu unterscheiden.

1. Familie: *Botryllidae* GIARD 1875

Koloniebildende Ascidien, deren Einzeltiere gruppenweise in einer gemeinsamen Tunica rosettenförmig um eine gemeinsame, rundliche Ausstromöffnung oder in Reihen entlang einer gestreckten Kloakenrinne angeordnet sind. Kiemendarm stets ohne Längsfalten, jedoch beiderseits mit je 3 inneren Längsgefäßen versehen. Körperöffnungen ungelappt. Dorsalfalte glattrandig.

Botryllus schlosseri (PALLAS), mediterran-boreal verbreitet, bildet bis mehrere cm große, gallertige Fladen mit sternförmiger Anordnung der Einzeltiere. Färbung sehr variabel, blau, violett, gelb, rot oder farblos. *Botrylloides leachi* (SAVIGNY), im selben Verbreitungsgebiet, mit bandförmig angeordneten Einzeltieren, orangerot, grünlich oder schmutziggrau.

2. Familie: *Styelidae* SLUITER 1895

Solitär oder sozial mit nur basal verwachsenen Einzeltieren. Kiemendarm jederseits mit 0 bis höchstens 4 Längsfalten und zahlreichen inneren Längsgefäßen. Dorsalfalte glattrandig. Beide Körperöffnungen 4lappig. Nie eine gemeinsame Kloake.

Distomus variolosus GAERTNER, Mittelmeer –Atlantik, sozial, intensiv rot gefärbt, bis 1 cm lang. In der linken Leibeswand nur Hoden, rechts nur Ovarien. Häufig als Epök auf *Microcosmus sulcatus* COQUEBERT. *Polycarpa pomaria* (SAVIGNY), mediterran-boreal, solitär, ca. 6 cm lang, mit schmutzig-gelbem Mantel und roten Körperöffnungen. Gonaden in mehr als 20 rote, zwittrige Anteile (Polycarpen) aufgespalten, die gleichmäßig über die Innenwand der beiden Körperseiten verteilt sind. *Styela partita* (STIMPSON), Mittelmeer, etwa 2 cm lang, schmutzig-gelbbraun, mit je 2 wurstförmigen Ovarien zu beiden Seiten des Endostyls, die von zahlreichen Hodenfollikeln umsäumt werden.

3. Familie: *Pyuridae* HARTMEYER 1908

Solitäre Ascidien mit mehr als 4, meist 5–9 Längsfalten auf jeder Seite und vielen inneren Längsgefäßen im Kiemendarm. Mundtentakel fast stets verzweigt. Körperöffnungen gewöhnlich 4lappig. Dorsalfalte vielfach in zungenartige Fortsätze aufgespalten.

Halocynthia papillosa LINNE, Mittelmeer, 6–10 cm lang, intensiv rot gefärbt, mit hartem, aufgerauhtem Mantel. Ausstromöffnung deutlich armartig abgesetzt, 2lappig. *Microcosmus sulcatus* COQUEBERT, Mittelmeer, etwa 15 cm lang, schrumpelig-faltiger Mantel, von zahlreichen Epoeken besiedelt. Die Weichteile werden häufig von der Küstenbevölkerung gegessen. Einige Pyuriden, wie *Boltenia* SAVIGNY, *Bolteniopsis* HARANT und *Pyura georgiana* MICHAELSEN erheben sich auf langen, stielartigen Fortsätzen.

4. Familie: *Molgulidae* LACAZE-DUTHIER 1877

Solitär. Meist kugelig mit verzweigten Mundtentakeln. 5 bis 9 oder gar keine Längsfalten im Kiemendarm, dessen Wand sich an vielen Stellen fingerhutförmig ins Kiemendarmlumen vorwölbt (Infundibula). Ein großer, meist rechtsseitig liegender Speichernierensack vorhanden. Kiemenspalten spiralig gruppiert. Einstromöffnung 6-, Ausstromöffnung 4lappig. Dorsalfalte glattrandig oder gezähnt.

Molgula manhattensis (DE KAY), kosmopolitisch verbreitet, im Durchmesser 1–2 cm mit weichem, kurz behaartem, sandbedecktem Mantel. Siphone armartig abgesetzt.

2. Ordnung: *Aspiriculata*

Solitär lebende Ascidien mit rudimentärem Kiemendarm, ohne Kiemenspalten oder mit wenigen Spaltresten. Einstromöffnung von 6 gefiederten, kräftigen, armartigen Fortsätzen umgeben.

Einzige Familie: *Hexacrobylidae* SEELIGER 1906

Mit nur 2 Gattungen und 4 Arten: *Oligotrema* BOURNE (Neubritannien) und *Hexacrobylus* SLUITER (Nordmeer, Indo-Malaya).

Den Ascidien wird meist eine sehr aberrante, nur mangelhaft untersuchte, seltene Tunicatengruppe als

3. Unterklasse: *Octacnemida*

angehängt.

Ihr plumper, sackförmiger, von einer dünnen, zellhaltigen, transparenten Tunica bedeckter Körper ist dorsal zu einer großen

Mundscheibe verbreitert, von deren Rand acht armartige Fortsätze mit einer kräftigen Ring- und Längsmuskulatur ausgreifen. Ein Teil der Ventralseite mit wurzelartigen Mantelausläufern verankert das Tier im Untergrund (Abb. 56, 57). Auf der Mundscheibe liegt exzentrisch die Einstromöffnung, während sich die Ausstromöffnung mediodorsal außerhalb der Mundscheibe befindet.

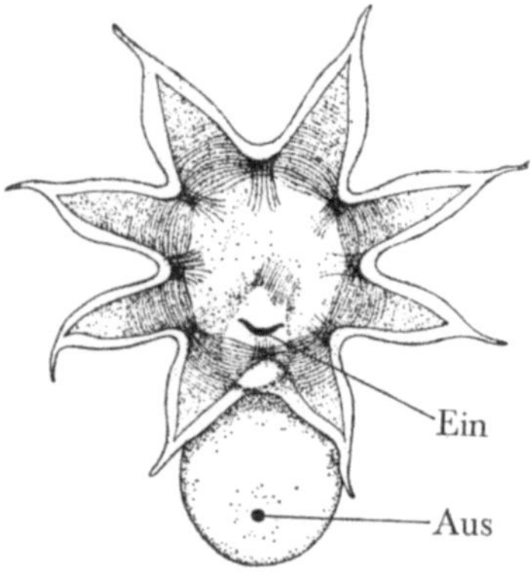

Abb. 56. Octacnemus herdmani von oben gesehen. Nach Ritter. Aus Ausstromöffnung; Ein Einstromöffnung.

Die Einstromöffnung führt in einen außergewöhnlich geräumigen Vorderdarm, dessen horizontal verlaufender Boden, zusammen mit einem Teil der Kloakenwand, den ganzen Körperinnen-

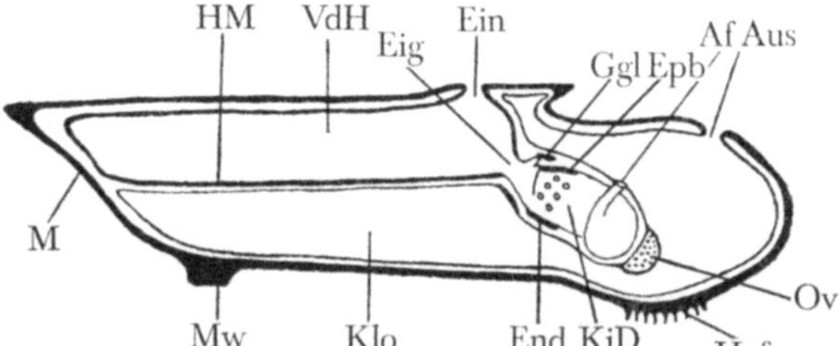

Abb. 57. Octacnemus. Schematischer Längsschnitt. Nach Ihle. Af After; Aus Ausstromöffnung; Eig Eingang zum Kiemendarm; Ein Einstromöffnung; End Endostyl; Epb Epibranchialrinne; Ggl Gehirnganglion mit Flimmergrube und Neuraldrüse; Haf wurzelartige Haftfortsätze des Mantels; HM Horizontalmembran genannter Boden der Vorderdarmhöhle; KiD Kiemendarm mit Kiemenspalten; Klo Kloakenhöhle; M Mantel; Mw Mantelwulst; Ov Ovar; VdH Vorderdarmhöhle.

raum in zwei Stockwerke unterteilt: in den eben erwähnten, oben liegenden Vorderdarm und die darunter sich erstreckende Kloakenhöhle, die über die Ausstromöffnung mit der Umwelt verbunden ist. Ob sich die Vorderdarmhöhle auch in die Arme fortsetzt ist nicht klar.

Der geräumige Vorderdarm verengt sich sehr abrupt zu einem vergleichsweise schmalen Darmabschnitt, der seinem Bau nach als Kiemendarm bezeichnet werden muß. Er enthält ventral einen Endostyl von dem jederseits ein Flimmerbogen abgeht, der zu einer Epibranchialrinne im Kiemendarmdach aufsteigt. Die in geringer Anzahlvorhandenen Kiemenspalten durchbrechen nur das Darmepithel, nicht aber das anliegende Kloakenepithel, so daß es zu keiner offenen Verbindung des Kiemendarmes mit der Kloake kommt. Bei der einzigen koloniebildenden Art *Polyoctacnemus patagoniensis* dagegen brechen die Kiemenspalten in die Kloake durch.

Dorsal vom Kiemendarm sitzt der Neuralkomplex, bestehend aus Hirnganglion, Flimmergrube und Neuraldrüse.

Der an den Kiemendarm anschließende Verdauungstrakt bildet, zusammen mit den Gonaden (Hoden und Ovar), ein Eingeweideknäuel. Der Enddarm mündet in die Kloakenhöhle.

Lebensweise unbekannt. 2 Gattungen – *Octacnemus* MOSELEY und *Polyoctacnemus* IHLE – mit 3 Arten: *O. bythius* MOSELEY von

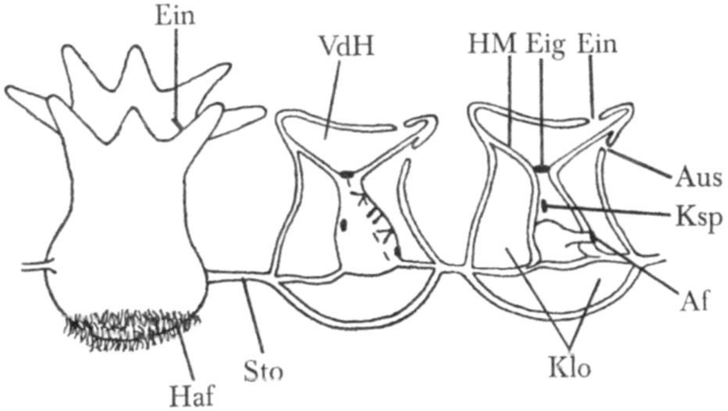

Abb. 58. Drei Tiere einer Kolonie von Polyoctacnemus patagoniensis. Nach Metcalf. Af After; Aus Ausstromöffnung; Eig Eingang zum Kiemendarm; Ein Einstromöffnung; Haf wurzelartige Haftfortsätze des Mantels; HM Horizontalmembran genannter Boden der Vorderdarmhöhle; Klo Kloakenhöhle; Sto stoloniale Verbindung zwischen den Tieren der Kolonie;; VdH Vorderdarmhöhle.

Neu-Guinea, O. *herdmani* RITTER und, als einzige koloniebildende Art, *P. patagoniensis* (METCALF), beide aus dem Pazifik vor Südamerika. Tiefenverbreitung bis zu 4000 m; *Octacnemus* wurde allerdings auch einige Male aus dem freien Wasser erbeutet, so daß angenommen wird, diese Form könne mit Hilfe ihrer kräftig entwickelten Armmuskulatur schwimmen. Durchmesser von Armspitze zu Armspitze 6–8 cm. Höhe von *P. patagoniensis* 4,5 cm. Die Einzeltiere der Kolonie sind durch Stolonen miteinander verbunden, die, vom Eingeweideknäuel ausgehend, die Kloakenhöhle durchqueren und von der Dorsalseite des einen zur Ventralseite des anderen Tieres verlaufen (Abb. 58).

Verbreitung und Körpergröße.

Ascidien kommen in allen Meeren vor. Viele Familien sind weltweit verbreitet. Einige Formen, wie beispielsweise *Botryllus schlosseri* (PALLAS) und *Botrylloides leachii* (SAVIGNY) haben ein ausgeprägt bipolares Vorkommen (Antarktis, Arktis), sie fehlen in den Tropen vollständig. Bemerkenwerst ist, daß die großen Formen in den kalten Meeren stärker vertreten sind als in den warmen und innerhalb derselben Art die tropischen Exemplare durchwegs kleiner sind als die aus gemäßigten oder gar kalten Breiten. Die meisten Ascidien siedeln in der Küstenzone von 0–400 m Tiefe. Unter 5000 m wurden nur 2 Arten gefunden.

Die Durchschnittsgröße solitärer Ascidien liegt bei 1–5 cm. Die kleinste bekannte solitäre Art ist *Molgula hydemanni* (MICHAELSEN) mit 2 mm Durchmesser, die größte *Molgula gigantea* (CUNNINGHAM) mit 33 cm Länge. Die Größe der Einzeltiere koloniebildender Arten schwankt von 0,5–15 mm Länge. Die Tierkolonien selbst erreichen zum Teil erstaunliche Ausmaße. Die kegelförmigen Klumpen von *Amaroucium conicum* (OLIVI) haben nicht selten eine Höhe von 20 cm bei einem Basisdurchmesser von 15 cm. Die bandförmigen Kolonien von *Distaplia cylindrica* (LESSON) sollen mitunter eine Länge von 43 m erreichen.

Schädellose *(Acrania)*

1. Allgemeine Kennzeichnung

Die Acranier sind eine artenarme Tiergruppe, in ihrem Vorkommen auf das marine Litoral beschränkt. Im erwachsenen

Zustand erreichen die fischähnlichen, im Körperumriß lanzettförmigen, seitlich zusammengedrückten, durchscheinend weißlichen Tiere eine Länge bis zu 7,4 cm und eine Höhe bis zu 0,8 cm (Abb. 59).

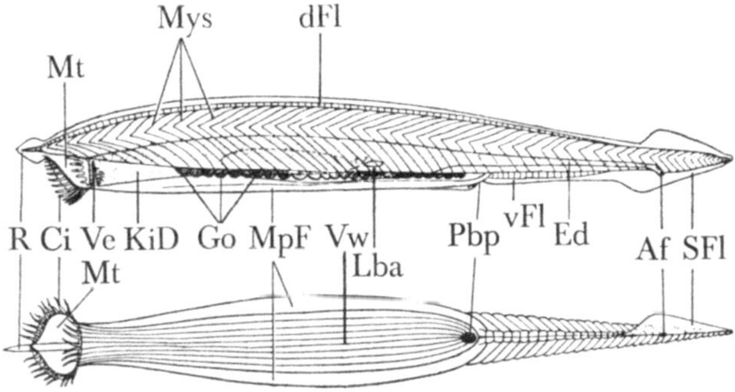

Abb. 59. Branchiostoma lanceolatum. A Lateral, B Ventralansicht. Nach Delage & Hérouard u. Franz. Af After; Ci Zirrenkranz am Rande des Mundtrichters; dFl dorsaler Flossensaum; Ed Enddarm; Go Gonaden; KiD Kiemendarm; Lba Abzweigung des Leberblindsackes vom Darm; MpF Metapleuralfalten; Mt Mundtrichter; Mys Myosepten, dazwischen die Myomeren; Pbp Peribranchialporus; R Rostrum; SFl Schwanzflosse; Ve Velum; vFl ventraler Flossensaum; VW ventrale Körperwand und Boden des Peribranchialraumes.

Die meiste Zeit ihres Lebens verbringen sie, auf einer Körperseite liegend, in mittelgrobem Sand oder Schill eingegraben, wobei nur das Vorderende mit der Mundöffnung aus dem Untergrund herausragt. Sie ernähren sich als Filtrierer von Plankton und Detritus. Beim Standortwechsel bewegen sie sich kurzzeitig durch Schwimm-Schlängeln in seitlicher Lage vorwärts.

Ihrem Bau nach sind die Acranier Chordatiere, deren Chorda, im Gegensatz zu jener der Tunicaten, zeitlebens erhalten bleibt und sich dabei gleichzeitig über die gesamte Körperlänge erstreckt. Sie endet am Körpervorderende nicht in einem Schädel, wie dies bei den Cyclostomen der Fall ist. Da das über der Chorda sich hinziehende Neuralrohr am Vorderende noch kein Gehirn ausbildet, erübrigt sich die schützende Hülle eines Schädels. Dieser Mangel hat der Tiergruppe auch die Bezeichnung Schädellose (Acrania) eingetragen.

Den Körper umgibt der Länge nach ein Flossensaum, der vom spitzen Vorderende in der Mittellinie des Rückens verlaufend zum Hinterende zieht, sich dort zu einer Schwanzflosse verbreitert und auf der Bauchseite etwa bis zum Beginn des hinteren Körperdrittels nach vorne reicht. Er geht dort in paarige, ventrolateral aufgerichtete Hautfalten (Metapleuralfalten) über, die sich bis in die Mundregion erstrecken.

Der unterhalb des Körpervorderendes gelegene Eingang zur Mundöffnung ist von zahlreichen ausgesteiften Tentakeln, den Mundcirren, umstellt. Der eigentliche Mund wird von einer blendenartig vorspringenden Falte, dem Velum, gebildet. Hinter ihm beginnt der Darm, der den Körper geradlinig durchzieht. Seine vordere Region ist als weiträumiger Kiemendarm entwickelt, mit schräggestellten, bewimperten, von Stützgewebe ausgesteiften Kiemenbögen, zwischen denen sich die Kiemenspalten in einen Peribranchialraum öffnen, der weit nach hinten reicht und kurz vor Beginn des unpaaren, ventralen Flossensaumes durch einen Porus nach außen mündet. Ein schmaler Oesophagus verbindet Kiemendarm und Verdauungstrakt, der als einzige auffallende Bildung gleich am Anfang auf der rechten Körperseite einen umfangreichen Blindsack ausbuchtet, welcher sich zwischen Kiemendarm und Leibeswand nach vorne drängt. Der ansonsten recht einfach gebaute Darm mündet weit vor dem hinteren Körperende ventral durch den After aus. Dadurch wird in der postanalen Körperregion eine typische Schwanzbildung möglich. Die Erzeugung eines gerichteten Wasserstromes im Kiemendarm zur Nahrungsgewinnung an Schleimfiltern und zur Unterstützung der Atmung, sowie der Nahrungstransport erfolgen ausschließlich durch Wimperstraßen und -felder.

Ein wesentliches Kennzeichen des Acranier-Bauplanes ist die deutliche und gleichmäßige metamere Anordnung zahlreicher Organe, wie der Seitenrumpfmuskulatur, der Gonaden und Nephridien. Sie basiert auf einer serialen Gliederung des Mesoderms in Ursegmente. Diese Segmentierung wird äußerlich vor allem in der durch V-förmig abgewinkelte Bindegewebssepten in einzelne Muskelpakete (Myomere, Myotome) unterteilten Seitenrumpfmuskulatur und den beiden im reifen Zustand die laterale Peribranchialwand vorwölbenden Gonadenreihen erkennbar.

In Abhängigkeit von der metameren Gliederung der Seitenrumpfmuskulatur wurde auch dem Nerven- und Blutgefäßsystem eine weitreichende, segmentale Verteilung der Leitungsbahnen aufgezwungen. Das Rückenmark entsendet in jedes Segment ein Paar dorsaler und ventraler Spinalnerven. Seitenzweige der kontraktilen Hauptgefäßstämme des praktisch geschlossenen Blutgefäßsystems treten in metamerer Folge in die Bindegewebssepten der Rumpfmuskulatur sowie in die Gonaden ein und stellen Verbindungen zu den dorsolateral vom Kiemendarm gelegenen und in den Peribranchialraum mündenden Nephridien her.

Die Acranier besitzen ein echtes Coelom, eine sekundäre Leibeshöhle also, in die von dorsal her Organe hineindrängen und sie größtenteils bis auf Spalträume einengen. Das Coelom bildet nur im Bereich des Verdauungstraktes eine durchgehende, einheitliche Peritonealhöhle, in der Kiemendarmregion und im Gebiet des Peribranchialraumes hingegen ist es in einzelne Kanäle und Kammern unterteilt, die jedoch, bis auf wenige Ausnahmen, alle miteinander in Verbindung stehen.

Die Lanzettfischchen, wie die Acranier auch genannt werden, sind getrennt-geschlechtliche Tiere. Ihre in der seitlichen Peribranchialwand eingebetteten Gonaden besitzen keine Ausführgänge. Die Geschlechtsprodukte werden durch Platzen der Gonadenwand freigesetzt und gelangen über den Peribranchialraum nach außen.

Die in ihren frühen Stadien modellhaft fortschreitende Embryonalentwicklung geht in eine Larvalentwicklung über, die von starken Unsymmetrien geprägt ist. Sie werden erst im Laufe eines als Metamorphose bezeichneten Ausformungsprozesses wieder weitgehend rückgängig gemacht, ihre Spuren sind jedoch noch beim erwachsenen Tier erkennbar.

Der wesentlichste Unterschied zu den Manteltieren besteht in der Segmentierung des Körpers mit ihrer Wiederholung gleichartiger Baueinheiten und den daraus sich ergebenden Konsequenzen für Nerven- und Blutgefäßsystem. Die Chorda bleibt zeitlebens erhalten, erstreckt sich dabei über die gesamte Körperlänge und wird zur Hauptstütze des Körpers. Die von Stützgewebe ausgesteiften Kiemenbögen, die lateral weit herabreichende, abgewinkelte Seitenrumpfmuskulatur, die Spinalnerven, das praktisch geschlossene Blutgefäßsystem mit echten Blutgefäßen, die von

Gefäßstämmen ausgehen, deren Verlauf dem Schema des Wirbeltierbauplanes entspricht, die Nephridien und metamer angeordneten Gonaden und das Coelom sind weitere wichtige Unterscheidungsmerkmale, welche den Acraniern – abgesehen von den Nephridien und metameren Gonaden – insgesamt doch sehr wirbeltierhafte Züge verleihen. Tunicatenhaft jedoch bleibt die nahezu sessile Lebensweise mit der besonderen Art des Nahrungserwerbs mit Hilfe von Wimperapparaten und Schleimfiltern.

So nahe die Acranier auch bei den Wirbeltieren zu stehen scheinen, so gibt es doch eine Reihe sehr wesentlicher Unterschiede zu ihnen, wie das Fehlen eines olfaktorisch-optisch-statischen Zentrums in Form eines Gehirns, mit den dazu gehörenden Sinnesorganen (Linsenaugen, Geruchsorgan und statisches Organ in Gestalt eines Labyrinthes), der Mangel an knöchernen Schutz- und Stützelementen wie des Schädels, der Wirbelkörper und Extremitäten. Auch die Ausbildung eines Peribranchialraumes und metamer angeordneter Gonaden, sowie der besondere Nephridientyp und die einschichtige Epidermis scheiden die Lanzettfischchen von den Vertebraten.

Als eigenständigste Kreationen der Tiergruppe sind wohl der auf andere Weise als bei den Tunicaten gebildete Peribranchialraum, die in segmentaler Verteilung auftretenden Gonaden ohne Ausführgänge und die in ihrer Konstruktion eine merkwürdige Zwischenstellung zwischen den Protonephridien der Wirbellosen und der Wirbeltierniere einnehmenden Exkretionsorgane anzusehen.

2. Integument

Die Epidermis besteht aus einem einschichtigen, hohen, dunkle Pigmentkörper enthaltenden Epithel, das einer Basalmembran aufsitzt und an seiner äußeren Oberfläche einen Stäbchensaum aus Mikrozotten trägt. Er wird gegen äußere Einflüsse durch eine dünne, schützende Schleimcuticula abgeschirmt. Die Basalmembran lagert auf einer stark fibrillären, zellfreien Bindegewebsschicht, deren Kollagenfasern sich rechtwinklig kreuzen. Auf sie folgt eine weitere, ebenfalls zellfreie, in ihrer Mächtigkeit stark variierende, lockere Bindegewebsschicht aus gallertiger, fein granulierter Grundsubstanz, in der Blutbahnen und Nerven verlaufen und die von Bindegewebsfaserbündeln durchquert wird, welche von einer basal dazu liegenden, dünnen Faserschicht ausgehen. Nach innen zu grenzt das Integument an die Bindegewebshülle der Muskulatur.

3. Stützelemente

Hauptstütze des gesamten Körpers ist die Chorda. Sie erstreckt sich in der Körperlängsachse über die gesamte Körperlänge, Rückenmark und Rumpfmuskulatur überragend, und endet bei *Branchiostoma* spitz zulaufend, bei *Asymmetron* vorne etwas verbreitert und abgerundet. Im Querschnitt erscheint sie elliptisch mit der Längsachse in der Sagittalebene.

Aufgebaut ist der Achsenstab aus geldrollenartig hintereinander stehenden, nur 1–4 μm dicken, scheibenförmigen Zellen, die Mitochondrien, Vesikel und in der Mitte einen stark abgeflachten Kern enthalten. In ihrem Cytoplasma befinden sich zahlreiche, aus langen Filamenten zusammengesetzte, in transversaler Richtung verlaufende Fibrillen (Abb. 60). Die Zellmembran ist am Scheibchen-

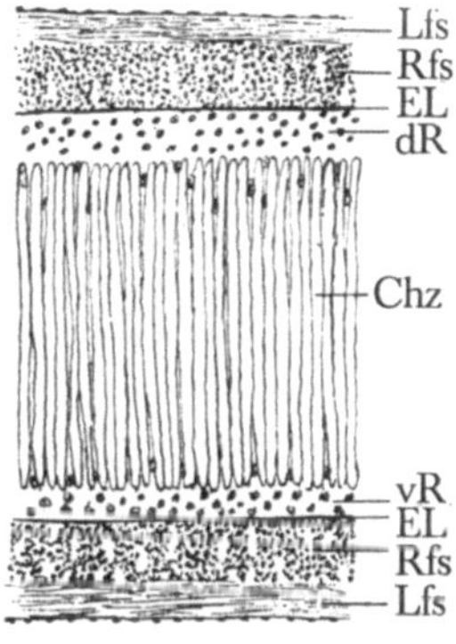

Abb. 60. Längsschnitt durch ein Stück der Chorda. Nach Pietschmann. Chz scheibenförmige Chordazellen; dR Dorsalrinne mit Müllerschem Gewebe; El Elastica interna; Lfs Längsfaserscheide; Rfs Ringfaserscheide; vR Ventralrinne mit Müllerschem Gewebe.

rande stark eingefaltet und in diesen Falten mit der homogenen, basalmembranartigen Chordahülle, der Elastica interna, verzahnt, die das ganze, geldrollenartige Chordagebilde zusammenhält. Die

Zellen stehen sehr dicht, Zellmembran an Zellmembran, hintereinander. Bei den früher festgestellten, flüssigkeitserfüllten Zwischenräumen, zwischen den einzelnen Chordascheibchen, handelt es sich nach neueren Untersuchungen um Artefakte. Der Aufbau aus einzelnen Scheibchen dürfte ganz hervorragende mechanische Eigenschaften ergeben, die aber im einzelnen noch nicht untersucht wurden. Umscheidet wird die Chorda von einem fibrillären Bindegewebsmantel (Chordafaserscheide) mit innen zirkulär und außen längs verlaufenden Kollagenfasern. Die Faserscheide geht nach außen in das Bindegewebe der Myosepten über, so daß die Myomeren auf diese Weise fest mit der Chorda verbunden sind, für die sie so zum Träger und elastischen Widerlager wird, das ein Zusammenschieben des Körpers bei der schlängelnden Bewegung verhindert.

Die Chordaplatten sind nicht genau elliptisch, sondern ventral und dorsal etwas rinnenförmig eingekerbt, so daß über die Chordalänge betrachtet, eine obere und untere Rinne entsteht, die von der elastischen Membran überdacht wird. Diese Rinnen sind von einem stark zellhaltigen, reticulären Bindegewebe, dem Müllerschen Gewebe, erfüllt.

Zum Rückenmark hin sind in der Bindegewebshülle zwei Reihen alternierend stehender Lücken ausgespart – etwa 10 pro Myomer – durch die wahrscheinlich eine nervöse Verbindung mit dem Chordainneren besteht, deren Bedeutung jedoch unbekannt ist.

Weitere Stützelemente finden sich in dem die Mundöffnung hufeisenförmig umgebenden Cirrenkamm, der durch einen knorpeligen Stützapparat versteift wird. Er ist, ähnlich wie die Chorda, aus geldrollenartig hintereinanderliegenden, stark vakuolisierten Zellen aufgebaut. Die einzelnen Stützteile sind gegeneinander abgesetzt und bestehen aus einem relativ dicken Basalstück, von dem sich ein langer, dünner, fingerförmiger Fortsatz erhebt, der den Cirrus aussteift (Abb. 66).

Ein aus fibrillärem, knorpelartigem Bindegewebe bestehendes, gitterförmiges Skelett stützt die seitlichen Kiemendarmwände (vgl. S. 134 f.).

Der den Körper mediodorsal und im hinteren Ventromedianbereich umgebende Flossensaum wird durch ein kombiniertes, bindegewebig-hydromechanisches Skelett ausgesteift. Den Flossensaum durchzieht der Länge nach ein Hohlraum, vermutlich eine Coelombildung, der in hintereinanderliegende Kammern unterteilt ist. Etwa 3–5 derartige Kammern treffen auf ein Myomer. Mit Ausnahme der ersten und letzten paar Kammern erhebt sich vom Boden jeder Kammer ein aus bindegewebiger Grundsubstanz bestehendes Flossenblatt. Im ventralen Flossensaum, dessen Kammern etwas länger sind, befinden sich in jeder Kammer zwei Flossenblätter nebeneinander. Die Kammerwände und Flossen-

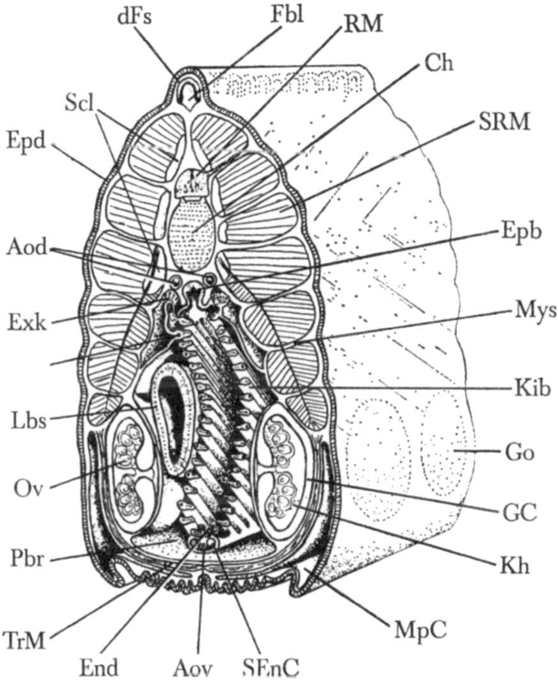

Abb. 61. Blockdiagramm eines Querschnittes durch die Kiemendarmregion von Branchiostoma lanceolatum. Nach Franz u. Kükenthal & Matthes. Aod Aorta dorsalis; Aov Aorta ventralis; Ch Chorda; dFs dorsaler Flossensaum; End Endostyl; Epb Epibranchialrinne; Epd Epidermis; Exk Exkretionsorgane; Fbl Flossenblatt in seiner Kammer; GC Gonocoel; Go Gonade; Kh Keimhöhle; Kib Kiemenbogen; Lbs Leberblindsack; MpC Metapleuralcoelom; Mys Moyseptum; Ov Ovar; Pbr Peribranchialraum; RM Rückenmark; Scl Sklerocoel; SEnC Subendostylcoelom; SRM Seitenrumpfmuskulatur; TrM Transversalmuskel.

blätter werden von Endothel bedeckt. Das restliche Kammerlumen ist mit Flüssigkeit erfüllt, welche die Kammer zusätzlich noch hydromechanisch stützt.

4. Muskulatur

Die den dorsolateralen Körperteil zu Seiten der Chorda einnehmende und sich fast über die ganze Körperlänge erstreckende, quergestreifte Seiten-Rumpfmuskulatur, der Motor des Fortbewegungsapparates, ist segmentiert, d. h. sie setzt sich aus gleichartigen, sich immer wiederholenden, etwa 50–85 Muskelpaketen – Myomeren – zusammen. Die Grenze der einzelnen Myomeren bzw. deren Verbindung bildet ein bindegewebiges Septum, das ontogenetisch den Ursegmentgrenzen entspricht. Dieses Myoseptum steht mit der Chordafaserscheide in engster Verbindung. Die einzelnen, das Muskelpaket aufbauenden, plattenförmigen Muskelfasern laufen parallel zur Körperlängsachse. Sie sind zwischen den die Myomeren begrenzenden Myosepten ausgespannt und bilden übereinanderliegende Ebenen, die annähernd radiär zur Chorda stehen. Jede Platte wird von Plasma bedeckt und enthält eine Muskelfaser aus Myofilamenten, die in jener hexagonalen Packung angeordnet sind, welche auch für den quergestreiften Wirbeltiermuskel charakteristisch ist.

Die Myosepten selbst sind nicht gerade, sondern V-förmig geknickt, wobei die Knickkante nach vorne weist und die Muskelpakete ineinandergeschachtelt werden. Durch das Knicken des Septums wird die Ansatzfläche für die Muskelfasern vergrößert, was bei gleicher Faserpackungsdichte (Muskelkraft) gegenüber dem geraden Septum eine Verminderung der auf die Flächeneinheit des Bindegewebes wirkenden Zugspannung zur Folge hat. Ferner ist zu vermuten, daß diese Staffelung der Muskulatur einen fließenderen Bewegungsablauf als bei geraden Septen ermöglicht.

Die Myomeren der beiden Körperseiten liegen einander nicht spiegelbildlich gegenüber, vielmehr sind die Muskelpakete auf der rechten Seite, gegenüber denen auf der linken um eine halbe Myomerenlänge nach vorne verschoben. Die Rumpfmuskulatur reicht in den verschiedenen Körperregionen seitlich unterschiedlich weit herab. So ist die Rumpfmuskulatur im Bereich der Mundöffnung etwa auf das oberste Drittel der Körperhöhe beschränkt, während sie im Kiemendarmabschnitt bis zu zwei Drittel der Körperhöhe herabreicht und hinter dem After schließlich vereinigen sich linke und rechte Rumpfmuskelhälfte ventral miteinander.

Die Fortbewegung erfolgt durch Schwimm-Schlängeln, eine Bewegungsart, die durch die Metamerie der Rumpfmuskulatur möglich wird. Allerdings kommen bei den erwachsenen Branchiostomiden die funktionellen Vorteile dieser Anordnung noch nicht voll zur Geltung, da sie allgemein eine bewegungsarme Lebensweise führen. Die durch Schwimm-Schlängeln zurückgelegten Strecken sind nur kurz und die Tiere sehr rasch erschöpft. Bei der Bewegung wird keine bevorzugte Lage eingenommen, meistens rotiert dabei das Tier sogar um seine Längsachse.

Als mächtigster Muskel nach der Rumpfmuskulatur gilt der in der ventralen Körperwand quer verlaufende Transversalmuskel (Pterygialmuskel). Er erstreckt sich von der Mundöffnung bis zum Peribranchialporus und ist im Bereich des Kiemendarmes am kräftigsten entwickelt (Abb. 61), wo die metachronen Kontraktionen seiner einzelnen Teile das Wasser aus dem Peribranchialraum heraustreiben. Abkömmlinge dieser Bauchmuskulatur haben sich zu selbständigen Muskeln entwickelt und spezielle Funktionen übernommen. So etwa der äußere und innere Cirrenmuskel, die der Bewegung des Cirrenapparates dienen, sowie der die Mundöffnung sphinkterartig umgebende Velarmuskel und der Peribranchialporussphinkter, die beide das Schließen der betreffenden Körperöffnungen ermöglichen.

Außer diesen quergestreiften Muskeln gibt es noch eine Reihe glatter Muskeln, wie den Afterschließmuskel, die Muskeln in den Wänden bestimmter Blutgefäße (siehe S. 140 f.) und im Kiemenapparat.

5. Coelom

Die Akranier haben ein echtes Coelom, das beim erwachsenen Tier ein kompliziertes System aus einer Vielzahl von Röhren, Kammern und Spalträumen bildet, welche teils miteinander ver-

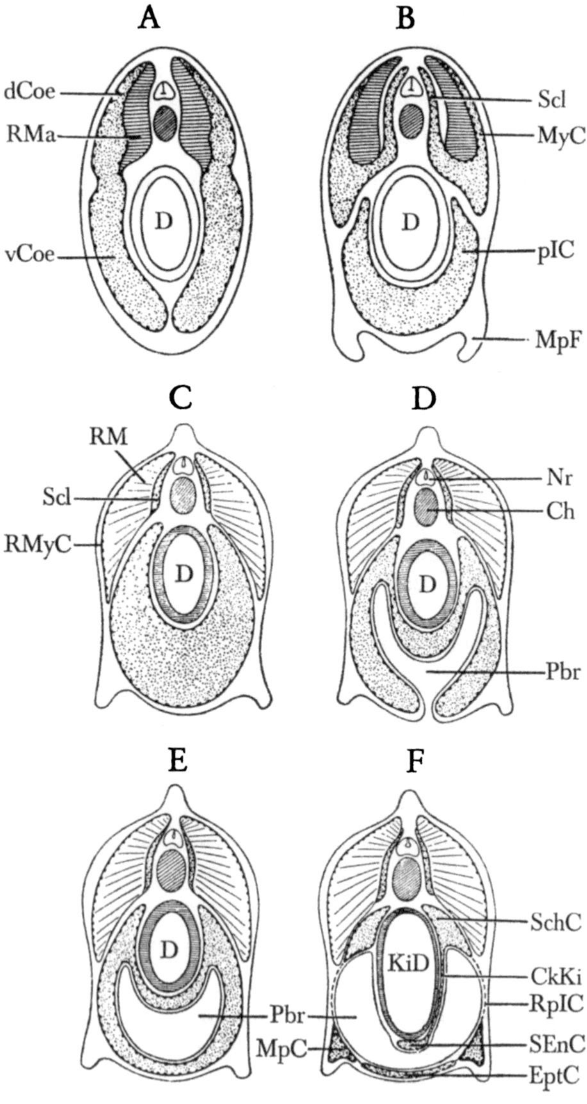
A
B
dCoe
RMa
vCoe
D
Scl
MyC
pIC
MpF
C
D
RM
Scl
RMyC
Nr
Ch
Pbr
E
F
Pbr
MpC
KiD
SchC
CkKi
RpIC
SEnC
EptC

bunden, teils voneinander getrennt sind. Am besten lassen sich diese Coelomverhältnisse überblicken, wenn man ihre Wandlung während der Embryonalentwicklung verfolgt.

Abb. 62 zeigt die Verhältnisse nach Beginn der Coelombildung (vgl. S. 149 f.) im ventralwärts wachsenden Ursegment. Während im Dorsalbereich an der Innenwand des Ursegmentes die Seitenrumpfmuskulatur gebildet wird, schnürt sich das Ursegment durch und es entsteht pro Segment jederseits ein ventraler Coelomsack. Diese beiden ventralen Coelomsäcke stoßen unter dem Darm von den Seiten her aufeinander und vereinigen sich. Da im Ventralbereich in den Coelomsäcken keine Vorder- und Rückwände eingezogen werden, bildet sich ein einheitlicher, durchgehender, den Darm von unten her zunächst rinnenförmig umgebender Coelomraum (Abb. 62 B).

Die dorsalen Coelomsäcke, die voneinander getrennt sind, bilden einen Coelomausläufer, der an den Myomerinnenseiten dorsal auswächst und sich dort kissenartig zwischen das Muskelpaket und seine Bindegewebshülle schiebt (Abb. 62 B). Dieser Coelomausläufer ist im Bereich der Seitenrumpfmuskulatur der einzige Teil des segmentierten Dorsalcoeloms, der als Raum erhalten bleibt. Er wird als Sclerocoel bezeichnet. Der zwischen Epidermis und Muskelpaket liegende Coelomraum, Myocoel genannt, schwindet völlig, so daß am Ende nur mehr eine Coelothelschicht auf der äußeren Myotomoberfläche davon übrig bleibt (Abb. 62 C).

Der geräumige, unsegmentierte, ventrale Coelomraum schiebt sich immer weiter dorsalwärts und umgibt schließlich im Bereich des Verdauungstraktes als periintestinales Coelom den Darm vollständig (Abb. 62 C). Dort, wo in der Dorsomedianen die Coelomwände aufeinanderstoßen, bildet sich ein Mesenterium, in dem die

---

◀ Abb. 62 A-F. Entwicklungsschema der Coelomräume. Nach Prenant bzw. Drach, verändert. Ch Chorda; CkKi Coelomkanal der Hauptkiemenbögen; D Darmkanal; dCoe Dorsalcoelom; EptC Epipterygialcoelom; KiD Kiemendarm; MpC Metapleuralcoelom; MpF Metapleuralfalte; MyC Myocoel; Nr Neuralrohr; Pbr Peribranchialraum; pIC periintestinales Coelom; RMa Anlage der Seitenrumpfmuskulatur; RMyC zum Coelothel reduzierter Rest des Myocoels; RpIC Rest des periintestinalen Coeloms; SchC Subchordal- oder Epibranchialcoelom; Scl Sclerocoel; SEnC Subendostylcoelom; vCoe Ventralcoelom.

Dorsalaorta ausgespart bleibt. Im Kiemendarmbereich jedoch dringt der ventrale Coelomraum nicht so weit dorsad vor, erfährt aber durch die Bildung des Peribranchialraumes und der Kiemenspalten eine tiefgreifende Umgestaltung und Einengung (Abb. 62 D–F). Gleichzeitig kommt es durch das Auswachsen der den Peribranchialraum abgrenzenden und einschließenden, coelomführenden Hautfalten (Abb. 62 F) zur Bildung zweier weiterer Coelomräume, des Epipterygialcoeloms und des Metapleuralcoeloms, in der im Vorderkörper neu entstehenden, ventralen Leibeswand. Sie verlieren jedoch ihre Verbindung mit dem darmumgebenden Coelom bis auf ein Paar später zu erwähnende Kanäle, da das Coelom in der Peribranchialraumseitenwand rückgebildet wird (Abb. 62 F).

Am Ende dieser Entwicklung ergeben sich im Vorderkörper folgende Coelomverhältnisse: gleichsam als Reste des im Hinterkörper voll bestehenbleibenden, darmumgebenden Coeloms bleiben im dorsolateralen Kiemendarmbereich jederseits nur ein weiter Coelomlängskanal, das Subchordal- oder Epibranchialcoelom und unter dem Kiemendarm ein unpaares, medianes Coelomrohr, das Subendostylcoelom erhalten. Die subchordalen Coelomräume stehen über die Coelomkanäle der Kiemenhauptbögen – gleichfalls Reste des darmumgebenden Coeloms – mit dem Subendostylcoelom in Verbindung. An jedem Kiemenhauptbogen ist der Boden des Subchordalcoeloms lateral vom Ursprung des Kiemenbogencoelomkanales taschenartig vertieft. Die Taschen hängen in den Peribranchialraum hinein.

In seinem hinteren Bereich wird das Subchordalcoelom jederseits durch einen nach vorn ragenden, blindsackartigen Fortsatz (Atriocoelomtrichter) des hinter dem Kiemendarm dorsad höher hinaufreichenden Peribranchialraumes eingeengt. Auch das periintestinale Coelom hinter dem Kiemendarm wird durch sich nach hinten erstreckende, blindsackartige Ausstülpungen des Peribranchialraumes stark beengt. Bei *Branchiostoma* ist z. B. der Blindsack auf der rechten Körperseite so mächtig ausgebildet, daß er bis zum After reicht.

Im vordersten Kiemendarmbereich erweitert sich das subchordale Coelom ventralwärts in dem Maße, in dem die Höhe der Kiemenspalten und des Peribranchialraumes abnimmt und tritt jederseits vor dem ersten Spaltenpaar durch einen engen Kanal mit dem Epipterygialcoelom in der ventralen Peribranchialwand in Verbindung. Das Epipterygialcoelom liegt unmittelbar über dem Transversalmuskel, ist wie dieser in der Medianen durch ein Septum unterteilt und erstreckt sich über dessen ganze Länge.

Ein weiterer Coelomraum erfüllt das Innere der beiden Metapleuralfalten (Abb. 61), von denen aus sich dann jederseits ein flacher Ausläufer dieses Metapleuralcoeloms mediad unter den Transversalmuskel schiebt und das Metapterygialcoelom bildet, das wiederum durch Spalten in der Muskulatur mit dem Epipterygialcoelom kommunizieren soll. Das Metapleuralcoelom geht am Körpervorderende, ventral vom Lippenmuskel, in einen langgestreckten, schmalen, hufeisenförmig gebogenen Coelomkanal über. Er zieht als sog. äußeres Buccalcoelom auf der Außenseite der Basalskelettstücke des Cirrenkammes entlang und entsendet in jeden Cirrus vier Ausläufer.

Neben diesen untereinander zusammenhängenden, periintestinalen und peribranchialen Coelomräumen gibt es noch eine Reihe kleinerer, von der allgemeinen Leibeshöhle getrennter und auch voneinander isolierter Coelomhöhlen, wie das innere Buccalcoelom, das als schmale, lange Kammer die Innenseite der Cirrenkammbasis begleitet, und das ringförmige Velumcoelom, das der Hinterseite des Velumringmuskels anliegt. In der unteren Seitenwand des Peribranchialraumes befinden sich voneinander getrennte, metamer angeordnete Coelomhöhlen, welche die Gonaden umgeben. Die lateralen Rostral- und Caudalhöhlen, die die Chorda am Vorder- bzw. Hinterende flankieren, sind erhalten gebliebene Myocoele. Auch die dorsale und ventrale Rostralhöhle und die Flossenkammern werden als Coelomabkömmlinge betrachtet.

6. Nervensystem und Sinnesorgane

Zentrum des Nervensystems ist das Rückenmark, das sich dorsal der Chorda fast über deren ganze Länge erstreckt. Seine Entstehung aus einer Ectodermeinfaltung ist noch deutlich an dem vorhandenen Zentralkanal zu erkennen, der nach oben in einen bis zur Bindegewebshülle reichenden Spaltraum übergeht (Abb. 63).

Um den Zentralkanal herum bauen Nervenzellen mit ihren Neuriten, zusammen mit den Gliazellen, das Rückenmark auf. Bemerkenswert ist dabei, daß, ähnlich wie bei den Wirbeltieren und ganz im Gegensatz zu den Wirbellosen, die Ganglienzellen im Bereich um den Zentralkanal liegen und die Neuriten den peripheren Teil einnehmen.

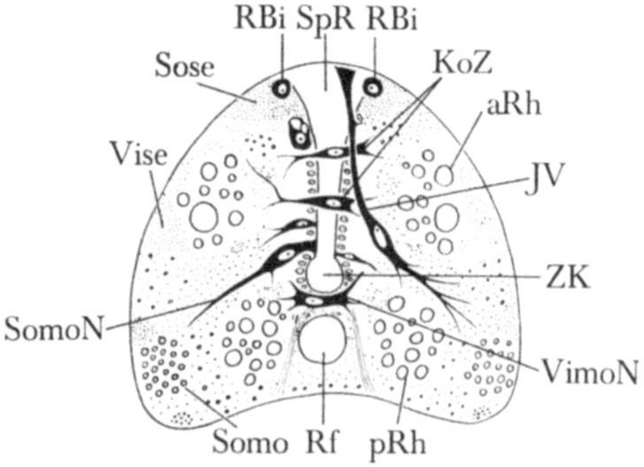

Abb. 63. Schematischer Querschnitt durch das Rückenmark. Nach Bone. aRh anteriore Rohde-Axone; JV Johnstonsche Verbindungszelle; KoZ Kommissurzellen; pRh posteriore Rohde-Axone; RBi Retzius-Bipolare Neurone; Rf Riesenfaser der 1. Rohde-Zelle; Somo somatisch-motorische Fasern; SomoN somatisch-motorisches Neuron; Sose somatisch sensorische Fasern; SpR Spaltraum des Zentralkanales; VimoN visceromotorisches Neuron; Vise viscero-sensorische Fasern; ZK Zentralkanal.

Am Vorderende erweitert sich der Zentralkanal zu einem birnenförmigen Hohlraum, der sehr an die Ventrikel im Vertebratengehirn erinnert. Die nervöse Struktur der Wand dieses Gehirn-

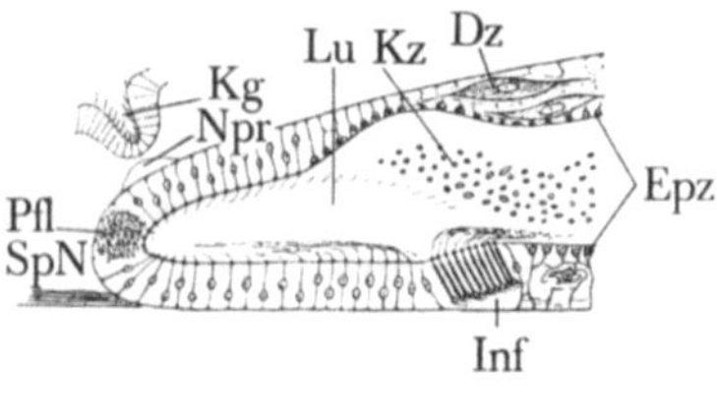

Abb. 64. Längsschnitt durch das Vorderende (Frontalbläschen) des Rückenmarks. Nach Franz. Dz Dorsalzelle; Epz Ependymzellen; Inf Infundibularorgan; Kg Köllikersche Grube, auch Geißel- oder Riechgrube genannte Epidermisvertiefung im Bereich des früheren Neuroporus; Kz Querschnitte durch die den Zentralkanal überquerenden Leiber der Kommissurzellen; Lu Lumen des Frontalbläschens; Npr Neuroporusrest in Form einer paramedianen, gegen die Köllikersche Grube gerichteten Vorwölbung; Pfl Pigmentfleck; SpN erster Spinalnerv.

bläschens ist jedoch wesentlich einfacher als die des übrigen Rückenmarks, so daß von einem Gehirn im Sinne eines übergeordneten Zentrums keine Rede sein kann. Auch werden von der Lebensweise der Tiere her keine Anforderungen gestellt, die eine nervöse Zentralisation am Körpervorderende notwendig machen. Im wesentlichen besteht die Wand des Frontalbläschens – wie es zutreffender bezeichnet werden sollte – aus einer Schicht von Ependymzellen, jenen Zellen, die auch den Zentralkanal und den Spaltraum auskleiden. Jede ist mit einer in das Bläschenlumen hineinragenden Geißel versehen, die den typischen (9 + 1) Geißelaufbau zeigt (Abb. 64).

In einem eng umgrenzten Bezirk im Boden des Frontalbläschens, kurz vor der Verengung zum Neuralkanal, bilden besonders differenzierte Ependymzellen einen eigenartigen Gewebekomplex, das Infundibularorgan. Neuere Untersuchungen ergaben, daß es sich um ein sekretorisches Organ und nicht um ein Sinnesorgan handelt. Danach wird in die Geißeltasche der Infundibularzellen ein Sekret ausgeschieden, das an der Geißel entlang nach außen gelangt und zusammen mit dem Sekret der Nachbarzellen den sog. Reissnerschen Faden bildet, der, im Liquor flottierend, den Zentralkanal bis zur ampullenartigen Enderweiterung durchzieht und in ihr in Form eines Klumpens aufgeschossen wird. Dieser Reissnersche Faden ist eine Bildung mit unbekannter Funktion; sie kommt in analoger Form bei allen Wirbeltieren vor. Das Sekretionsprodukt zeigt alle für Neurosekrete typischen histochemischen Reaktionen.

Vom Rückenmark geht an jedem Myomer ein dorsaler und ein ventraler Spinalnerv ab. Die paarigen Nerven sind, wie die Myomere, alternierend angeordnet. Die Spinalnerven einer Seite vereinigen sich nicht wieder und bilden kein Spinalganglion wie bei den Wirbeltieren.

Der Dorsalnerv ist gemischt sensorisch-motorisch, der Ventralnerv fast ausschließlich motorisch. Der Dorsalnerv läuft am hinteren Myoseptum des Myomers, zu dem er gehört, entlang und teilt sich subkutan in einen somatisch-sensorischen, dorsad sich ausbreitenden Ast und einen visceralen, gemischt sensorisch-motorischen Ast, der zur Bauchseite hinabzieht (Abb. 65). Der rein sensorische Dorsalast bildet im oberen Körperbereich ein subepidermales Nervennetz mit freien Nervenendigungen im Epidermisverband. Das gleiche tut im Ventralbereich ein zum Integument hin abgehender, sensorischer Anteil des Ventralastes. Der restliche, ins Körperinnere strebende Zweig des Ventralastes teilt sich in ein

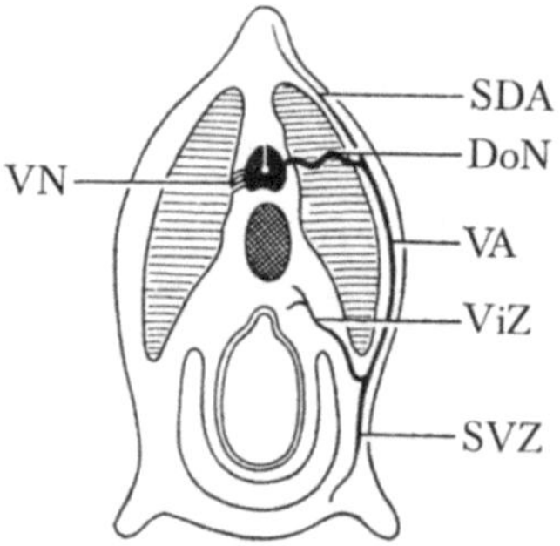

Abb. 65. Schema des Verlaufs und der Verzweigung der Spinalnerven. Nach Prenant. DoN Dorsalnerv; SDA sensorischer Dorsalast; SVZ sensorischer Ventralzweig; VA gemischt sensorisch-motorischer Ventralast; ViZ gemischt motorisch-sensorischer Visceralzweig; VN ausschließlich somatisch-motorische Ventralnervengruppe.

aufsteigendes und ein absteigendes, viscerales Nervenbündel, die beide motorische und sensorische Axone enthalten. Die entsprechenden aufsteigenden, visceralen Bündel innervieren die Kiemenbögen, die Mundregion, den Endostyl, den Verdauungstrakt und After, die glatte Muskulatur der Gonaden und die Atriocoelomtrichter. Die aufsteigenden Äste verbinden zudem in der postbranchialen Region eine Art sympathisches Nervennetz, das sich im Gebiet des Leberblindsackes und des benachbarten Darmtraktes befindet und aus multipolaren sowie bipolaren Nervenzellen besteht, mit dem Rückenmark. Die absteigenden, visceralen Bündel bilden den internen und externen Plexus der Peribranchialwand und ihrer Muskulatur und treten zusätzlich noch mit den Gonaden in Verbindung.

Die fast ausschließlich somatisch-motorischen Ventralnerven sind sehr viel schmächtiger als die korrespondierenden Dorsalnerven. Sie treten nicht als geschlossene Bündel, sondern in kleinen Gruppen oder einzeln aus der Bindegewebsscheide des Rückenmarkes aus und ziehen zu dem ihnen entsprechenden Myomer, wo sie jede Faserplatte mit einem Nerv versorgen. Kleinere Seitenzweige sollen auch in die benachbarten Myotome eintreten. Die wenigen unmittelbar über den Ventralwurzeln austretenden, sensorischen Fasern gehören wahrscheinlich zu Propriorezeptoren in den Muskelpaketen.

Die ersten beiden, rein sensorischen Nervenpaare am Körpervorderende, die nur aus den Dorsalnerven bestehen, innervieren die vorderste Körperspitze (Rostrum). Sie scheinen aus dem Frontalbläschen auszutreten, laufen jedoch in Wirklichkeit nur in dessen Wand nach vorn. Erst von den 3. Nervenpaaren an, die dem 1. Myomer des erwachsenen Tieres entsprechen, gibt es in jedem Segment ein Dorsal- und ein Ventralnervenpaar.

Die zu den verschiedenen Systemen (somatisch-sensorisch, visceral-sensorisch, visceral-motorisch und somatisch-motorisch) gehörenden Nervenzellen sind an den Flanken des Zentralkanals stockwerkartig übereinander angeordnet. Besonders auffallend sind die erheblichen Größenunterschiede der einzelnen Nervenzellen, die wahrscheinlich Funktionsunterschieden entsprechen. Unmittelbar am Dach des Rückenmarkes befinden sich jederseits Längsreihen aus vielen bipolaren Nervenzellen (Retzius-Zellen), deren Axone durch die Dorsalwurzeln austreten und das somatisch-sensorische System bilden.

Unter dieser obersten Zellregion liegen zahlreiche, zum Teil segmental angeordnete Nervenzellen (Kommissurzellen), die mit ihren Zelleibern den spaltförmigen Zentralkanal überbrücken und die somatisch-sensorischen Anteile beider Seiten miteinander verbinden. Die segmental angeordneten Neurone des ebenfalls durch die Dorsalwurzeln ziehenden, viscero-motorischen Systems liegen hingegen sehr weit ventral, unmittelbar unter dem Neuralkanal (Abb. 63). Gleich über den viscero-motorischen Zellen, aber schon zu Seiten des Zentralkanales, befinden sich die somatisch-motorischen Neurone, die Fortsätze zum Zentralkanal hin aussenden und deren Axone die ventrolateralen, somatisch-motorischen Bündel bilden. Von diesen Bündeln treten dann eine Anzahl Kollateralen in die entsprechenden Ventralwurzeln ein, während andere im Rückenmarksboden zu dem somatisch-motorischen Bündel der Gegenseite ziehen.

Die größten Neurone des Rückenmarks, die Rohde-Zellen, dienen als verbindende und koordinierende Elemente im somatisch-sensorisch-motorischen Bogen. Die großen, multipolaren Zellen liegen quer über den Zentralkanal und man findet sie nur im vorderen und hinteren Körperviertel, sie fehlen in den Segmenten 13–39. Während ihre Dendriten zu den dorsolateralen Faserbündeln in Beziehung treten, ziehen ihre mächtigen Axone im Bogen ventralwärts und im Rückenmarksboden zur anderen Seite. Da die Axone aus den segmental angeordneten Rohde-Zellen einmal nach links, das nächstemal nach rechts abgehen und jedesmal auf die andere Körperseite streben, entstehen auf beiden Seiten Faserbündel dieser Nerven. Die Axone der vorderen Rohde-Zellen ziehen im dorsolateralen Bereich nach hinten, die der hinteren im ventrolateralen Bereich nach vorne. Der jeweils absteigende Bogen gibt Kollateralen zum somatisch-motorischen Bündel ab.

Die allererste dieser Rohde-Zellen ist die größte Nervenzelle des ZNS überhaupt. Ihr mächtiges Axon durchsetzt in der Ventromedianen unter dem Zentralkanal als sog. Riesenfaser das gesamte Rückenmark der Länge nach. Sie dient wahrscheinlich der Bewegungskoordinierung.

Als Teile somatischer, sensorisch-motorischer Bögen werden die gleichfalls relativ großen Johnstonschen Verbindungszellen angesehen, die jeweils zwischen zwei aufeinanderfolgenden Dorsalwurzeln auftreten und das Rückenmark schräg von mediodorsal nach ventrolateral durchsetzen (Abb. 63).

Umfangreiche, komplexe Sinnesorgane werden nicht gebildet.

Mechano- und wahrscheinlich auch chemorezeptorische Sinneszellen sind über die ganze Körperoberfläche verstreut, wie dies schon beim subepidermalen Nervennetz geschildert wurde. In bestimmten Körperregionen, wie am Rostrum, am gesamten Flossensaum und im Mundbereich treten sie gehäuft auf und lagern sich stellenweise, wie z. B. auf den Mundcirren und den Velumfortsätzen, zu Sinnesknospen zusammen.

Auffallend sind die zahlreichen um den Zentralkanal im Rückenmark eingebetteten Pigmentbecherocellen. Man trifft sie im vorderen Viertel des Rückenmarks am häufigsten an. Die Lichtsinneszelle wird auf einer Seite von einer schalenförmigen Pigmentzelle abgeschirmt. Die der Pigmentzelle zugewandte Zellmembran des Receptors ist in außerordentlich viele lamellen- bis röhrenförmige Mikrovilli gefaltet, die ein Rhabdom bilden. Die relative Lage der Pigmentbecherocellen zur Körperachse wechselt stark, so daß praktisch alle möglichen Richtungen des Lichteinfalls erfaßt werden können.

Diesen Sinneszellen nahe verwandt sind die im Dach des Frontalbläschens, gegenüber dem Infundibularorgan, eingebetteten Dorsalzellen von Joseph. Ihr Bau entspricht weitgehend dem des Photoreceptors, der wesentlichste Unterschied besteht im Fehlen der Pigmentbecherzelle. Sie werden ebenfalls als Lichtsinneszellen betrachtet.

Die Oberfläche der Bauchmuskulatur (Transversalmuskel) ist mit unipolaren Receptoren versehen, deren Reizung die reflektorische Kontraktion auslöst.

Unmittelbar über der Spitze des Frontalbläschens, die durch einen Pigmentfleck gekennzeichnet ist, bildet die Epidermis an der Stelle wo sich der Neuroporus geschlossen hat, eine unpaare, grubenförmige, mit Wimpern ausgekleidete Vertiefung, die Köllikersche Grube. Man vermutete lange in ihr ein olfaktorisches Sinnesorgan, doch konnte bislang keine Innervierung derselben nachgewiesen werden. Ihre Funktion ist unbekannt.

7. Stoffwechselorgane

a) Ernährungssystem

Der Zugang zur Mundöffnung ist von einem reusenartig wirkenden, beweglichen, mit Sinneszellen versehenen Cirrenapparat umstellt (Abb. 66). Die einzelnen Cirren sind basal durch eine Membran miteinander verbunden. Hinter den Cirren und vor der eigentlichen Mundöffnung befindet sich eine kleine, mit bewimpertem Ectoderm ausgekleidete Präoralhöhle. Die Bewimperung verdichtet sich am Hinterende der Präoralhöhle zum Räderorgan (Abb. 67), einem Wimperfeld, das von einer im Präoralhöhlendach gelegenen Wimpergrube (Hatscheksche Grube) hufeisenförmig auf die Seiten des Vormundraumes herabzieht und dabei in mehr oder weniger regelmäßigen Abständen fingerförmige Ausläufer in rostraler Richtung entsendet.

Die Mundöffnung selbst ist durch eine blendenartig vorspringende, mit einem Sphinktermuskel ausgestattete Hautfalte, das Velum, gekennzeichnet. Hier stoßen Ectoderm und Entoderm aufeinander. Vom Velum aus ragen zungenartige, mit Sinnesknospen besetzte Lappen radiär in die Mundöffnung hinein. Sie kontrollieren vermutlich, ähnlich wie die Cirren, die Genießbarkeit des eintretenden Wassers.

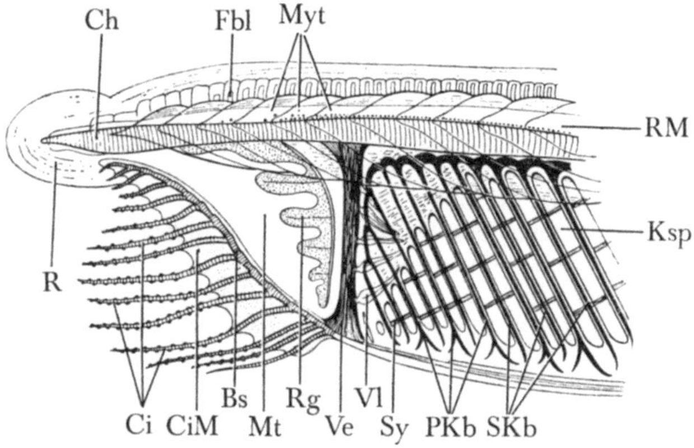

Abb. 66. Schematische Darstellung eines Teiles des Vorderkörpers von Branchiostoma lanceolatum. Nach Franz. Bs Basalstücke der Cirren; Ci Cirren; CiM Cirrenmembran; Ch Chorda; Fbl Flossenblatt in seiner Kammer im dorsalen Flossensaum; Ksp Kiemenspalte; Mt Mundtrichter (Präoralhöhle); Myt Myotome; PKb primäre Kiemenbögen; R Rostrum; Rg Räderorgan; RM Rückenmark; SKb sekundäre Kiemenbögen; Sy Querbalken (Synaptikel) im Kiemenskelett; Ve Velum; Vl Velarlappen.

Hinter dem Velum beginnt der Kiemendarm. Seine Seitenwände werden, je nach der Größe des Tieres, von ungefähr 180–200 schräg nach vorne geneigten Kiemenspalten durchbrochen (Abb. 66). Die zwischen den Spalten stehenbleibenden, schmalen Wandbezirke, die Kiemenbögen, sind durch Kiemenbalken – Skelettstäbe aus fibrillärem, knorpelartigem Bindegewebe – ausgesteift, die sich ihrerseits durch Querbalken (Synaptikel) gegeneinander abstützen. Insgesamt ergibt dies ein gitterartiges Kiemendarmskelett wie es Abb. 66 zeigt. Aus dem Bild ist zu ersehen, daß man zwei Formen von Kiemenbalken unterscheiden kann, solche die sich ventral gabeln und dazwischen immer einen der einfach endet.

Wie es dazu kommt ist aus der Entstehung der Kiemenspalten zu verstehen. Die zwischen den zuerst durchbrechenden Kiemenspalten stehenbleibenden Kiemenbögen werden von je einem Paar von Skelettstäben gestützt, die gleichsam als Kiemenspaltrahmen an den Rändern der Spalten entstehen, welche die primären Kiemenbögen flankieren. Diese paarigen Skelettstäbe verschmelzen alle dorsal und der Länge nach miteinander, divergieren aber ventral und biegen sich gleichzeitig zur Mittellinie hin, der Spalt- bzw. Darmwandkrümmung folgend. Ihre ventralen Spitzen enden in beiderseits der Medianen unter dem Endostyl liegenden Bindegewebsplatten (Endostylarplatten). Erst später wachsen von der Mitte jedes Spaltenoberrandes neue Kiemenbögen nach unten und teilen die Primärspalten, so daß aus einer ursprünglichen Kiemen-

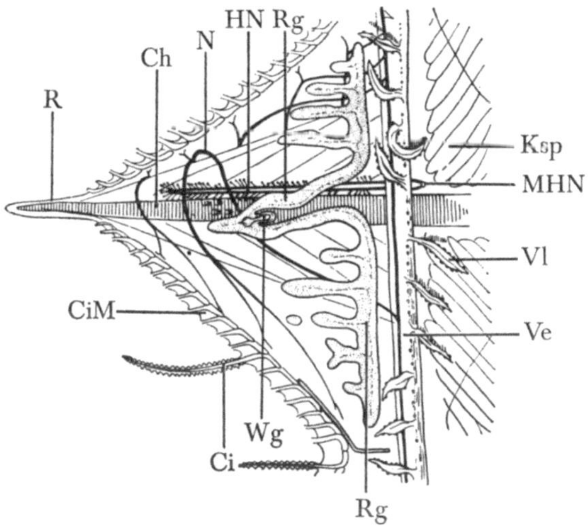

Abb. 67. Ventralansicht des Daches der Präoralhöhle von Branchiostoma lanceolatum. Die Cirren wurden bis auf zwei entfernt. Nach Franz. Ci Cirre; CiM Cirrenmembran; Ch Chorda; HN Hatscheksches Nephridium; Ksp Kiemenspalte; MHN Mündung des Hatschekschen Nephridiums; N Nerv; R Rostrum; Rg Räderorgan; Ve Velum; Vl Velarlappen; Wg Wimper- oder Hatscheksche Grube.

spalte zwei neue werden, was die Oberfläche wesentlich vergrößert. Diese sekundär einwachsenden Kiemenbögen werden jeweils nur von einem Skelettstab gestützt, der dorsal aus den anderen entspringt und ventral ebenfalls in der Skelettplatte endet, in der schon seine Nachbarn verankert sind. Die ventralen Skelettplatten der beiden Seiten sind, wie auch die Kiemenspalten, alternierend angeordnet.

Das die Kiemenbögen bekleidende Epithel stammt auf der dem Peribranchialraum zugewandten, äußeren Seite vom Ectoderm, auf der Innenseite vom Entoderm. Auf jedem Kiemenbogen ist das Entodermepithel zum Darmlumen hin aufgefaltet, so daß die Bögen im Querschnitt zungenförmig aussehen (Abb. 68). Die durch eine Bindegewebsschicht gestützte Epithelfalte – die eigentliche Kieme – besteht größtenteils aus hohen, schlanken, mit langen Wimpern versehenen Zellen. Der innere Kiemenrand jedoch wird von Zellen mit vergleichsweise kurzen Wimpern gebildet. Am Scheitel des Innenrandes dagegen, inmitten des kurzbewimperten Feldes, läuft ein aus besonders langen Geißeln bestehendes Wimperband entlang.

Von den die Kieme durchziehenden Blutgefäßen befindet sich eines, das Außengefäß, im Skelettstab des Kiemenbogens, ein zweites, das Innengefäß, in der Bindegewebsstützschicht, proximal vom Kiemeninnenrand (Abb. 68). Auf der Außenseite jedes Hauptbogens (Primärbogens) verläuft zwischen Ectodermepithel und Skelettstab ein weiter, von Plattenepithel ausgekleideter Coelomkanal, der ventral mit dem Endostyl-Coelom, dorsal mit dem Epibranchial-Coelom in Verbindung steht. Die Außenseite des Coelomkanals begleitet ein weiteres Blutgefäß, das Coelomgefäß.

Der Boden des Kiemendarmes ist in der Mittellinie rinnenförmig gefaltet und bildet den schon von den Tunicaten her bekannten Endostyl. Er besteht, wie bei den Manteltieren, aus 4 paarigen Epithelstreifen – abwechselnd ein bewimperter, ein drüsiger – und einem medianen, unpaaren, mit langen Geißeln besetzten Zellstrang (Abb. 61). Die Drüsenzellen scheiden Schleim aus, der saure Mucopolysaccharide enthält und synthetisieren aus gespeichertem Jod Schilddrüsenhormone (3,5,3-Trijodthyronin und Thyroxin). Es zeigt sich hier eine frühe physiologische Fähigkeit, die im Laufe der evolutiven Entwicklung – aus dem Endostyl entsteht bei den Wirbeltieren die Schilddrüse – zur weitaus vorherrschenden Funktion des Organs wird.

Gegenüber dem Endostyl ist am Kiemendarmdach ebenfalls eine Rinne entwickelt, an deren Rändern und auf deren Grund Wimperstraßen entlang ziehen. Unmittelbar hinter dem Velum verbindet ein auf beiden Seiten aufsteigender Flimmerbogen (Peripharyngealband) die lateralen Wimperbahnen des Endostylvorderendes mit den Wimpersäumen der Epibranchialrinne, wie die im Kiemendarmdach ausgebildete Nahrungstransporteinrichtung genannt wird. Nach hinten zu, gegen den Oesophagus, verbreitern sich die Wimperstraßen der Epibranchialrinne und gehen in die Wimperauskleidung des Verdauungstraktes über.

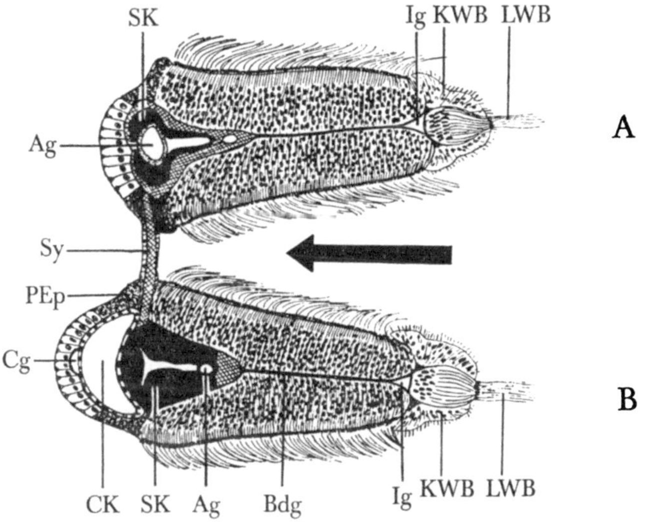

Abb. 68. Querschnitt durch einen sekundären (A) und einen primären (B) Kiemenbogen von Branchiostoma lanceolatum. Nach Franz. Der Pfeil markiert die Kiemenspalte und zeigt vom Kiemendarmlumen in Richtung Peribranchialraum.
Ag Außengefäß; Bdg Bindegewebsschicht; Cg außen am Coelomkanal des primären oder Hauptkiemenbogens entlangziehendes Blutgefäß (Coelomgefäß); CK Coelomkanal; Ig Innengefäß; KWB kurzbewimpertes Epithelband; LWB langbewimpertes Epithelband am Kiemeninnenrand; PEp pigmentiertes Epithel; SK Skelettstab des Kiemenbogens der aus knorpelartigen (schwarz) und fibrillären (gegittert) Teilen besteht; Sy Querbalken (Synaptikel) des Kiemenskeletts.

An seinem Hinterende verengt sich der Kiemendarm ventrodorsad abrupt zum englumigen, sehr kurzen Oesophagus, der den Anfang des Verdauungstraktes bildet. Er erweitert sich wiederum sehr rasch zum Dünndarm, von dem gleich zu Beginn ventral ein weiter, seitlich zusammengedrückter Darmblindsack (Leberblindsack) abgeht, der auf der rechten Körperseite nach vorne bis weit in den Kiemenbereich hineinzieht (Abb. 69). Ein Magen in Form einer abgegrenzten Erweiterung des Darmlumens ist nicht vorhanden. Der Dünndarm verengt sich nach hinten zu immer mehr und geht in den Enddarm über, der durch den After nach außen mündet. Die Grenze zwischen hinterem Dünndarm und Enddarm wird durch einen sphinkterartigen Ring aus glatten Muskelfasern gebildet. Er befindet sich in einem breiten, gürtelförmigen Wimperband, das durch besonders lange Geißeln vor der übrigen allge-

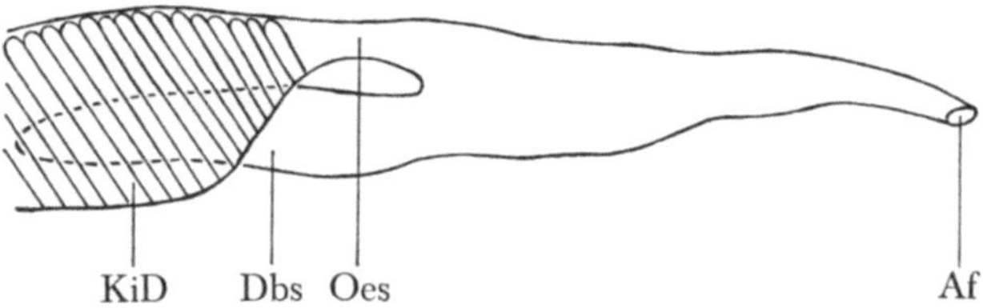

Abb. 69. Darmtrakt von Branchiostoma. Af After; Dbs Darmblindsack; KiD Kiemendarm; Oes Oesophagus.

meinen Darmbewimperung ausgezeichnet ist. Die Wimpern des Darmepithels sind jedoch nicht gleichmäßig über den Darmtrakt verteilt, sondern stehen stellenweise dichter und bilden so Wimperbänder und -felder. Ein derartiges keilförmiges Wimperfeld erstreckt sich gleich zu Beginn des Dünndarms auf der linken Seite. Von ihm geht ein mediodorsal nach hinten ziehendes Wimperband aus. Am Darmblindsackdach verläuft eine Wimperstraße mediodorsal nach vorn, steigt zur ventralen Mittellinie ab und geht am Dünndarmboden entlang nach hinten zum gürtelförmigen Wimperfeld. Alle diese Wimperstraßen sind Förderbänder für den Nahrungstransport, der, da Darmmuskeln fehlen, ausschließlich von den Wimpern bewältigt wird.

Die Nahrung der Branchiostomen besteht neben Detritus aus pflanzlichen und tierischen Einzellern, unter denen die Diatomeen überwiegen. Die Nahrungspartikel werden mit dem Atemwasserstrom zugeführt, der durch die Wimpern auf der Vorder- und Rückseite der Kiemen erzeugt wird. Diese Kiemenwimpern fördern ständig Wasser aus dem Kiemendarm durch die Kiemenspalten in den Peribranchialraum, wo es die über die Bauchmuskulatur caudalwärts laufenden Kontraktionswellen durch den Peribranchialporus nach außen treiben. Es entsteht dadurch im Kiemendarm ein Unterdruck, der weiteres Wasser durch die Mundöffnung einsaugt. Die Cirrenreuse vor dem Mund verhindert die Einfuhr zu großer Partikel, die den Darm verstopfen würden. Hängenbleibende, größere Teilchen werden durch eine plötzliche Kontraktion des Velums nach vorne weggespült. Durch das Peripharyngealband und die Wimperstraßen an den Kiemeninnenrändern wird der vom Endostyl produzierte Schleim dorsalwärts transportiert, so daß er die inneren Kiemenpartien bedeckt. An diesen Schleimbändern bleiben im Atemwasserstrom flottierende Partikel kleben und werden mit dem ständig dorsalwärts wandernden Schleim zur Epibranchialrinne gebracht, in welcher Wimperbänder den von beiden Kiemendarmseiten her sich dort ansammelnden, nahrungsbeladenen Schleim nach hinten zum Oesophagus befördern.

Nachdem der Nahrungsschleim über den Oesophagus in den vorderen Dünndarm eingetreten ist, wird er durch die Darmwimpern in Rotation versetzt und in einer Spiralbewegung langsam afterwärts geleitet. Die in das Lumen des Darmblindsackes (Leberblindsackes) sezernierten Verdauungssäfte werden von seinen Wimpern zur ventralen Wimperstraße getrieben und über diese dem Nahrungsschleim zugeführt und beigemischt. In den Darmblindsack selbst gelangt keine Nahrung. Zusätzlich scheidet auch noch der vordere Dünndarm Verdauungssäfte aus. Über die darin vorhandenen Enzyme ist fast nichts bekannt. Während die Kohlehydrate extrazellulär abgebaut und dann resorbiert werden, sollen die Proteine und Fette phagocytiert und intrazellulär verdaut werden. Der Sphinkter zu Beginn des Enddarmes portioniert die unverdaulichen Reste in Kotballen, die dann der Aftersphinkter ausstößt.

b) Atmungssystem

Über das Atmungssystem liegen keine speziellen Untersuchungen vor. Es ist anzunehmen, daß ein Großteil des Gasaustausches über die gesamte Körperoberfläche vor sich geht. Eigentliches Atmungsorgan ist jedoch der Kiemendarm, der damit eine doppelte Funktion als Nahrungsgewinnungsapparat und respiratorische Oberfläche ausübt. Letztere wird durch die Unterteilung in zahlreiche Kiemen vergrößert und ständig von einem Atemwasserstrom bespült, den die Kiemenwimpern erzeugen. Die Kiemen durchziehende Zweige eines gut entwickelten Kreislaufsystems steigern den Nutzeffekt des Gasaustausches wesentlich. Nicht abzuschätzen sind die Sauerstoffmengen, welche durch die Wimpertätigkeit bereits in den Kiemen verbraucht und jene, welche über die Oberflächen des Peribranchialraumes in die Coelomflüssigkeit aufgenommen werden.

c) Kreislaufsystem

Das Kreislaufsystem der Acranier ist anatomisch genau genommen zwar offen, funktionell aber als geschlossen zu betrachten. Es besteht aus echten, bindegewebigen Blutgefäßen mit einer Endothelauskleidung, die in bestimmten kontraktilen Gefäßabschnitten auch Endothelmuskeln entwickelt.

Das in den Blutgefäßen strömende Blut enthält keine Zellen oder respiratorischen Farbstoffe.

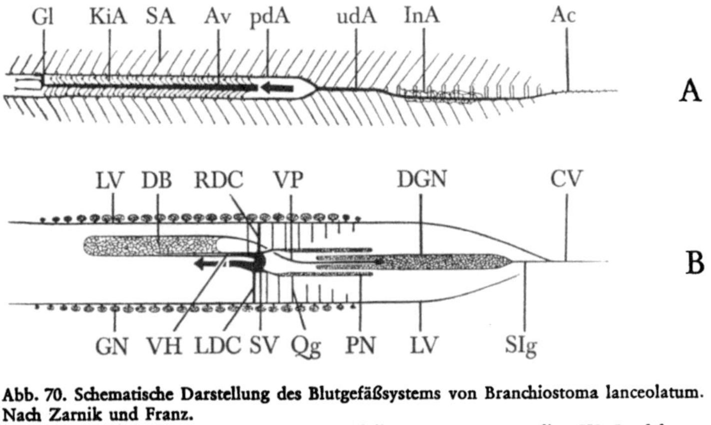

Abb. 70. Schematische Darstellung des Blutgefäßsystems von Branchiostoma lanceolatum. Nach Zarnik und Franz.
A Arterien-, B Venensystem. Ac Aorta caudalis; Av Aorta ventralis; CV Caudalvene; DB Gefäßnetz des Darmblindsackes; DGN Darmgefäßnetz; Gl Glomus; GN Gonadengefäßnetz; InA Intestinalarterien; KiA Kiemenarterie mit Bulbillus; LDC linker Ductus Cuvieri; LV Lateral- oder Kardinalvene; pdA paariger Teil des dorsalen Aortenstammes; PN Parietalgefäßnetz; Qu Quergefäß; RDC rechter Ductus Cuvieri; SA Septalarterie; SIg Subintestinalgefäß; SV Sinus venosus; udA unpaarer Abschnitt des dorsalen Aortenstammes; VH Vena hepatica; VP Vena portae: Der Pfeil markiert die Verbindung zwischen Sinus venosus und Aorta ventralis und weist in Richtung des arteriellen Blutstromes.

Das Kreislaufsystem besteht im wesentlichen aus drei Gefäßstämmen und deren Verzweigungen. Es sind dies ein unter und ein über dem Darm liegendes Arteriensystem, sowie ein ventrolateral und ventromedian verlaufendes Venensystem (Abb. 70).

Den Motor der Blutzirkulation bildet ein langer, kontraktiler, ventromedianer Gefäßstamm, der sich aus mehreren morphologisch voneinander unterscheidbaren Abschnitten aufbaut. Er beginnt im ventroproximalen Teil des Darmblindsackes als Vena hepatica, die ein kurzes Stück caudad verläuft, dann aber, nach einer Haarnadelschleife und gleichzeitiger starker Erweiterung, ventral vom Endostyl nach vorne zieht (Abb. 70 B). Die starke Erweiterung nach der Schleife, unmittelbar hinter dem Kiemendarm, wird Sinus venosus genannt und ist Bezugspunkt für die Bezeichnung der Gefäße als Arterien bzw. Venen. Alle Gefäße, in denen das Blut vom Sinus venosus wegströmt, heißen Arterien, die, in denen es zu ihm hinfließt, Venen. Demgemäß wird der mächtige, kontraktile Gefäßabschnitt, der vom Sinus venosus medioventral nach vorne zieht, Aorta ventralis oder Endostylarterie genannt. Von ihr entspringt beiderseits in metamerer, alternierender Anordnung das Kiemengefäßsystem. In direkter Verbindung mit der Aorta ventralis stehen jeweils nur die Arterien der Kiemenhauptbögen. Ihre Ursprungstellen sind zu einem kontraktilen Bulbillus verdickt, von dem 3 Gefäße abgehen: das innere und äußere Kiemengefäß und das auf dem Coelomkanal verlaufende Coelomgefäß. Das innere Kiemengefäß ist außerdem mit der die Aorta ventralis auf jeder Seite begleitenden Collateralarterie verbunden, die ihrerseits wieder über metamere Quergefäße mit der Aorta ventralis kommuniziert. Coelomgefäß und äußeres Kiemengefäß bilden, entlang des Kiemenbogens, durch zahlreiche Querverbindungen ein Gefäßnetz.

Die äußeren Nebenbogengefäße werden über Gefäßbrücken, die in den Synaptikeln verlaufen, von den Coelomgefäßen der benachbarten Kiemenhauptbögen gespeist (Abb. 71).

Das Coelomgefäß des Hauptbogens und das äußere Gefäß des folgenden Nebenbogens ergießen sich nach Passage der Kiemen zunächst in einen flachen, weiten, lakunenartigen Blutraum ohne Endothelauskleidung. Diese, wegen ihrer Einbeziehung in den Exkretionsapparat Glomerulus genannte Erweiterung des Kiemengefäßsystems, liegt in jedem Intervall zwischen zwei Hauptbögen, über dem dort verlaufenden Nebenbogen, im Boden des Subchordalcoeloms. Nach den Kiemen mündet das Kiemengefäßsystem in ein dorsales, in seinen Stämmen stimmgabelförmiges Arteriensystem ein (Abb. 70 A). Das äußere und innere Kiemengefäß des Hauptbogens und das Innengefäß des Nebenbogens tun dies auf direktem Wege, die restlichen beiden Gefäße auf dem Umweg über den Glomerulus. Jeder Glomerulus steht über drei Gefäße mit den drei in seinem Bereich liegenden, metameren Dorsalaorten-Eingängen in Verbindung (Abb. 71).

Die über dem Kiemendarm paarigen, dorsalen Aortenstämme vereinigen sich über dem vorderen Dünndarm zu einem großen, unpaaren, medianen Gefäß, das unter der Chorda bis zum Schwanzende reicht. Die paarigen Dorsalaortenstämme sind durch Quergefäße miteinander verbunden.

Von den Dorsalaortenstämmen gehen seitlich in metamerer, alternierender Anordnung Septalarterien und Dorsalarterien aus. Die Dorsalarterien ziehen, ohne sich zu verzweigen, laterodorsad ins Gebiet der Myotome und enden dort im Sclerocoel, in das sie sich durch einen Porus öffnen. Die Septalarterien verlaufen in den Myosepten, an deren Innenrand entlang und ergießen sich in die lateralen Venengefäße. Vom unpaaren, hinteren Teil der Aorta dorsalis entspringen neben den Septalarterien auch noch in unregelmäßigen Abständen Intestinalarterien, die um den mittleren und hinteren Darmtrakt ein dichtes Gefäßnetz bilden. Im allgemeinen jedoch durchziehen die Arterien das Gewebe ohne vielfache Verzweigungen und sammeln sich in drei großen Venengefäßen.

Da sind zunächst die auf jeder Körperseite nahe der Untergrenze der Myotome auf deren Innenseite entlang ziehenden Kardinal- oder Lateralvenen (Abb. 70 B), und als drittes, unpaares, medianes Gefäß, die Subintestinalvene, die sich unter dem Darmtrakt erstreckt. Die beiden Lateralvenen sind unter dem vorderen Dünndarm, quer durch den Peribranchialraum, über je ein Transversalgefäß, Ductus Cuvieri genannt, mit dem Sinus venosus verbunden. Das laterale Venensystem hat somit die Form eines H mit zwei vorderen und zwei hinteren Schenkeln. Das Blut strömt in den Schenkeln stets zum Ductus Cuvieri hin, d. h. in den hinteren nach vorn und in den vorderen nach hinten. Die hinteren Schenkel kommunizieren über metamere Quergefäße. Der rechte Hinterschenkel ist mit der im Schwanz befindlichen Caudalvene verbunden. In die Lateralvenen münden, wie bereits erwähnt, die Septalarterien und im Bereich der Gonadenreihe gehen von ihnen metamer Gefäße ab, die ein Kapillarnetz um die Gonaden bilden (Abb. 70 B).

Das unpaare, mediane Subintestinalgefäß ist durch die in seinem Verlauf wiederholte Aufspaltung in Gefäßnetze gekennzeichnet. Es beginnt im Schwanz mit der Caudalvene, die sich um den Verdauungstrakt zu einem Kapillarnetz entfaltet, in das die Intestinalarterien der Aorta dorsalis einmünden. Unter dem vorderen Dünndarmbereich entspringt aus diesem Darmkapillarnetz die Vena portae, die weiter nach vorn zur Ventralseite des Darmblindsackes führt, den sie, sich verzweigend, mit einem Kapillarnetz umgibt. Das Gefäßnetz schließt sich auf der Dorsalseite des Blindsackes zur Vena hepatica zusammen und mündet durch sie in den Sinus venosus, den Ausgangspunkt der Kreislaufbetrachtung. Zum Venensystem gehört auch noch ein paariges, bescheidenes Gefäßnetz – das Parietalnetz – welches im Gebiet der Somatopleura des Darmcoeloms entwickelt und mit einigen der metameren Quergefäße der Lateralvenenhinterschenkel verbunden ist. Es mündet in die Hinterwand des Sinus venosus.

Zu bemerken wäre noch, daß auch die größeren Gefäße des Venensystems, wie die Vena portae und die Vena hepatica, kontraktil sind und die Bezeichnung Vene nichts über den Sauerstoffgehalt des in ihr zirkulierenden Blutes aussagt, der in Teilen des Venensystems, wie z. B. in den Gonadennetzen vermutlich höher ist als an manchen Stellen des Arteriensystems.

Die Blutzirkulation in den Hauptgefäßen geht sehr langsam vor sich. Für einen vollen Umlauf werden etwa 10–15 min benötigt. Dies liegt daran, daß der Kontraktionsrhythmus unregelmäßig und in den einzelnen kontraktilen Gefäßabschnitten nicht gleich ist, weil zwischen ihnen keine zentrale Koordination besteht. So beträgt z. B. die mittlere Kontraktionsfrequenz im Sinus venosus, je nach Tier, 0,90–1,08, in der Vena portae aber 1,04–2,04, also unter Umständen das Doppelte. Die Kontraktion wird durch passive Dehnung der Gefäßwand, verursacht durch die Pulswelle, ausgelöst. Der Kontraktionszustand dauert meist sehr lange an,

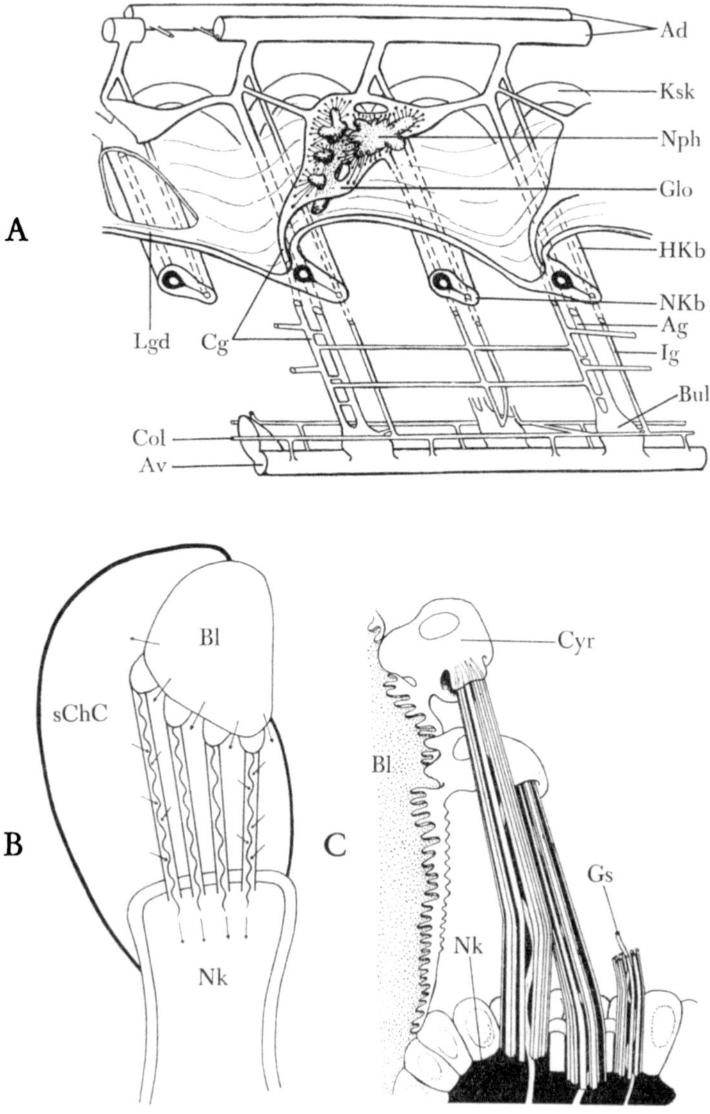
Ad
Ksk
Nph
Glo
A
HKb
NKb
Ag
Lgd
Cg
Ig
Bul
Col
Av
Bl
sChC
B
Nk
Cyr
Bl
C
Gs
Nk

da dies im klappenlosen Kreislaufsystem die einzige Möglichkeit ist einen Rückstau oder gar Rückfluß des Blutes zu verhindern. Nach der Entspannung folgt eine Ruhepause. Die Kontraktionswelle läuft vom Sinus venosus über die Aorta ventralis nach vorn, in der Vena portae ebenfalls von hinten nach vorn und in der V. hepatica von vorn nach hinten in Richtung auf den Sinus venosus. Gelegentlich sollen auch Richtungsumkehrungen vorkommen.

d) *Exkretionssystem*

Die Exkretionsorgane liegen zu beiden Seiten des Kiemendarmes segmental angeordnet, und zwar stets zwischen zwei Kiemenhauptbögen, über der dorsalen Hälfte des dort befindlichen Nebenbogens. Das einzelne Exkretionsorgan besteht aus einer Blutlakune (siehe S. 141) – Glomerulus –, die von stecknadelförmigen Zellen umgeben ist. Mit ihren langen, röhrenförmigen Fortsätzen, in denen eine Geißel schlägt, sitzen sie einem divertikelreichen Sammelgefäß auf, das durch einen Porus in den Peribranchialraum mündet. Das Nierensammelbecken und der ventrale Teil des Glomerulus befinden sich in einer Verdickung des metamer taschenförmig gegen den Peribranchialraum vorgewölbten Bodens des Subchordalcoeloms. Der dorsale Glomerulusbereich und die stecknadelförmigen Zellkörper hingegen ragen in das Subchordalcoelom hinein.

Über die Exkretionstätigkeit selbst liegen keine experimentellen Untersuchungen vor, doch ergeben sich aus dem Bau der Exkretionsorgane einige Indizien über die beim Exkretionsprozeß vermutlich eingeschlagenen Stofftransportwege.

Als Motor der Transportvorgänge sind wohl die stecknadelförmigen, mit Geißeln ausgestatteten Zellen anzusehen, welche

---

◀ Abb. 71. Exkretionssystem von Branchiostoma. A Beziehungen des Nephridiums zum Blutgefäßsystem. Nach Franz. B stark schematisierter Schnitt durch ein Exkretionsorgan von Branchiostoma. Nach Kümmel. Die Pfeile markieren den Weg der Exkretionsflüssigkeit. C Anordnung der Cyrtopodocyten. Nach Brandenburg u. Kümmel. Ad die beiden vorderen Schenkel der Aorta dorsalis; Ag Außengefäß; Av Aorta ventralis; Bl Blutraum des Glomerulus; Bul Bulbillus; Cg Coelomgefäß; Col Collateralarterie; Cyr Cyrtopodocyten; Glo Glomerulus; HKb Hauptkiemenbogen; Ig Innengefäß; Gs Geißel; Ksk Bogen des Kiemenskeletts; Lgd Ligamentum denticulatum; Nk Nierenkanal; NKb Nebenkiemenbogen; Nph Nephridium; sChC Subchordalcoelom.

wegen ihrer Gemeinsamkeit sowohl mit den Podocyten der Wirbeltiere als auch mit den Cyrtocyten der typischen Protonephridien Wirbelloser, Cyrtopodocyten genannt werden. Der verdickte Teil ihres Körpers – gleichsam der Stecknadelkopf – in dem sich der Zellkern befindet und die Geißel verankert ist, liegt mit zahlreichen, fingerförmigen Ausläufern dem Glomerulus an. Da dieser kein Endothel besitzt ist er kein echtes Blutgefäß, sondern vielmehr eine Blutlakune, deren Wand von der Basalmembran der ihr anliegenden Cyrtopodocyten gebildet wird (Abb. 71 B + C). Die Ausläufer einander benachbarter Zellen sind grob ineinander verzahnt, lassen jedoch zwischen sich einen schmalen Interzellularspalt frei, welcher von der Basalmembran überspannt wird. Die Wand des röhrenförmigen Zellteiles, der ins Lumen des Nierensammelbeckens vordringt, besteht nur aus 10 dreikantigen Längsstäben, die durch Zwischenräume voneinander getrennt sind, über die das Rohrlumen mit dem Subchordalcoelom in Verbindung steht (Abb. 71 B).

Vom Glomerulus, der unter Blutdruck steht, zum Subchordalcoelom und weiter bis in das Rohrlumen der Cyrtopodocyten hinein besteht vermutlich ein Druckgradient. Dieser bewirkt eine Druckfiltration durch die von der Basalmembran überspannten Interzellularspalten am Glomerulus. Mit dem Filtrat gelangen Exkretstoffe aus dem Blut in die Coelomflüssigkeit. Die im Rohrlumen der Cyrtopodocyten schwingende Geißel treibt die in ihm befindliche Flüssigkeit in das Nierensammelbecken, wodurch über die Rohrschlitze ständig neue Coelomflüssigkeit mit den darin gelösten Exkretstoffen angesaugt, als Primärharn ins Nierenbecken geschafft und aus ihm in den Peribranchialraum entleert wird. Auf diese Weise werden gleichzeitig Exkretstoffe aus dem Blut und der Coelomflüssigkeit ausgeschieden.

Das vorderste Exkretionsorgan – als Hatscheksches Nephridium bekannt – ist unpaar und befindet sich über dem linken Munddach in der Ventralwand eines geschlossenen Coelomraumes, der aus dem Coelom des 2. Larvensomiten hervorgehen soll. Sein schlauchförmiges Nierensammelbecken erstreckt sich an der äußeren Seite des linken Dorsalaortenschenkels entlang weit nach vorne ins Rostrum hinein, mündet aber unmittelbar hinter dem Velum in den vordersten Kiemendarmbereich. Das Hatschecksche

Nephridium ist ähnlich gebaut wie die übrigen Nieren. Vom schlauchförmigen Nierenbecken erheben sich zahlreiche Cyrtopodocyten, die in den umgebenden Coelomraum hineinragen. Es ist nicht genau bekannt, ob sie an der Coelomwand oder an dem benachbarten Aortenschenkel enden oder frei stehen.

Außer den Nephridien wird auch der Gonocoelwand exkretorische Funktion zugeschrieben. In ihrem Epithel kommen nämlich Drüsenzellen mit Konkrementen vor, die Harnsäure enthalten sollen. Diese Konkremente wachsen und verdrängen allmählich das ganze Cytoplasma, bis schließlich die Zelle platzt, ihr Konkrement in die Gonadenhöhle fällt und mit den Geschlechtsprodukten nach außen transportiert wird.

8. Geschlechtsorgane

Lanzettfischchen sind getrenntgeschlechtliche Tiere, Zwitter treten nur sehr selten auf. Die Gonaden liegen metamer angeordnet in der Seitenwand des Peribranchialraumes, unmittelbar unter dem Peribranchialepithel, zwischen dem Ventralrand der Rumpf-Myomere und der Bauchmuskulatur. Die Gonadenreihe besteht meist aus 26–32 Geschlechtsorganen auf jeder Seite und erstreckt sich über die ganze Länge des Peribranchialraumes. Häufig sind die Gonaden der rechten Körperseite besser ausgebildet als die der linken, eine Tendenz, die bei der Gattung Asymmetron dazu geführt hat, daß sich hier auf der linken Seite überhaupt keine Geschlechtsorgane mehr entwickeln. Sind die Gonaden reif, so berühren sie einander auf der Vorder- und Hinterseite, platten sich dabei gegenseitig ab und beulen gleichzeitig das Peribranchial-

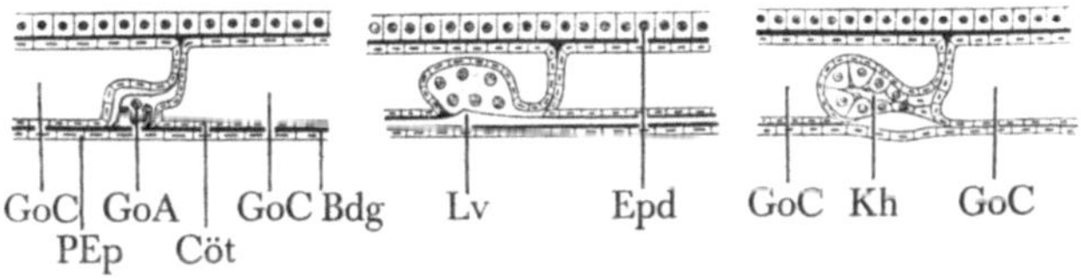

Abb. 72. Schematische Darstellung der Gonadenentwicklung. Nach Zarnik. Bdg Bindegewebslamelle; Cöt Coelothel der Gonocoelblasen; Epd Epidermis; GoA Gonadenanlage; GoC Gonocoel; Kh Keimhöhle; Lv Lateralvene; PEp Peribranchialraumepithel.

epithel stark nach innen und die Bauchwand etwas nach außen vor, so daß sie von außen erkennbar werden.

Die Geschlechtszellen selbst umschließt eine mediolaterad eingedellte Coelomblase, das Gonocoel, an dessen eingedellter Außenseite sie sitzen (Abb. 73). Jedoch wird nicht die ganze Coelomwand von den Geschlechtszellen besetzt, sie sind vielmehr in einem ausgedehnten Bereich durch eine sekundär sich entwickelnde, mit Endothel ausgekleidete Keimhöhle von ihr getrennt. Diese etwas komplizierten Verhältnisse werden aus der Entwicklung der Geschlechtsorgane besser verständlich.

Die Gonadenanlagen nehmen zunächst eine intersegmentale Lage zwischen je zwei benachbarten Coelomblasen ein, welche sich im Ventralbereich des Mesoblastem abgespalten haben und Gonocoele genannt werden. Eingekeilt zwischen den unteren Innenrändern der Gonocoele und dem Peribranchialepithel (Abb. 72), dellen die Geschlechtszellen mit zunehmender Vermehrung das vorne liegende Gonocoel immer mehr ein. Es entsteht schließlich ein pilzförmiger Körper, der mit seinem Stiel an einer Bindegewebslamelle unter dem Peribranchialepithel haftet, mit seiner Kappe aber das Gonocoel immer tiefer einbeult, so daß es die Gonadenanlage am Ende bis auf den schmalen Stiel ganz umgibt (Abb. 73).

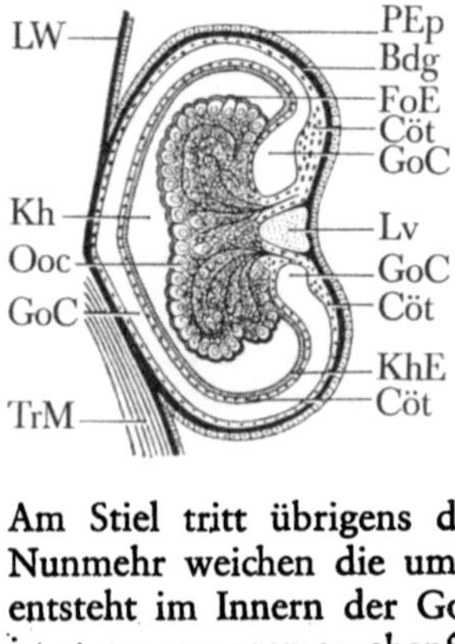

Abb. 73. Querschnitt durch ein Ovar der linken Körperseite von Branchiostoma lanceolatum. Nach Zarnik und Zapf. Bdg Bindegewebe; Cöt Coelothel des Gonocoels; FoE Follikelepithel; GoC Gonocoel; Kh Keimhöhle; KhE Keimhöhlenepithel; Lv Lateralvene; LW Bindegewebe der Leibeswand; Ooc Eizelle; PEp Peribranchialraumepithel; TrM Transversalmuskel.

Am Stiel tritt übrigens die Lateralvene an die Gonade heran. Nunmehr weichen die umschlossenen Zellen auseinander und es entsteht im Innern der Gonade ein Hohlraum. Diese Keimhöhle ist streng genommen ebenfalls ein Coelom. Ein Teil der Gonadenanlage differenziert sich zu Endothelzellen, welche die Keimhöhle auskleiden, der Rest sitzt auf der eingedellten Außenseite des Gonocoels und entwickelt sich zu Oocyten bzw. Spermatozoen. Die Endothelzellen der Keimhöhle bilden, wenn sie den Gonocyten anliegen, ein Follikelepithel.

9. Fortpflanzung und Entwicklung

Die Geschlechtsprodukte werden durch Platzen der Gonadenwand freigesetzt. Sie ergießen sich in den Peribranchialraum und gelangen mit dem durchströmenden Wasser über den Peribranchialporus nach außen. Das Ablaichen erfolgt meist abends oder nachts, wobei zunächst die Männchen ihre Spermien abgeben sollen, worauf dann die umliegenden Weibchen ihre Eier ausstoßen. Die Befruchtung geschieht im freien Wasser.

Die im Durchmesser meist nur 0,1 mm großen, telolecithalen Eier machen eine inäquale, bilaterale Furchung durch. Die Urdarmbildung (Gastrulation) erfolgt durch Invagination der Blastula. Die Gastrula streckt sich beträchtlich in Richtung ihrer Längsachse und flacht einen Teil der Dorsalseite zur sog. Neuralplatte ab. Vom wulstförmigen Ventralrand des Blastoporus ausgehend, erheben sich beiderseits der Neuralplatte kleine Ectodermlängswülste, die sich von den Seiten her gegen die Dorsomediane über den Ectodermbereich der Neuralplatte schieben (Abb. 74) und in der Mittellinie, vom Blastoporus beginnend, nach vorne fortschreitend, miteinander verschmelzen. Die Ränder des eingeschlossenen Neuralplattenepithels biegen sich auf und vereinigen sich. Es entsteht so das Neuralrohr, dessen Lumen am Vorderende über den sog. Neuroporus nach außen mündet und am Hinterende durch den zum Neurenteralkanal gewordenen Blastoporus mit dem Urdarm in Verbindung steht (Abb. 74).

Etwa zur gleichen Zeit, in der die Bildung der Neuralplatte und die Auffaltung des Neuralrohres stattfindet, beginnt im Dorsolateralbereich des Urdarmes die Mesodermbildung. Im Entodermepithel entsteht jederseits eine nach außen sich erhebende Längsfalte, die vom Urdarm völlig abgeschnürt wird und dabei einen Raum einschließt, der als neue, sekundäre Leibeshöhle, als Coelom, weiterhin bestehen bleibt. Noch vor der endgültigen Abschnürung der beiden Mesodermfalten werden diese durch Querteilungen in hintereinanderliegende Säckchen, die Ursegmente, aufgegliedert (Abb. 74).

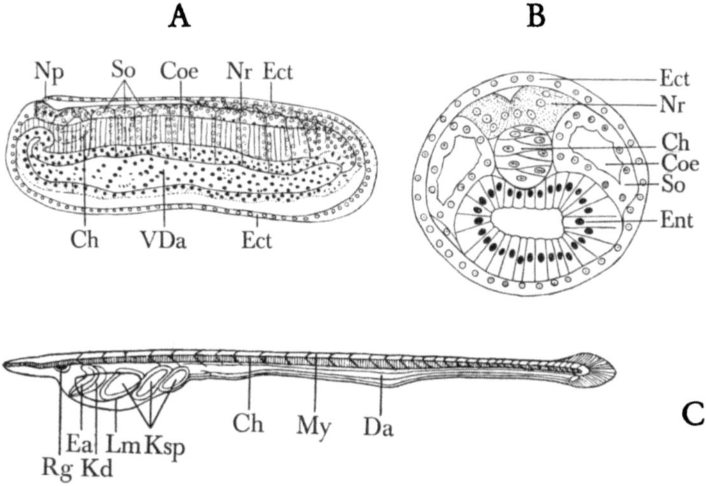

Abb. 74. Embryonalentwicklung von Branchiostoma. A Längs-, B Querschnitt durch das Neurulastadium. Nach Conklin. C 1,5 mm lange Larve. Nach Ray Lankaster u. Willey. Ch Chorda; Coe Coelom; Da Darm; Ea Endostylanlage; Ect Ectoderm; Ent Entoderm; Kd kolbenförmige Drüse; Ksp Kiemenspalten; Lm Larvenmund; My Myotom; Np Neuroporus; Nr sich bildendes Neuralrohr; Rg Räderorgananlage; So Somite; VDa Urdarm.

Mittlerweile ist am Urdarmdach, zwischen den beiden Mesodermfalten, ein Entodermlängswulst entstanden, der sich ebenfalls abschnürt und zur Chorda entwickelt.

Die Ursegmente werden größer, wachsen ventralwärts und umgreifen schließlich den Darm. Dabei wird jedes Ursegmentpaar der Länge nach in einen dorsalen und ventralen Abschnitt unterteilt. Während im dorsalen Bereich die Gliederung in Mesodermsäckchen erhalten bleibt, werden im Ventralabschnitt keine den Ursegmenten entsprechenden Querwände mehr eingezogen, so daß ventral ein einheitliches, nicht segmentiertes, periintestinales Coelom (Splanchnocoel) entsteht (Abb. 62).

Schon kurz nach dem Verschluß der Neuralrinne und dem Entstehen der ersten zwei Ursegmentpaare, etwa 16 Stunden nach der Befruchtung, platzt die Eihaut und der Embryo beginnt sein freischwimmendes Larvenleben. Er schwimmt, von zahlreichen Ectodermwimpern angetrieben, rotierend umher.

Innerhalb eines Tages wird nun die Zahl der Somiten auf etwa 14 Paare gesteigert, die Larve streckt sich sehr stark und nimmt allmählich lanzettförmige Gestalt an, indem sich das Vorderende zum Rostrum zuspitzt und das Hinterende schwanzförmig verbreitert. Danach beginnt eine Periode lebhafter Organdifferenzierung.

Aus dem der Chorda zugewandten Mesodermgewebe der dorsalen Ursegmentabschnitte entwickeln sich die geknickten Myomeren der Seitenrumpfmuskulatur. Die in der ventralen Mittellinie von den Seiten her aufeinander stoßenden Coelomepithelien sparen vor dem Verschmelzen zwischen sich die Aorta ventralis aus. Im vordersten Darmabschnitt erscheint rechts von der Ventromedianen die erste Kiemenspaltenanlage, während sich links der Mittellinie der Mund einbuchtet, wodurch die Larve stark asymmetrisch wird. Vom Boden des Vorderdarmes schnürt sich ein spezielles Larvenorgan, die kolbenförmige Drüse, ab und knapp davor entsteht die Endostylanlage. An der Spitze des Vorderdarmes kommt es abermals zu einer paarigen, dorsolateralen Abschnürung von Entodermmaterial in Form von Mesodermsäckchen. Das linke Säckchen öffnet sich nach außen und bildet das Räderorgan, das rechte bleibt geschlossen und wird zur Coelomhöhle des Rostrums. Am 4. Tag etwa bricht die erste Kiemenspalte durch, Mund und After öffnen, Neurenteralkanal und Neuroporus schließen sich und die ersten Kontraktionsbewegungen der Seitenrumpfmuskulatur setzen ein. Zu diesem Zeitpunkt ist das Tier etwa 1,1 mm lang und beginnt mit der Nahrungsaufnahme. Vor Beginn einer nun einsetzenden Wachstumsperiode sinkt die Larve zu Boden und verbringt eine zirka 14tägige Entwicklungspause, in welcher möglicherweise die nach außen verlagerte, kolbenförmige Drüse die Funktion eines Haftorganes erfüllt. Sie wird zu Beginn der Metamorphose rückgebildet.

In der anschließenden Wachstumsperiode entstehen die Flossensäume und hinter der ersten, rechtsseitigen Kiemenspalte brechen

– ebenfalls unpaar – 13 bis 15 neue Spalten durch. Der Larvenmund vergrößert sich stark, so daß er auf der linken Ventralseite bis zur 5. oder 6. der auf der rechten Ventralseite gelegenen Kiemenspalten reicht (Abb. 75). Auf beiden Seiten der unpaaren

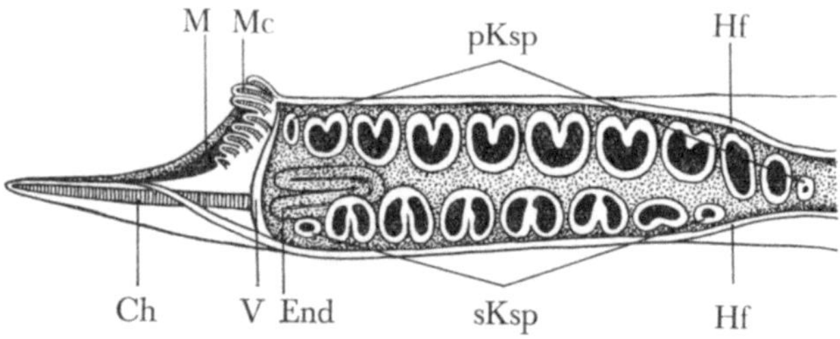

Abb. 75. Anlage der Kiemenspalten und Beginn der Metamorphose von Branchiostoma. Nach Willey. Ch Chorda; End Endostyl; Hf Hautfalten, die über die Kiemenspalten hinweg aufeinander zuwachsen, von hinten her miteinander verwachsen und so den Peribranchialraum bilden. M Mund; Mc Mundcirren; pKsp primäre Kiemenspalten; sKsp sekundäre Kiemenspalten; V Velum.

Kiemenspaltenreihe erhebt sich je eine Hautduplikatur, die beide über die Spalten hinweg aufeinander zuwachsen. Die zuerst im hinteren Bereich zusammenstoßenden Hautfalten verwachsen langsam, nach vorne fortschreitend miteinander. Es entsteht so der Peribranchialraum (Abb. 62). Die Kiemenspalten öffnen sich nun nicht mehr direkt nach außen. Dabei bleibt am Hinterende des Peribranchialraumes eine porenförmige Öffnung (Peribranchialporus) erhalten, durch die er nach außen mündet. Schließlich wird auch noch der Mund von hinten nach vorn immer mehr verkleinert und an seinem Unterrand entwickeln sich die Cirren.

Im weiteren Entwicklungsverlauf kommt es, durch das Auftreten einer zweiten Reihe von Kiemenspalten und das anschließend einsetzende, allometrische Wachstum, das eine gegenläufige Verschiebung von Mund und Kiemenspalten bewirkt, zur fast vollständigen Beseitigung der starken, larvalen Asymmetrie. Diese Phase des Ausgestaltungsprozesses bezeichnet man als Metamorphose.

Die zweite Reihe von zunächst acht Kiemenspalten wird rechts, d. h. dorsal von der bereits vorhandenen angelegt und zwar so, daß die neuen Spalten gegenüber den alten alternierend angeordnet sind. In der ersten Kiemenspaltenreihe werden daraufhin die erste Spalte und die 4–5 hintersten Spalten rückgebildet, so daß sich in der Doppelreihe nunmehr je 8 Spalten schräg gegenüber stehen. Alle später durchbrechenden Kiemenspalten werden paarweise angelegt. Hierauf beginnen in die primären Kiemenspalten die Nebenbögen einzuwachsen, wodurch die Anzahl der Spalten rasch vermehrt wird und die an den Rändern der Primärspalten angelegten Nephridien über die Nebenbögen zu liegen kommen. Durch die oben erwähnten Wachstumsverschiebungen gelangt die erste Kiemenspaltenreihe auf die linke Körperseite und der Mund in die ventrale Mittellinie. Am Ende der Metamorphose, nach einer insgesamt ungefähr drei Monate dauernden Entwicklung, ist das Tier etwa 4 mm lang. Es wird mit einer Länge von 15–20 mm geschlechtsreif.

System

Einzige Familie: *Branchiostomidae*

besteht aus 2 Gattungen: *Branchiostoma* Costa mit 7 und *Asymmetron* Andrews mit 6 Arten. Die Gattung *Branchiostoma* ist gekennzeichnet durch paarige Gonaden und die symmetrisch hinter dem Peribranchialporus endigenden Metapleuralfalten. Die Gattung *Asymmetron* entwickelt Gonaden nur auf der rechten Körperseite und ihre rechte Metapleuralfalte geht in den unpaaren, ventralen Flossensaum über, während die linke fortsetzungslos endet. Die Diagnose der einzelnen Arten gründet sich vorwiegend auf die Form des Rostrums und der Schwanzflosse, sowie die Anzahl der Myotome.

Branchiostomiden sind aus den Küstenzonen aller warmen Meere bekannt. Die größte Artendichte herrscht im Indopazifik. Die Körperlänge schwankt von 30 bis 74 mm. An den europäischen Küsten, mit Ausnahme der Ostsee, ist *Br. lanceolatum* (Pallas) von 67° N bis Nordafrika und im Mittelmeer verbreitet. Besonders häufig findet sich das Lanzettfischchen bei Helgoland, auf der Dogger Bank und im Kattegat, wo in 15–40 m Tiefe gelegentlich bis zu 300 Individuen pro m² anzutreffen sind.

Rundmäuler *(Cyclostomata)*

1. Allgemeine Kennzeichnung

Cyclostomen sind aalartige Chordatiere mit nackter, schuppenloser Haut, ohne paarige Flossen, aber mit einem medianen Flossensaum, der vom Rücken über den Schwanz zur Bauchseite verläuft. Der leicht unterständige Mund ist entweder trichterförmig eingesenkt und von Hornzähnen umgeben (Petromyzonoidea = Neunaugen) oder er bildet einen medianen, von kurzen, kegelförmigen Barteln umstellten Spalt (Myxinoidea = Schleimfische) (Abb. 76). Die Mundhöhle stützen keine Kiefer, sie enthält jedoch ein Gebiß aus spitzen Hornzähnen. Im Mundboden ist ein komplizierter, vor- und zurückschiebbarer Zungenapparat vorhanden, durch den das Gebiß bewegt und bei den Neunaugen auch Nahrung eingesaugt wird. Über dem Mund liegt, entweder terminal (Myxinoidea) oder etwas nach hinten auf die Kopfober-

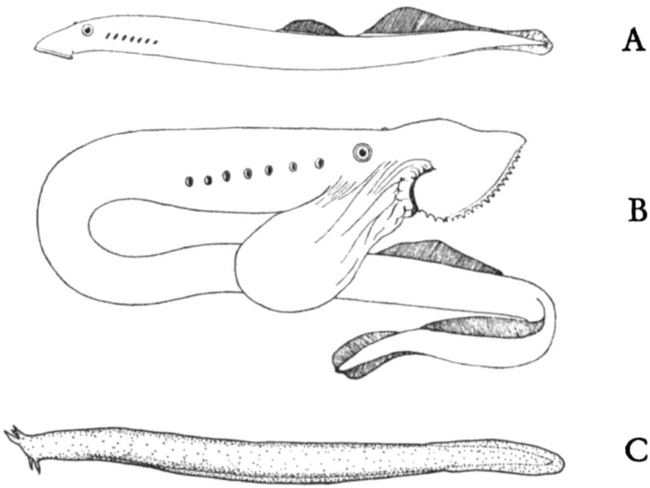

Abb. 76. A Meerneunauge (Petromyzon marinus); B Geotria australis; C Schleimfisch (Myxine glutinosa).

seite versetzt (Petromyzonoidea), eine unpaare Nasenöffnung. Den unpaaren Nasensack verbindet bei den Schleimfischen ein Nasen-Gaumen-Gang mit dem Pharynx. An den Schädelseiten treten Augen zutage, die jedoch stark reduziert und unter der Haut verborgen sein können (Myxinoidea). Hinter dem Schädel durchqueren jederseits 5–15 vom Vorderdarm nach außen ziehende Kiemengänge die Körperseitenwand. Sie erweitern sich in der Körperwand zu Kiemensäckchen und münden einzeln hintereinander oder in einem kurzen Endstück vereint, gemeinsam nach außen.

Der Darm durchzieht den Körper gerade, ohne Windungen und mündet auf der Ventralseite, weit vor dem Körperhinterende über eine Kloake nach außen. Als Darmanhangsorgane sind eine Leber mit Gallenblase und ein Pankreas entwickelt. Den unpaaren Gonaden fehlen die Ausfuhrgänge. Sie entleeren ihre Geschlechtsprodukte in die Leibeshöhle (Coelom), die sich durch zwei Poren (Abdominalporen) in die Kloake öffnet. In sie münden auch die Harnleiter der urtümlichen, langgestreckten, paarigen Nieren ein.

Das Zentralnervensystem ist in Rückenmark und Gehirn gegliedert. Vom Rückenmark entspringen in segmentaler Folge Spinalnerven mit dorsalen und ventralen Wurzeln.

Das Gehirn ist aus fünf, dem Bauplan des Wirbeltiergehirns völlig entsprechenden Abschnitten aufgebaut. Von ihm gehen, ebenfalls in Übereinstimmung mit dem Wirbeltierschema, zehn Gehirnnerven ab. In enger Verbindung mit dem Gehirn stehen das in seinem nervösen Teil paarig angelegte Geruchsorgan, die paarigen Augen und die beiden, mit Bogengängen ausgestatteten, statischen Organe. Ein Seitenliniensystem ist vorhanden, aber nur wenig entwickelt.

Das geschlossene Blutgefäßsystem entspricht in seinen Hauptgefäßstämmen und den Grundzügen ihrer Verzweigung weitgehend dem der Acranier. Als bedeutender Fortschritt gegenüber den Acraniern muß jedoch die Ausbildung eines Herzens mit Vorhof und Kammer gewertet werden.

Die Anordnung der Spinalnerven und die Verzweigungen der Hauptgefäßstämme sind von der Metamerie der Rumpfmuskulatur geprägt. Ein horizontales, die einzelnen Rumpfmuskelpakete in einen epaxonischen und einen hypaxonischen Anteil gliederndes

Septum fehlt. Außer der somatischen Rumpfmuskulatur, die in erster Linie der Fortbewegung dient, ist im Schädel- und Kiemendarmbereich eine hochdifferenzierte, im Dienste der Nahrungsaufnahme und Atmung stehende, viscerale Muskulatur vorhanden.

Im Skelett treten niemals knöcherne, sondern nur knorpelige Elemente auf. Es besteht im wesentlichen aus dem Achsenskelett, dem Schädel- und Kiemendarmskelett. Hauptstützelement ist die Chorda, die zeitlebens erhalten bleibt und nicht durch Wirbelkörper ersetzt wird. Rudimentäre Neuralbögen können vorhanden sein (Neunaugen), Rippen fehlen. Das Schädelskelett ist aus einem das Gehirn und die drei Hauptsinnesorgane – Nase, Augen und Innenohr – schützend umgebenden Neurocranium und einem den Vorderdarm und Zungenapparat stützenden Viscerocranium zusammengesetzt. Ein Kiemendarmskelett findet sich nur bei den Neunaugen.

Die Entwicklung vollzieht sich bei den rein marinen Myxinoidea direkt, führt dagegen bei den im Süßwasser sich fortpflanzenden Petromyzonoidea über ein Larvenstadium zur Adultform.

Obwohl den Cyclostomen Wirbelkörper fehlen und sie somit ein nominell wichtiges Merkmal der Wirbeltiere entbehren, läßt jedoch der Gesamtbauplan keine Zweifel darüber bestehen, daß wir es hier mit zwar primitiven und sehr eigenständigen, aber echten Wirbeltieren zu tun haben.

2. Integument

Im Integument der Cyclostomen lassen sich 3 Gewebeschichten unterscheiden: Epidermis, Corium und Subcutis (Abb. 77). Die Epidermis ist mehrschichtig und setzt sich aus verschieden differenzierten Zellen zusammen.

Bei den Neunaugen wird die oberste Epidermisschicht von Deckzellen gebildet, die einen Saum aus Porenkanälen aufweisen. Auf die Deckzellen folgen mehrere Lagen spindelförmiger, nicht besonders differenzierter Epidermiszellen, die den Raum bis zur Basalmembran einnehmen. In diesen Zellverband sind auffallende und größere Zellen eingelagert: die Granula enthaltenden Körnerzellen und die mit fädigem Inhalt versehenen Kolbenzellen. Die Funktion beider ist unbekannt, es wird vermutet, daß es sich um schleimproduzierende Zellen handelt.

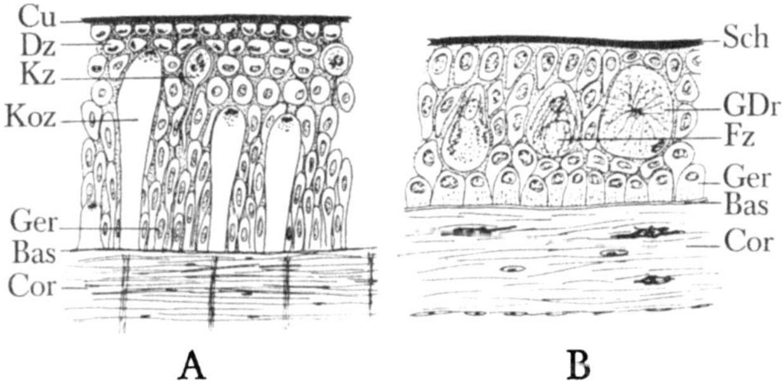

Abb. 77. Querschnitt durch die Haut eines Neunauges (A) und eines Schleimfisches (B). Nach Jollie bzw. Schreiner. Bas Basalmembran; Cor Corium; Cu Cuticula; Dz Deckzellen; Fz Fadenzellen; GDr Große Schleimdrüsenzellen; Ger Germinativum; Koz Kolbenzellen; Kz Körnerzellen; Sch Schleimschicht.

Genauer untersucht und auch stärker differenziert ist die Epidermis der Myxinen. Sie ist außen ständig von einer Schleimschicht bedeckt. Der Schleim wird von den zahlreichen kleinen und großen Schleimdrüsenzellen erzeugt, die zwischen den undifferenzierten Epidermiszellen liegen und vor allem die oberflächennächsten Schichten dicht besetzen. Aus den kleinen Schleimdrüsenzellen führen viele winzige Kanäle nach außen, so daß ihr der Körperoberfläche zugewandtes Ectoplasma gestreift erscheint. Die großen, kugeligen Schleimdrüsenzellen sind 5–6mal größer als die kleinen. Auch von einem weiteren, an Größe dem vorhergehenden ebenbürtigen Zelltyp mit fädigem Inhalt, den sog. Fadenzellen, wird angenommen, daß er sich an der Schleimerzeugung beteiligt.

Außer den zahlreichen, über die ganze Körperoberfläche verteilten Schleimzellen besitzen die Myxinen noch zwei Reihen metamer angeordneter Schleimdrüsen, in denen sich viele tief ins Bindegewebe versenkte, große Schleimzellen und Fadenzellen zu Drüsen zusammenschließen, die über einen Porus nach außen münden. Diese Schleimdrüsen sitzen am Unterrand der Rumpfmuskelpakete, vom Kopf bis zum letzten Segment. Sie sind von einer Muskelschicht bedeckt, durch deren Kontraktion Schleim aus den Drüsen herausgepreßt wird. Myxinen können beachtliche Schleimmengen produzieren, so gewaltige Mengen, daß es ihnen möglich ist in kurzer Zeit den Inhalt eines Wasserschaffes in eine gelatinöse Masse zu verwandeln, eine Fähigkeit, die ihnen den Namen Schleimfische eingebracht hat.

Zwischen der Basalmembran der Epidermis und der Unterhaut erstreckt sich das vorwiegend aus Kollagenfibrillen bestehende Corium (Lederhaut), dessen Fasernetz der Haut Festigkeit gibt. Bei den Myxinen laufen die Bindegewebsfasern parallel zur Körperoberfläche und überkreuzen sich dabei. Im Corium oder an der Grenze von Corium und Unterhaut (Subcutis) sind Pigmentzellen eingelagert, die den Tieren eine bräunliche oder grünliche, dunkle Färbung verleihen. Die Körperoberseite ist meist dunkler als die Unterseite. Das Meerneunauge *(Petromyzon marinus)* vermag die Farbe zu wechseln. Die rötliche Tönung der Myxinen wird vom gut entwickelten Blutkapillarnetz der Unterhaut bewirkt.

Die Unterhaut besteht aus einem lockeren Netz kollagener Faserbündel, in dessen Maschen große Fettzellen eingelagert sind, sowie Blutgefäße und Nerven verlaufen. Das subkutane Bindegewebe der Neunaugen ist besonders reich an Fettzellen. Es geht unmittelbar in die Bindegewebshülle der Rumpfmuskelpakete über. Zwischen der Subcutis der Myxinen und ihrer Rumpf-

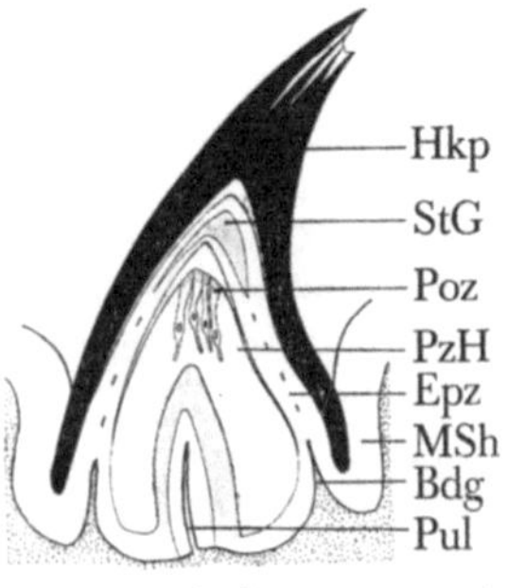

Abb. 78. Schematischer Länsschnitt durch einen Hornzahn von Myxine. Nach Dawson. Bdg Bindegewebe; Epz Epitheliale Zellschicht; Hkp Hornkappe; MSh Mundschleimhaut; Poz Pokalzellen; PzH Pokalzellenhügel; Pul Pulpa; StG sternförmiges Gewebe.

muskulatur sind dagegen umfangreiche Lymphräume ausgespart, weshalb die Haut auf der Muskelunterlage leicht verschiebbar ist.

Im Mundbereich bringt die Epidermis Zähne hervor. Sie bestehen aus einer Hornkappe, die auf einem aus verschieden differenzierten Zellagen aufgebautem Epidermiskegel sitzt, von dem sie abgeschieden wird (Abb. 78).

3. Skelettsystem

Im Skelettsystem werden als Baumaterial ausschließlich Knorpel- und Bindegewebe verwendet; Knochengewebe, obwohl stammesgeschichtlich zweifellos älter als Knorpelgewebe, tritt nirgends auf.

Hauptstützelement ist die Chorda. Sie erstreckt sich als ungegliederter, biegsamer Stab, zwischen Darm und Rückenmark in der Körperlängsachse, vom Hinterrand des Schädels bis in den Schwanz. Ihr Inneres besteht aus großen, blasigen Zellen, die ein schaumiges Gewebe bilden, dessen Turgor die Chorda aussteift und gespannt hält. Während der Embryonalentwicklung durchläuft die Chorda ein Stadium, in dem die Chordazellen geldrollenartig hintereinander angeordnet sind, so wie dies bei den Branchiostomiden zeitlebens der Fall ist. Erst mit fortschreitender Entwicklung findet der Übergang zur schaumigen Gewebestruktur statt. Die Oberfläche des Chordagewebes nehmen kleine, in epithelartigem Verbande stehende Zellen mit großen Kernen ein.

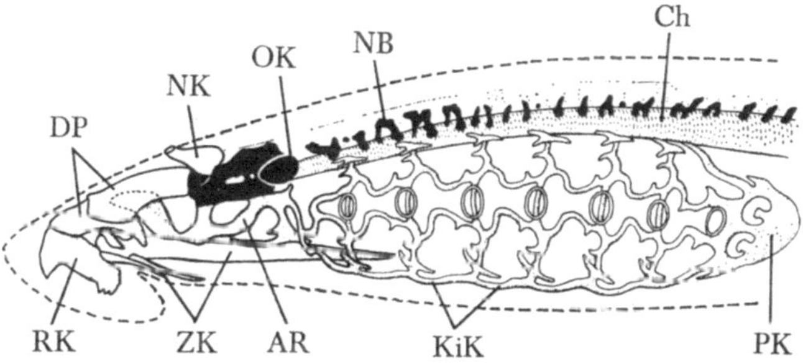

Abb. 79. Kopfskelett von Lampetra fluviatilis. Nach Marinelli u. Strenger aus Strenger. AG Augenring; Ch Chorda; DP Deckplatten; KiK Kiemenkorb; NB Neuralbogen; NK Nasenkapsel; OK Ohr oder Labyrinthkapsel; PK Perikardialknorpel; RK Ringknorpel; ZK Zungenknorpel.

Die Chorda ist von mächtigen Bindegewebshüllen, den Chordascheiden, umgeben. Sie verleihen ihr erst die Festigkeit und Elastizität, die für ihre Funktion von wesentlicher Bedeutung sind. In der Regel lassen sich eine mächtige innere, mit zirkulär verlaufenden, kollagenen Fibrillen versehene Faserscheide und eine äußere, aus einem Netzwerk elastischer Fasern bestehende, elastische Scheide feststellen. Die Scheiden selbst können wiederum in Schichten unterteilt sein.

Das perichordale Bindegewebe – ein weiterer Bindegewebsmantel, der die Chorda und das darüberliegende Rückenmark umgibt und in die Bindegewebshüllen der Myomere übergeht – bindet sie fest in die Seitenrumpfmuskulatur ein.

Zur Bildung von Wirbelkörpern kommt es bei den Cyclostomen nicht. Ansätze dazu finden sich lediglich bei den Neunaugen. Bei ihnen sind seitlich vom Rückenmark pro Segment meist 2 Paar kleine, bogenförmige Knorpelspangen entwickelt, die als unvollkommene Neuralbögen anzusehen sind.

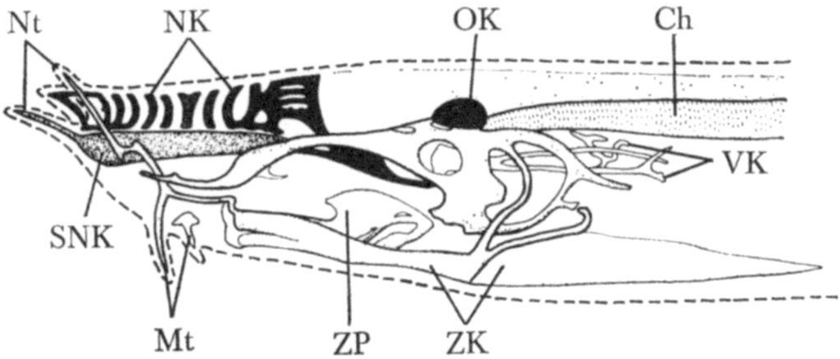

Abb. 80. Kopfskelett von Myxine glutinosa. Nach Marinelli u. Strenger aus Strenger. Ch Chorda; Mt Mundtentakel; NK Nasenkapsel; Nt Nasententakel; OK Ohr- oder Labyrinthkapsel; SNK Subnasalknorpel; VK Velarknorpel; ZK Zungenknorpel; ZP Zahnplatte.

Zum Schutze der am Körpervorderende konzentrierten, großen Sinnesorgane – Nase, Augen und Ohr (in seiner Funktion als statisches Organ) – und des in ihrer Nachbarschaft entstandenen Gehirns, wie auch zur Stütze des Nahrungsaufnahmeapparates, ist ein Schädelskelett ausgebildet. Es besteht aus einer unpaaren

Nasenkapsel (Ethmoidalkapsel), den beiden schalenförmigen Augenknorpeln (Orbitalknorpeln) und den zwei geschlossenen Ohrkapseln (Oticalkapseln) (Abb. 79, 80), zwischen denen die Chorda endet. Die paarigen, seitlich stehenden Elemente (Augen- und Ohrknorpel) sind median durch eine Knorpelplatte zu einer lückenhaften, mehr oder weniger weit dorsad reichenden Knorpelschale ergänzt, die das Gehirn von unten her umgibt. Dieser, im axialen Bereich gebildete Komplex des Schädelskelettes wird als Neurocranium bezeichnet. Das Neurocranium der Myxiniden ist teilweise unvollständiger als das der Neunaugen (Abb. 80).

Der überwiegende Teil des Schädelskelettes entsteht jedoch im Gebiet des vorderen Kiemendarmes und wird deshalb Viscerocranium genannt.

Es besteht bei den Neunaugen aus dem mundumschließenden Ringknorpel, den seitlich und dorsal zwischen dem Ringknorpel und dem Neurocranium eingefügten Deckplatten und dem mehrteiligen Zungenknorpel (Abb. 79). Den Myxiniden fehlen der Ringknorpel und die Deckplatten, dagegen ist der Zungenknorpel stärker und differenzierter entwickelt (Abb. 80). Mund- und Nasententakel werden ebenfalls durch Knorpelstäbe gestützt, die zum Teil mit dem Zungenknorpel verbunden sind.

Unmittelbar hinter dem Schädel ist bei den Neunaugen in der seitlichen Leibeswand, zur Stütze des Kiemendarmes, ein Skelettapparat ausgebildet. Er besteht jederseits aus bogenförmigen, dorsoventral ziehenden Spangen. Diese sind über und unter den Kiemensäckchen, sowie dorso- und ventromedian durch längsverlaufende Streben miteinander verbunden und gegeneinander abgestützt (Abb. 79). Jede Kiemenöffnung umschließt unmittelbar unter der Haut ein dünner Ringknorpel. Der vorderste Teil des Kiemenkorbes steht mit dem Viscerocranium in Verbindung, während der schalenförmig verbreiterte, hinterste Abschnitt sich schützend um das Herz legt (Perikardialknorpel). Den Myxiniden fehlt ein derartiger Kiemenkorb.

Knorpelige Flossenstrahlen stützen die Schwanzflossen und bei den Neunaugen auch die Rückenflossen.

Das Velum, eine häutige Klappe im Pharynx, wird gleichfalls durch Knorpelelemente gestützt.

4. Muskulatur

Im Körper der Cyclostomen lassen sich drei Hauptmuskelgruppen unterscheiden: Kopf-, Rumpf- und Darmmuskulatur. Die mächtigste von allen ist die Rumpfmuskulatur. Sie stellt praktisch die Hauptmasse des Körpers dar, erstreckt sich von der Nasen- oder Augenregion bis zum Innenrand des Schwanzflossensaumes und umgibt den Rumpf als dorsal dicker, ventrad dünner werdender, geschlossener Muskelschlauch (Abb. 86, 88). Gemäß ihrer Entstehung aus den Myotomen der Somiten ist sie in einzelne Muskelpakete, die Myomeren, gegliedert, die durch quer zur Chorda stehende Bindegewebssepten (Myocommata) voneinander geschieden, bzw. untereinander zusammengehalten und an die Chorda gebunden werden. Eine 30 cm lange Myxine hat etwa 110 Myomere.

Im Gegensatz zu den nur einmal V-förmig geknickten Muskelpaketen der Lanzettfischchen sind die Myomere der Cyclostomen mehrfach gefaltet, so daß die Myocommata die Form einer Zickzacklinie mit 3 Knickstellen haben (Abb. 81). Ein horizontales Längsseptum, das die Rumpfmuskulatur wie bei den Gnathostomen in eine epaxonische und eine hypaxonische Muskelmasse teilt, fehlt bei den Cyclostomen.

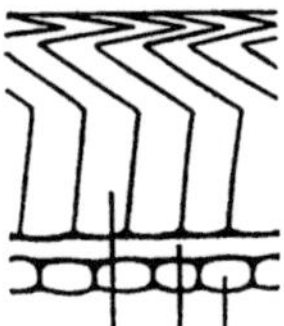

Abb. 81. Myxine glutinosa. Ausschnitt aus der Körpermuskulatur. Nach Cole. D Darm; MR Musculus rectus; RM gefaltetes Rumpfmuskelpaket.

Die Rumpfmuskulatur der Myxinen ist im ventralen Bereich zwischen dem Hinterrand der Mundöffnung und der Kloake in zwei Muskellagen aufgespalten, den Musculus obliquus und den unter ihm, auf seiner Innenseite liegenden M. rectus. Der M. obliquus ist nicht deutlich in Segmente gegliedert. Er besteht jederseits aus einer dünnen Lage schräg caudoventrad zur Mittellinie ziehender Muskelfasern. Während sich im Bereich vor den Kiemenöffnungen die von beiden Seiten zur Mittellinie strebenden Faserbänder überkreuzen und auf der Gegenseite über der Schleimdrüsenreihe inserieren, reichen sie hinter den Kiemenöffnungen nur bis zur ventralen Mittellinie. Der M. obliquus dient dem Zusammenpressen der seitlichen Körperwand und dem Ausquetschen des Schleimdrüsensekretes. Der M. rectus liegt als paariges, schmales, langes Band zwischen den beiden Reihen von Schleimsäckchen. Er ist, wie die Seitenrumpfmuskulatur, in Myotome gegliedert und arbeitet vermutlich als Rumpfbeuger. Die Kloake umgibt ein Sphinktermuskel.

In den Myomeren verlaufen die quergestreiften Muskelfasern parallel zur Körperlängsachse, vom vorderen zum hinteren Myocomma. Die Muskelpakete sind aus zwei verschiedenen Muskelfasertypen zusammengesetzt: schnellen und langsamen Fasern. Bei *Myxine* besteht jedes Myomer aus 2–4 horizontalen Lagen schneller Fasern und auf der Außen- und Ventralseite aus 2 bzw. 1 Lage langsamer Fasern. Bei *Lampetra* wird jedes Myomer von einer Schicht langsamer Fasern eingehüllt. Die innen liegenden schnellen Fasern sind zu meist 4 großen Muskelfaserplatten vereint.

Die Rumpfmuskulatur dient im wesentlichen der Fortbewegung. Rasches S-förmiges Seitwärtskrümmen des Körpers treibt die Tiere im Wasser voran – ein Bewegungsstil, der als Schwimmschlängeln bezeichnet wird. Myxinen können auch rückwärtsschwimmen und durch einseitig über den Rumpf laufende Kontraktionswellen um Ränder und Kanten verschiedenster Körper herumgleiten. Mit kräftigen Schwimmbewegungen bohren sich die Myxinen und die Neunaugenlarven auch in die Schlammgründe hinein, in denen sie leben.

Die Kopfmuskulatur ist im Zusammenhang mit den Anforderungen durch die Nahrungsaufnahme wesentlich stärker differenziert als die Rumpfmuskulatur. Sie stammt – mit einer Ausnahme – nicht wie die Rumpfmuskulatur aus den Myotomen der Somiten, sondern entsteht aus dem Mesenchym der Splanchnopleura, das auch die glatte Darmmuskulatur hervorbringt. Darm- und Kopfmuskulatur haben also trotz der histologischen Unterschiede (glatt- bzw. quergestreift) eine gemeinsame Herkunft und werden als viscerale Muskulatur von der somatischen unterschieden. Die vielfältigen und komplizierten funktionellen Ansprüche, die durch die Nahrungsaufnahme und die Atmung an den gesamten Vorderdarm, d. h. den Kiemendarm, gestellt werden, haben wahrscheinlich dazu geführt, daß die Muskulatur der Branchialregion im quergestreiften Typ entwickelt wurde, da dieser kräftiger und präziser steuerbar ist als der glatte.

Die einzelne Beschreibung der Vielzahl von Kopfmuskeln würde hier zu weit führen, zumal doch zwischen den Neunaugen und den Schleimfischen im Detail größere Unterschiede bestehen. Die Neunaugen haben spezielle Muskeln, die den Mundtrichter vor- und zurückschwenken und andere, die ihn erweitern und verengen können. Die Myxiniden dagegen besitzen spezielle Muskeln zum Bewegen der Nasen- und Mundtentakel. Beiden aber sind Muskeln eigen, welche die Mundhöhle verengen bzw. erweitern, die Mundränder bewegen und, den Schlund umgebend, Schluckbewegungen ausführen.

Die höchste Differenzierung und den größten Umfang erreicht jedoch in beiden Ordnungen das komplizierte Muskelsystem, das den Zungenapparat betätigt. Bei *Myxine* sind es im wesentlichen 2 Paar Protraktoren, welche die Zahnplatten über den Vorderrand des Basalknorpels aus der Mundöffnung herausziehen und ein kräftiger, bis in die Kiemenregion nach hinten reichender Zahnplatten-Retraktor, der von einem massigen, röhrenförmigen Muskel mit zirkulär verlaufenden Fasern umgeben ist. Hinzu kommen noch Beweger und Halter des im Mundboden liegenden Basalknorpels. Bei *Lampetra* ziehen mehrere Protraktoren den pumpenstempelförmigen Zungenknorpel nach vorn und ein kräftiger, bis zum Perikardialknorpel nach hinten reichender Retraktor holt ihn wieder ein. Der Zungenapparat ist bei der Gattung *Geotria* so umfangreich, daß der Mundboden kehlsackartig ausgeweitet wird.

Die einzigen somatischen Kopfmuskeln sind die äußeren Augenmuskeln. Sie treten jedoch nur bei den Neunaugen auf, die gut ausgebildete Augen haben, fehlen aber den Myxiniden infolge der weitgehenden Reduzierung ihrer Augen.

Die ebenfalls quergestreifte Muskulatur der Kiemenregion ist bei den Neunaugen gut entwickelt. Sie drückt den Kiemenkorb zusammen und hilft dadurch die nur schwach muskulösen Kiemenbeutel zu entleeren. Die Kiemenöffnungen umgibt jeweils ein Schließmuskel. Bei *Myxine* dagegen ist der Kiemenkonstriktor etwas schwächer und in einzelne Bänder aufgefächert, von denen das hinterste am kräftigsten ist. Dafür besitzen aber die einzelnen Kiemenbeutel eine deutliche Muskelhülle.

5. Nervensystem und Sinnesorgane

Das Nervensystem besteht aus dem Gehirn, dem Rückenmark und den peripheren Nervenbahnen. Das Gehirn zeigt den für die Wirbeltiere charakteristischen Aufbau aus Endhirn (Telencephalon), Zwischenhirn (Diencephalon), Mittelhirn (Mesencephalon), Kleinhirn (Metencephalon) und verlängertem Mark (Myelencephalon = Medulla oblongata). Das Metencephalon ist jedoch allein bei den Neunaugen entwickelt und da so schwach, daß es sich nur histologisch ermitteln läßt, äußerlich aber nicht in Erscheinung tritt.

Die Ventrikel der einzelnen Hirnabschnitte sind bei den Neunaugen geräumiger als bei den Myxiniden. In beiden Ordnungen ist jeweils das Telencephalon mit den umfangreichen olfaktorischen Bulben und den in sie vom Nasenraum her einmündenden Riechnerven sehr mächtig entfaltet. Das Dach des Zwischenhirns ist bei Lampetra bruchsackartig vorgewölbt (Saccus dorsalis). Außerdem erheben sich vom Diencephalon dorsomedian die vereinigten Habenulae, die als olfaktosomatische Korrelationszentren arbeiten. Sie sind bei den Myxiniden zwischen den Hemisphären des End- und Zwischenhirns eingekeilt, stärker entwickelt und auffallender als bei den Neunaugen, bei denen sie die Basis der Caudalseite des Saccus dorsalis etwas vorwölben. In den flachen Boden des Zwischenhirns treten vor dem mehr oder weniger vorgewölbten Infundibulum die sich kreuzenden und zum Dach (Tectum) des Mesencephalon ziehenden Sehnerven (N. opticus) ein (Abb. 82, 83).

Als Anhangsorgan des Zwischenhirnbodens findet man in beiden Ordnungen eine Hypophyse. Sie entsteht als ventrale Ausstülpung des Infundibulums. Diese vereinigt sich mit einer dorsalen, sich von ihrem Ursprungsort ablösenden Aussackung des Munddaches. Die Hypophyse zeigt demgemäß den typischen Aufbau aus Neurohypophyse (Hinterlappen) und Adenohypophyse

(Vorderlappen). Die Neurohypophyse erzeugt histochemisch nachweisbare Neurosekrete. Extrakte der Adenohypophyse haben antidiuretin-vasopressinähnliche Wirkung und einen adrenocorticotropen Effekt. Das Vorhandensein gonadotroper und thyreotroper Stoffe ist sehr wahrscheinlich.

Bei den Neunaugen erheben sich vom Zwischenhirndach auf der Oberseite des Saccus dorsalis, unmittelbar hintereinander zwei weitere Anhangsorgane, die Augenstruktur besitzen und vermutlich photorezeptorisch tätig sind: das Parietalorgan und das Pinealorgan (= Epiphyse).

Das Mesencephalon der Neunaugen ist hoch aufgewölbt und gut entwickelt. In seinem Dach befinden sich die optischen Zentren, ventral und seitlich entsendet es zwei Nerven (Nervus oculomotorius und N. trochlearis), deren ausschließlich somatomotorische Fasern zusammen mit jenen des weiter caudad im Myelencephalon entspringenden N. abducens die äußeren Augenmuskeln innervieren.

Vom Dach des Mesencephalon ist ein weit nach vorne reichender choroidaler Plexus ausgestülpt und mit einem gleichartigen Plexus des Myelencephalon durch Gehirnhäute verbunden.

Bei den Myxiniden ist das Mittelhirn im Zusammenhang mit der Augenrückbildung stark reduziert. Der von ihm ausgehende Sehnerv enthält nur mehr wenige Fasern und die oben erwähnten Augenmuskelnerven fehlen vollständig. Ebenso ein gefäßreicher choroidaler Plexus.

Ein Kleinhirnanteil ist, wie bereits erwähnt, nur bei den Neunaugen anhand der Commissura cerebellaris nachzuweisen.

In beiden Ordnungen erscheint neben dem Telencephalon das Myelencephalon am größten. Aus seinen Seitenwänden treten alle übrigen Hirnnerven (die sog. Branchialnerven) mit ihren spinalnervenartig vor der Wurzel liegenden Ganglienmassen aus. Da sind zunächst die vor der Labyrinthkapsel nach vorn abgehenden, mächtigen Äste des Nervus-trigeminus-Komplexes zu nennen. Sie innervieren mit ihren sensorischen Anteilen die Haut und Schleimhaut der Mund- und Nasenregionen; mit den motorischen Fasern einen Großteil der Kopfmuskulatur, darunter auch viele Muskeln des Zungenapparates.

Durch die Labyrinthkapsel tritt der N. facialis nach außen. Er ist vorwiegend motorisch und versorgt den Zungenapparat, bei den Neunaugen auch die vorderen Konstriktoren des Kiemenkorbes und entsendet sensorische Fasern in Seitenlinienorgane der Mundregion.

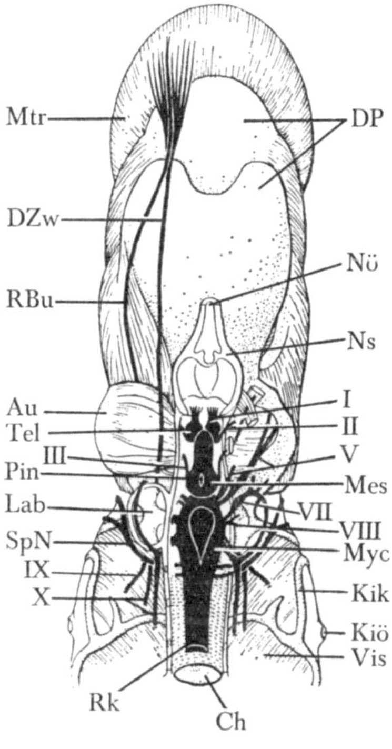

Abb. 82. Lampetra fluviatilis. Dorsalansicht der Kopfregion mit dem freigelegten Gehirn und den von ihm ausgehenden Nerven. Nach Marinelli u. Strenger. Au Auge; Ch Chorda; DP knorpelige Deckplatte; DZw dorsaler Zweig des N. trigeminus; Kik Kiemenkorb; Kiö Kiemenöffnung; Lab Labyrinth in der geöffneten Labyrinthkapsel; Mes Mesencephalon; Mtr Mundtrichter; Myc Myelencephalon; Nö Nasenöffnung; Ns Nasensack; Pin Pinealorgan; RBu Ramus buccalis des N. facialis; Rk Rückenmark; SpN zur vorderen parietalen Muskulatur ziehender Spinalnerv; Tel Telencephalon; Vis Visceralmuskulatur. I Nervus olfactorius; II N. opticus; III N. oculomotorius; V N. trigeminus; VII N. facialis; VIII N. stato-acusticus; IX N. glossopharyngeus; X N. vagus.

Der N. stato-acusticus dringt in die Labyrinthkapsel ein und innerviert die Sinneshügel (Maculae, Cristae) in den Bogengängen.

Der N. glossopharyngeus bleibt zunächst ein Stück weit mit dem N. vagus verbunden, zweigt dann ab, zieht zu den Muskeln (Pharynxkonstriktoren) und zur Schleimhaut des präbranchialen Darmtraktes und schickt bei den Neunaugen einen somatosensiblen Ast in die äußere Haut.

Der letzte Hirnnerv ist bei den Cyclostomen der Vagus. Er verläuft nach hinten in die Kiemenregion und gibt eine der Kiemenzahl entsprechende Anzahl von Ästen ab. Anschließend innerviert er den Cardia-Konstriktor und den Darm. In seine Bahn sind mehrmals Ganglienzellen eingelagert. Bei den Neunaugen ent-

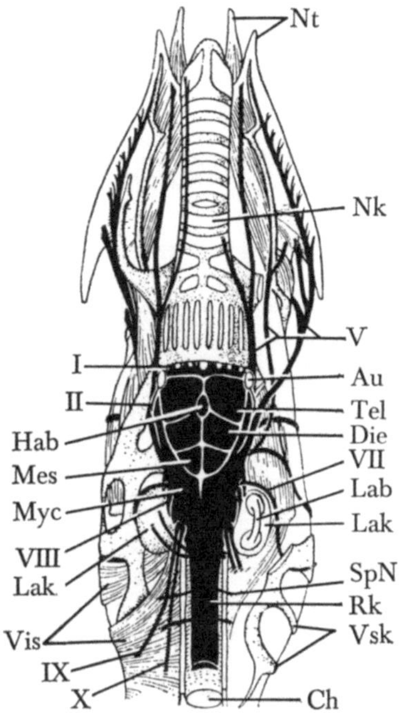

Abb. 83. Myxine glutinosa. Dorsalansicht der Kopfregion mit dem freigelegten Gehirn und den von ihm ausgehenden Nerven. Nach Marinelli u. Strenger. Au Auge; Ch Chorda; Die Diencephalon; Hab Habenulae; Lab Labyrinth; Lak Labyrinthkapsel; Mes Mesencephalon; Myc Myelencephalon; Nk Nasenkapsel; Nt Nasententakel; Rk Rückenmark; SpN Spinalnerv; Tel Telencephalon; Vis Visceralmuskulatur; VsK Visceralskelett. I Nervus olfactorius; II N. opticus; V N. trigeminus mit seinen Ästen; VII N. facialis; VIII N. stato-acusticus; IX N. glossopharyngeus; X N. vagus.

sendet er zu Beginn einen Lateralast in Hautsinnesorgane der Kiemenregion. Reizung des Vagus bei *Myxine* führt zur Kontraktion des Cardia-Konstriktors, der Kiemensäckchen und der Gallenblase, während der Darm entspannt wird.

Das Rückenmark der Cyclostomen ist dorsoventral abgeflacht, bandartig, wahrscheinlich infolge des Fehlens in die Tiefe dringender Blutgefäße. Die Abgrenzung von weißer und grauer Substanz erfolgt nicht so scharf wie bei den Gnathostomen und letztere bildet auch keine sog. Hörner. Auffallend ist die große Zahl von Riesenfasern. Vom Rückenmark entspringen symmetrisch, der metameren Folge der Rumpfmuskulatur entsprechend, mit dorsalen und ventralen Wurzeln, die Spinalnerven. In den dorsalen Wurzeln ist jeweils ein Spinalganglion vorhanden. Bei den Neunaugen alternieren dorsale und ventrale Wurzeln und vereinigen sich nie zu einem kurzen, gemeinsamen Nervenstück, wie bei den Myxiniden. Bei diesen treffen sie sich jedoch erst weit vom Rückenmark entfernt, im Bereich der Rumpfmuskulatur und spalten sich gleich danach wieder. Allerdings geben sie schon vor der Vereinigung Fasern ab. In den dorsalen Wurzeln verlaufen somatosensorische und visceromotorische, in den ventralen ausschließlich somatomotorische Bahnen, welche die entsprechenden Organe (Haut, Rumpf- und Darmmuskulatur) ihres Segmentabschnittes innervieren.

Ein autonomes, vegetatives Nervensystem mit sympathischen Rumpfganglien ist nicht ausgebildet. Seine Funktion wird wahrscheinlich weitgehend vom Vagus ausgeübt.

Bei den Cyclostomen sind bereits jene drei Hauptsinnesorgane entwickelt, die wir auch bei allen Gnathostomen antreffen: Riechorgan, Augen und statisches Organ. Die Nasenöffnung ist, im Gegensatz zu den Gnathostomen, stets unpaar. Sie liegt bei den Schleimfischen, von zwei Tentakeln flankiert, am Vorderende des Kopfes und führt in ein langes, durch Knorpelringe ausgesteiftes Nasenrohr, das sich nach hinten zu erweitert. Dort trägt die Dorsalwand ein in Falten gelegtes Sinnesepithel. Die Falten stehen parallel zur Körperlängsachse und hängen von der Decke in den Nasengang herab. Das Nasenrohr ist durch den sog. Nasen-Gaumen-Gang mit der Mundhöhle verbunden, so daß Wasser durch die Nase „eingeatmet" werden kann, dabei das Riechorgan passiert und von diesem geprüft wird. Bei den Neunaugen befindet sich die Nasenöffnung auf der Kopfoberseite, weit vom Vorderrand entfernt. Sie führt in einen blind endenden Nasensack, dessen in Falten gelegte Seitenwände das Riechepithel bedeckt. Die Neunaugen besitzen keinen Nasen-Gaumen-Gang. Der Nasensack muß daher ständig ventiliert werden; dies geschieht vermutlich durch Zusammenpressen und passives Wiedererweitern der Nasenkapsel als Folge der Kiemenkorbbewegung. Daß das Riechorgan trotz der unpaaren Öffnung paarig angelegt ist, zeigen die symmetrische Faltung des Riechepithels und die Paarigkeit der zum Gehirn ziehenden Nerven.

Die Augen sind nur bei den Petromyzoniden vollständig entwickelt, während sie bei den Myxiniden sekundär stark rückgebildet wurden und auf dem Stadium eines unvollständig eingestülpten Augenbechers ohne Glaskörper und Linse verharren.

Der Bau des Petromyzoniden-Auges entspricht dem der Gnathostomen. Im Auge sind vor der Netzhaut (Retina) ein Glaskörper und eine kugelförmige Linse ausgebildet. Die Linse hängt nicht an einem Ziliarkörper, sondern an einer von der Iris ausgehenden Membran. Die Retina ist nicht in Stäbchen und Zapfen differenziert. Ihr schmiegen sich außen das Pigmentepithel und die mit dunkelbraunem Pigment reich versehene Aderhaut (Chorioidea) an. Eine bindegewebige Sklera umgibt den Augapfel. Die Sklera verschmilzt in ihrem durchsichtigen, cornealen Bereich nicht mit der Epidermis zu einer gemeinsamen Hornhaut (Cornea) wie bei den Gnathostomen. Die Augen werden daher von der in ihrem Bereich durchsichtigen Körperhaut überdeckt und bewegen sich unter ihr. Die Linse ist auf Nahsehen eingestellt. Akkomodation auf entfernte Gegenstände erfolgt durch einen am Rande der „äußeren“ Cornea ansetzenden Muskel, bei dessen Kontraktion die Linse weiter zur Retina hin gedrückt wird.

Die statischen Organe der Neunaugen und Schleimfische sind unterschiedlich, in jedem Falle aber einfacher gebaut als jene der Gnathostomen. Das häutige Labyrinth der Myxiniden besteht aus einem ringförmigen, parallel zur Sagittalebene liegenden Bogengang, der an zwei nahe benachbarten Stellen ampullenartig erweitert ist. Etwa in der Mitte zwischen den Ampullen steigt der blind endende Ductus endolymphaticus auf (Abb. 84 B). In jeder Ampulle erhebt sich quergestellt eine Sinneszellenleiste (Crista) und gegenüber vom D. endolymphaticus befindet sich eine ausgedehnte Sinnesendstelle (Macula). Über die Leistungen der Organe in bezug auf den Gleichgewichtssinn und die Registrierung von Beschleunigungen liegen keine Untersuchungen vor. Sie scheinen jedenfalls nicht wesentlich zur Stabilisierung der Körperlage beizutragen, da die Myxiniden gleich gut und oft in Bauch- und Rückenlage schwimmen.

Das Labyrinth der Neunaugen ist komplizierter gebaut. An einem zentralen Lymphsack sitzt vorn und hinten je eine umfangreiche Ampulle, von der sich jeweils ein Bogengang erhebt. Die beiden Bogengänge steigen zur Dorsalseite des Lymphsackes auf

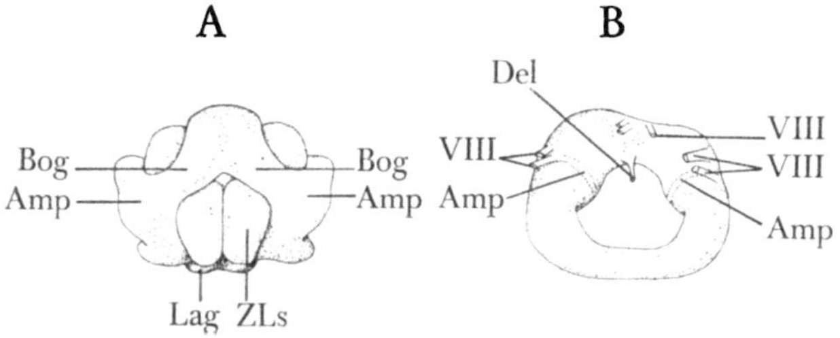

Abb. 84. Statische Sinnesorgane. A Labyrinth von Lampetra fluviatilis in Seitenansicht. B Labyrinth von Myxine glutinosa in Dorsalansicht. Nach Marinelli u. Strenger. Amp Ampulle; Bog Bogengang; Del Ductus endolymphaticus; Lag Lagena; ZLs zentraler Lymphsack; VIII Nervus stato-acusticus.

und münden dort, sich vereinigend, ein (Abb. 84 A). Nahe der Einmündungsstelle geht auf der Medianseite der Ductus endolymphaticus ab. Zwei ventrale Aussackungen des zentralen Lymphraumes werden häufig mit Sacculus und Lagena, der zentrale Lymphraum selbst mit dem Utriculus der Gnathostomen verglichen. Die Ampullen sind durch eine Einschnürung in eine mediale und eine laterale Abteilung gegliedert. In der lateralen Abteilung befindet sich jeweils eine Crista, in der medialen ein Sinnesmakel. Ferner ist auch in der Lagena und im Sacculus je ein Makel vorhanden, ein weiterer findet sich in einem kurzen Gang (Dorsalgang), der sich von der Vereinigungsstelle der Bogengänge erhebt und als Rest eines dritten Bogenganges angesehen wird. Auf den Sinneshaaren der Maculae liegen einzelne Kalkkonkremente (Statokonien), sie bilden im Sacculus einen Statolithen. Der zentrale Lymphsack besitzt eine Wimperauskleidung, die die Endolymphe in ständiger Bewegung hält.

In beiden Ordnungen werden Maculae und Cristae vom Nervus stato-acusticus versorgt. Eine knorpelige Labyrinthkapsel umschließt das häutige Labyrinth.

Das Seitenliniensystem, das bei den Fischen zu so großer Vollkommenheit gebracht wurde, ist bei den Cyclostomen vergleichsweise bescheiden. Nie ist es in Hautkanäle eingeschlossen, sondern liegt offen zutage. Bei den Neunaugen besteht es aus einzelnen, etwas in die Haut eingesenkten Sinnesknospen, die in Reihen hintereinander stehen. Bei *Petromyzon* entstehen so eine über und eine unter den Augen gegen den Vorderrand des Kopfes ziehende Linie, eine die bogenförmig jederseits den ventralen Teil des Mundtrichters flankiert, je eine ventrolaterale Linie, eine über den Kiemenöffnungen hinziehende und eine dorsolateral verlaufende. Nur die Dorsolaterallinie reicht bis zum Schwanz, alle übrigen sind auf die Kopf- bzw. Kiemenregion beschränkt. Die Sinnesknospen des Systems werden im Kiemenbereich von Zweigen des Vagus und Glossopharyngeus, im Kopfbereich vom Trigeminus-Komplex und Facialis innerviert. Bei den Myxiniden wurden bisher nur in der Gattung *Bdellostoma* Reste eines Seitenliniensystems gefunden. Es beschränkt sich auf mehrere kurze, rinnenartige Hautvertiefungen vor und über den Augen. Die Rinnen sind mit Sinneszellen besetzt, die vom Lateralissystem versorgt werden.

Larven und Jungtiere der Neunaugen besitzen im Kiemendarmbereich in die Schleimhaut eingebettete Sinnesknospen, man hält sie für Geschmacksknospen.

Über die ganze Hautoberfläche sind zahlreiche Sinneszellen und freie Nervenendigungen verteilt. Lichtempfindliche Sinneszellen treten gegen das Körpervorder- und -hinterende gehäuft auf. Mund- und Nasententakel der Myxiniden sind dicht mit Mechano- und Chemoreceptoren besetzt.

6. Stoffwechselorgane

a) Ernährungssystem

Die Mundregion der Neunaugen ist trichterförmig, die Mundöffnung liegt am Grunde des Mundtrichters. Am Trichterrand stehen ringsum radiär ausgerichtete Papillen, die Trichterinnenwand trägt ein- oder mehrspitzige Hornzähne (Abb. 85), deren Anordnung und Zahl wichtige taxonomische Merkmale liefern. Der Mundtrichter und seine Zahnbewaffnung ermöglichen ein Anheften des Tieres an seinem Beuteobjekt.

Im Boden der Mundhöhle liegen unter der Haut, eng nebeneinander und von schwellbaren Bindegewebskissen umgeben, zwei Knorpelplatten. Die Haut über diesen Platten trägt jederseits zwei

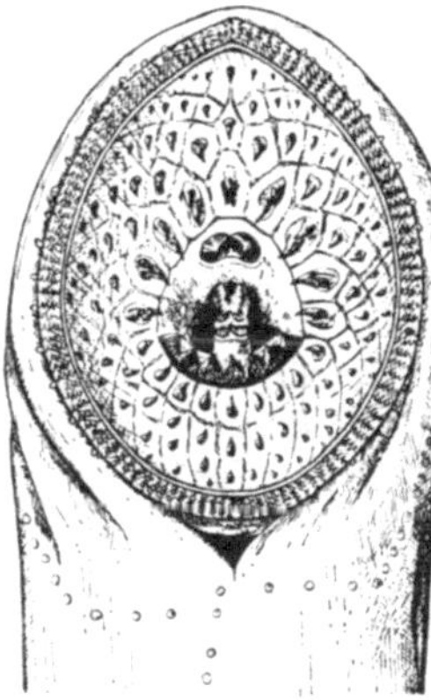

Abb. 85. Mundtrichter von Petromyzon marinus.

hintereinanderstehende Reihen von Zähnen (Abb. 86). Die Zähne der vorderen Reihe ragen nach vorn, die der hinteren sind hakenartig nach hinten und einwärts gekrümmt und durch die bogenförmige Anordnung von beiden Seiten her einander zuge-

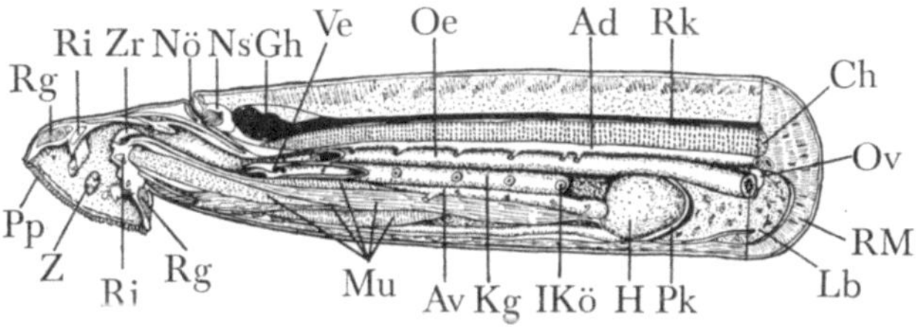

Abb. 86. Lampetra fluviatilis. Längsschnitt durch den vorderen Körperabschnitt. Nach Marinelli u. Strenger. Ad Aorta dorsalis; Av Aorta ventralis; Ch Chorda; Gh Gehirn; H Herz; IKö innere Kiemenöffnung; Kg Kiemen- oder Wassergang; Lb Leber; Mu Muskulatur, die den Zungenknorpel und dessen Zahnapparat bewegt; Nö Nasenöffnung; Ns Nasensack; Oe Oesophagus; Ov Ovar; Pk Perikard; Pp Papillen des Mundtrichterrandes; Rg Ringmuskel des Mundtrichters; Ri Ringknorpel; Rk Rückenmark; RM Rumpfmuskulatur; Ve Velum; Z Zahn im Mundtrichter; Zr Zungenknorpelkopf mit Zahnreihe.

wandt. Die Zahnplatten sind eng mit einem langen, pumpenstempelartigen Knorpelstück, dem Zungenknorpel, verbunden, der unter der lockeren gefalteten Haut des Mundbodens vor- und zurückbewegt werden kann.

Beim Vorstoßen des Zungenknorpels werden die Zahnplatten aus dem Mund herausgeschoben, wobei die zwei hinteren Zahnreihen seitlich etwas auseinanderklappen. Beim Zurückziehen des Zungenknorpels gräbt sich die vordere Zahnreihe in das Nahrungsobjekt, reißt es auf und beißt, mit Unterstützung der zusammenklappenden, hinteren Zahnreihen, kleine Stücke heraus. Durch das Zurückziehen des Zungenknorpels werden nicht nur die Zahnreihen wieder in die Mundhöhle verlagert und die an ihnen hängenden Nahrungsbissen mit hineingenommen. Das kolbenartig verdickte Vorderende des Zungenknorpels drückt beim Zurückweichen auch den Mundboden gegen das Munddach und erzeugt dadurch, ähnlich wie der Stempel in einer Pumpe, einen Sog, der Gewebeteile und Blut aus der Wunde in die Mundhöhle einsaugt.

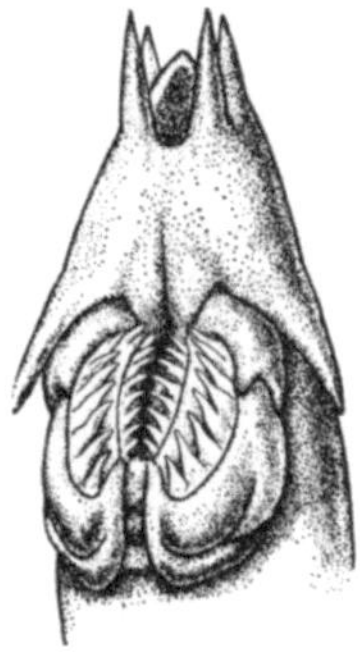

Abb. 87. Myxine glutinosa, Ventralansicht des Kopfes mit den nach außen auseinandergeklappten Zahnreihen. Nach Dawson.

Anders funktioniert dagegen die Nahrungsaufnahme bei den Myxiniden. Ihre Mundöffnung bildet einen aufrecht stehenden Schlitz, der von Hautfalten flankiert und von 2 Paar Mundtentakeln umstellt ist. Unter der Mundschleimhaut befindet sich eine herzförmige, median V-förmig geknickte, flexible Knorpelplatte über der in der Mundhaut jederseits zwei Zahnreihen ausgebildet sind (Abb. 87). Jede Reihe besteht aus 7 bis 9 mundeinwärts gekrümmten, spitzen Hornzähnen. Ein unpaarer Zahn ragt vom

Munddach nach hinten. Mit ihm verankern sich die Tiere beim Fressen im Nahrungsobjekt. Hinter der Zahnplatte ist die Mundschleimhaut in tiefe Falten gelegt, die Spielraum für die Bewegung des ganzen Zahnapparates geben. Die Zahnplatte kann durch Pro- und Retraktoren vor- und zurückbewegt werden. Sie gleitet dabei auf einer harten, rinnenförmigen Knorpelplatte (Basalplatte) aus 3 hintereinanderliegenden Teilen, die unter der Zahnplatte im Mundboden festliegt (Abb. 88). Die Protraktoren des Zahnappara-

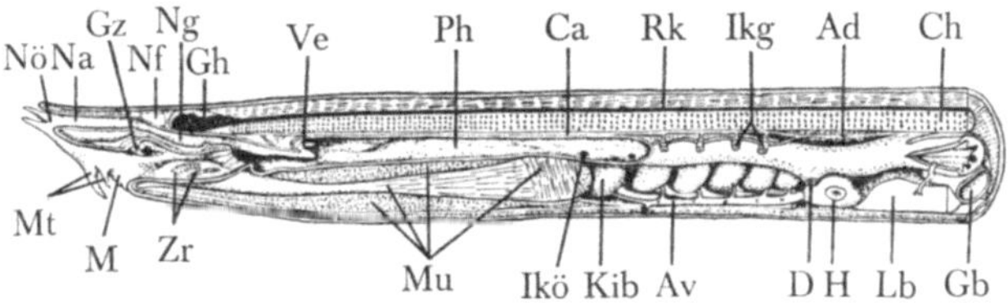

Abb. 88. Myxine glutinosa. Längsschnitt durch den vorderen Körperabschnitt. Nach Marinelli u. Strenger. Ad Aorta dorsalis; Av Aorta ventralis; Ca Carotis; Ch Chorda; D Ductus oesophago-cutaneus abgeschnitten; Gb Gallenblase; Gh Gehirn; Gz unpaarer Gaumenzahn; H Herz; Ikg vor den Kiemenbeuteln der linken Seite abgeschnittene innere Kiemengänge; IKö innere Kiemenöffnung; Kib Kiemenbeutel; Lb Leber; M Mundöffnung; Mt Mundtentakel; Mu Muskulatur die den Zahnapparat bewegt; Na Nasenraum; Nf Nasenfalte; Ng Nasen-Gaumen-Gang; Nö Nasenöffnung; Ph Pharynx; Rk Rückenmark; Ve Velum; Zr Zahnreihen.

tes greifen von unten um den Vorderrand der Basalplatte herum, an der Zahnplatte an (Abb. 89). Sie ziehen die Zahnplatte über die Basalplattenvorderkante aus dem Mund heraus. Dabei rollen die Zahnplattenseiten über die Kante ab und schwenken auseinander: das Gebiß öffnet sich (Abb. 89). Die Retraktoren inserieren am Zahnplattenhinterrand. Ziehen sie die Zahnplatte in die Mundhöhle zurück, so bewegen sich die beiden Zahnplattenseiten aufeinander zu, das Gebiß gräbt sich wie die Schaufeln eines Baggers in das Nahrungsobjekt und reißt beim Zurückweichen Stücke heraus.

Die Myxiniden scheinen als Nahrung tote oder sterbende Fische zu bevorzugen, einige greifen lebende Fische und Tintenfische an, verschmähen aber auch Polychaeten, Krebse und Mollusken nicht. Häufig dringen sie durch die Kiemenspalten in Fische ein und fressen sie aus bis nur mehr Haut und Skelett übrig bleiben. Man hat aus einem Kabeljau schon bis zu 123 Myxinen geholt. Die Beute wird mit Hilfe des Geruchs- und Tastsinnes aufgespürt.

Die Neunaugen hingegen ernähren sich zwischen Metamorphose und Geschlechtsreife ektoparasitisch. Sie heften sich mit dem Mundtrichter an Fische, bohren sie an und saugen Blut und Gewebeteile. Gelegentlich treten sie in sehr großer Zahl auf und können dann, wie z. B. z. Z. gerade in den kanadischen Seen, dem Fischbestand beträchtlichen Schaden zufügen.

Die Mundhöhle geht in einen kurzen Schlund über, der durch eine Hautfalte, das Velum, eingeengt wird. Es hängt bei den Myxiniden unmittelbar hinter der Einmündung des Nasen-Gaumen-Ganges vom Pharynxdach herab, während es bei den Neunaugen sehr weit hinten an der Abzweigung des Kiemenganges vom Pharynx ausgebildet ist und seine fingerförmigen Fortsätze schützend über den Eingang zum Kiemengang legt, um das Eindringen von Nahrungs- und Geschwebebrocken in das respiratorische System zu verhindern (Abb. 86).

Ein kurzer Oesophagus leitet vom Pharynx der Neunaugen direkt in den Verdauungstrakt über, während bei den Myxiniden, die keinen blind endigenden, vom Pharynx getrennten Kiemengang haben, sich zwischen Pharynx und Oesophagus der Kiemendarm mit seinen seitlichen Öffnungen erstreckt (Abb. 88).

Der Oesophagus der Myxiniden ist etwas eingeengt und vom Cardiakonstriktor umgeben. Bei ihnen ist der Darm in ganzer Länge an einem dorsalen Mesenterium aufgehängt, während bei den Neunaugen ein dorsales und ein ventrales Mesenterium vorhanden, beide aber nur auf einer kurzen Strecke am Enddarm entwickelt sind.

Im gesamten Verdauungstrakt verläuft das Darmrohr geradlinig und weist keinerlei Einschnürungen oder Aussackungen auf, die es äußerlich erkennbar in einzelne Funktionseinheiten, wie Magen, Mittel- und Enddarm unterteilen. Lediglich die Grenze zwischen Vorder- und Mitteldarm ist durch die große, zweilappige Leber mit Gallenblase und die Einmündung des Gallenganges in den Darm gekennzeichnet.

Die Darmwand ist vom Beginn des Pharynx an in Längsfalten gelegt, die bei den Myxiniden besonders hoch sind und die Oberfläche stark vergrößern. Bei den Neunaugen besteht daneben noch eine besonders weit ins Darmlumen hineinragende Falte, die sich spiralig umlaufend bis zum Enddarm hinzieht. Der Enddarm mündet in eine Kloake aus.

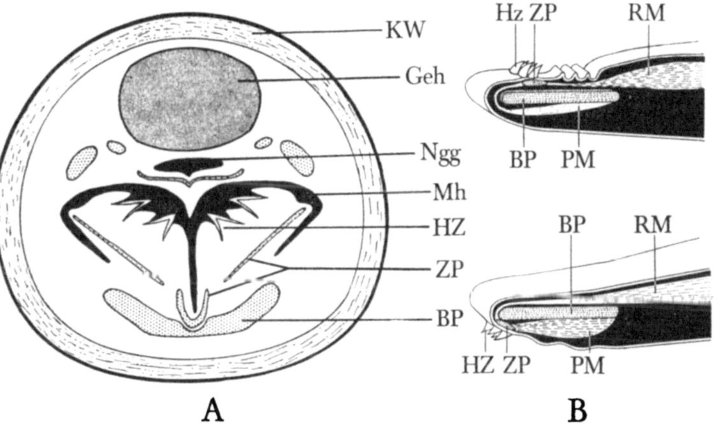

Abb. 89. Myxine glutinosa. A schematischer Querschnitt durch die Mundregion. Nach Dawson. B Schema der Bewegung der Zahnplatte. BP Basalplatte; Geh Gehirn; Hz Hornzahn; KW Körperwand; Mh Mundhöhle; Ngg Nasengaumengang; PM Protractor-Muskel; RM Retractor-Muskel; ZP Zahnplatten.

Außer der Leber mit ihrem Gallengangsystem und der kontraktilen Gallenblase ist als weiteres Anhangsorgan des Darmes noch ein Pankreas vorhanden, der allerdings nicht als kompaktes, makroskopisch sichtbares Organ in Erscheinung tritt. Er besteht aus einem exo- und einem endokrinen Anteil. Die exokrine Zellmasse, mit proteolytischem Inhalt, ist in die Leber eingebettet und bei den Myxiniden auch noch im Aufhängeband (Ligamentum hepatogastricum) der Leber entwickelt. Der endokrine Teil (Langerhanssche Inseln) umgibt bei den Myxiniden den Gallengang, bei den Neunaugen liegt er der vorderen und mittleren Darmwand an.

Im Querschnitt hat der Darm von innen nach außen folgenden Aufbau: Mucosa – Submucosa – Muscularis – Serosa. Die von glatten, zirkulär verlaufenden Muskelfasern gebildete Muscularis ist besonders bei den Myxiniden recht kräftig und Motor der

Darmperistaltik. In der weitmaschigen Submucosa sind Fettgewebe, zahlreiche Blutgefäße und ein lympho-adenoides Gewebe, dem die Funktion einer diffusen Milz zugeschrieben wird, eingelagert. Das im Vorder- und im hinteren Enddarm mehrschichtige Darmepithel (Mucosa) weist epidermale Zellelemente auf, so z. B. bei den Myxiniden in Form von Schleimzellen. Diese erzeugen im Pharynx genügend Schmiermittel, um für ein möglichst reibungsarmes Weitergleiten der Nahrungsbrocken zu sorgen. Bei den Neunaugen übernehmen diese Aufgabe zwei große Speicheldrüsen, die inmitten der beiden Basilarmuskeln des Zungenapparates liegen und deren Ausführgänge am Vorderrand der Zahnplatten ausmünden. Den Mitteldarm kleidet ein einschichtiges Epithel aus, es ist mit einem Bürstensaum versehen und trägt bei den Neunaugen Wimpern. Bei den Myxiniden scheidet es um den Nahrungsbrei herum eine peritrophische Membran ab und produziert – nach histochemischen Tests zu schließen – Carbohydrasen, Lipasen und Proteinasen.

Mit einsetzender Geschlechtsreife stellen die Neunaugen die Nahrungsaufnahme ein. Es kommt zu einer fortschreitenden Reduktion des gesamten Verdauungstraktes, einschließlich der Leber, der Gallenblase und des Pankreas. Dabei schwindet letzten Endes das Oesophaguslumen völlig und die Darmpassage wird unterbrochen. Beim Bachneunauge *(Lampetra planeri)*, das nach der Metamorphose kein Freßstadium mehr durchmacht, da gleich danach die Gonadenreifung einsetzt, wird der Oesophagus schon während der Metamorphose in einen soliden Zellstrang verwandelt.

b) Atmungssystem

Der Atemgaswechsel erfolgt in den Kiemen. Sie entstehen in der vorderen ventrolateralen Körperwand als paarige, serial hintereinanderliegende Ausstülpungen des Kiemendarmes, die zur Körperoberfläche durchbrechen und sich in der Mitte sackartig zum sog. Kiemenbeutel oder Kiemensäckchen erweitern (Abb. 90). Die Wand der Kiemenbeutel ist stark gefaltet. Die Falten ragen septenartig, radiär zur Kiemenbeutelachse stehend, in das Beutellumen hinein. Blutgefäße treten an sie heran und bilden im Falteninnern ein Kapillarnetz. Ihrer Funktion entsprechend werden sie Kiemenblättchen genannt. Bei den Schleimfischen gehen die kurzen, aus dem Vorderdarm zu den Kiemensäckchen führenden Kiemenkanäle direkt vom Kiemendarm ab, während sie bei den Neunaugen aus dem sog. Kiemen- oder Wassergang austreten, einer schlauchförmigen, blind endenden, ventralen Ausstülpung des Vorderdarmes, die erst im Lauf der Metamorphose entsteht (Abb. 86). Die von den Kiemensäckchen zur Körperoberfläche führenden Kanäle streben bei den Neunaugen und auch bei einigen Schleimfischen, z. B. Bdellostoma, direkt in Höhe der Kiemenbeutel nach außen. Bei vielen Myxiniden jedoch ziehen die Ausführgänge erst mehr oder weniger weit caudad, um dann getrennt, dicht hintereinander oder in einem kurzen Endstück vereint, gemeinsam auszumünden (Abb. 90). Dementsprechend sieht man dann von außen jederseits nur eine einzige Kiemenöffnung.

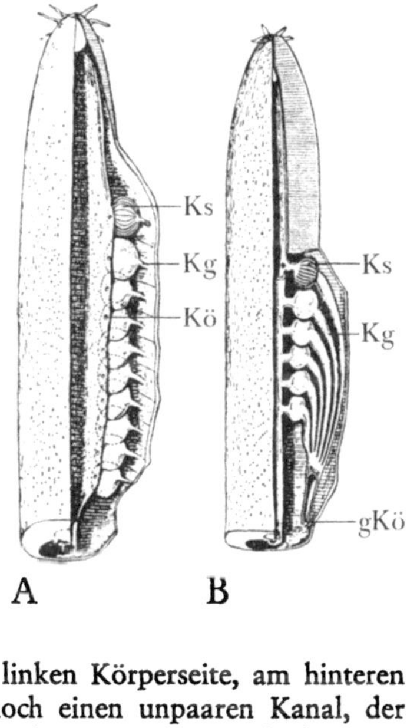

Abb. 90. Anordnung der Kiemen bei Bdellostoma (A) und Myxine (B). Nach Dean. gKö gemeinsame äußere Kiemenöffnung; Kg äußerer Kiemengang; Kö innere Kiemenöffnung; Ks Kiemensack mit seiner zu Kiemenblättchen eingefalteten Wand.

Die Myxiniden haben auf der linken Körperseite, am hinteren Ende der Kiemensäckchenreihe noch einen unpaaren Kanal, der ohne sich zu einem Kiemenbeutel zu erweitern, direkt vom

Kiemendarm nach außen verläuft (Abb. 88). Dieser Ductus oesophago-cutaneus, wie er genannt wird, ist vermutlich ein rudimentärer Kiemenkanal.

Bei den Petromyzoniden sind stets 7 Paar Kiemensäckchen vorhanden. Die fälschlich für Augen gehaltenen 7 äußeren Kiemenöffnungen jeder Seite, zu dem wirklichen Auge und der unpaaren Nasenöffnung hinzugezählt, haben den Petromyzoniden den Namen Neunaugen eingebracht.

Bei den Myxiniden wechselt die Zahl der Kiemenpaare nicht nur von Gattung zu Gattung, sondern auch gelegentlich innerhalb der Art. Ja es gibt sogar Individuen mit ungleicher Kiemenzahl. Die Spannweite reicht von 5 Kiemenpaaren bei *Myxine circifrons* bis zu 15 bei *Bdellostoma stouti*.

Den Atemwasserstrom erzeugen die Neunaugen durch abwechselndes, seitliches Zusammenpressen und Wiedererweitern des knorpeligen Kiemenkorbes mit Hilfe der Kiemenkonstriktoren. Beim Zusammenpressen wird das die Kiemensäckchen füllende Wasser durch die äußeren Kiemenöffnungen herausgedrückt. Die sich kontrahierende Kiemensäckchenmuskulatur unterstützt dabei die Kiemenkonstriktoren. Während des Austreibungsvorganges schließen das Velum und der Zungenapparat die Passage durch Pharynx und Mund, so daß auf diesem Wege kein Wasser entweichen kann. Infolge seiner elastischen Spannung kehrt der Kiemenkorb nach dem Erschlaffen der Konstriktoren in seine Ausgangslage zurück, dadurch entsteht im Wassergang und in den Kiemensäckchen ein Unterdruck, der frisches Atemwasser über den Mund ansaugt. Ist der Mund verschlossen, weil sich das Tier mit ihm an einer Beute oder einem Stein festheftet, so wird das Atemwasser über die äußeren Kiemenöffnungen eingesogen und wieder ausgestoßen.

Bei den Myxiniden tritt der Atemwasserstrom durch die Nasenöffnung ein und gelangt über den Nasen-Gaumen-Gang in den Kiemendarm und durch die Kiemensäckchen wieder nach außen. Der Wasserstrom wird auf komplizierte Weise durch Auf- und Abbewegen, sowie gleichzeitiges seitliches Ein- bzw. Auseinanderrollen des Velums erzeugt. Das Velum schwingt dabei, je nach Aktivität des Tieres, mit einer Frequenz von 25–100 Schlägen pro Minute.

Den Eintritt des Atemwassers in den Oesophagus und Verdauungstrakt verhindert wahrscheinlich der kräftige Cardiakonstriktor, der den Oesophagus umgreift und dessen enges Lumen im richtigen Moment zusammendrückt. Die Kiemensäckchen kontrahieren sich rhythmisch, 10–15mal pro Minute, und treiben das Wasser durch die äußeren Kiemengänge nach außen. Dabei werden sie durch peristaltische Bewegungen der äußeren Kiemengänge unterstützt. Ein Zurückströmen in den Kiemendarm unterbinden Sphinkter in den inneren Kiemengängen.

Das weite Lumen des Ductus oesophago-cutaneus ermöglicht ein rasches Ausstoßen verunreinigten oder mit groben Partikeln versetzten Wassers.

Der Atemgaswechsel erfolgt aber nicht nur über die Kiemenblättchen, sondern in nicht unbeträchtlichem Ausmaße auch an der gesamten Körperoberfläche. Die Wirksamkeit des Atmungssystems wird durch ein gut ausgebildetes Kreislaufsystem und das in den roten Blutkörperchen enthaltene Hämoglobin wesentlich gesteigert.

c) *Kreislaufsystem*

Das geschlossene Blutkreislaufsystem entspricht in seinen Grundzügen dem Kreislaufschema der Wirbeltiere. Zentraler Motor ist das Herz. Es liegt von einem Coelomraum – dem Perikard – umgeben, zwischen Kiemenregion und Leber unter dem Oesophagus. Das Perikard steht bei den Myxiniden mit dem Peritonealcoelom in weiter, offener Verbindung. Das Herz ist sehr einfach gebaut, es besteht aus einer Vorkammer (Atrium) und einer Hauptkammer (Ventrikel) mit sehr kräftiger Wandmuskulatur. Das Atrium liegt links vom Ventrikel, und zwar bei den Neunaugen sehr dicht neben ihm, bei den Myxiniden schräg hinter ihm (Abb. 91).

Vom Ventrikel tritt in cranialer Richtung mit verdicktem Anfangsteil die Aorta ventralis aus, die sich in der Kiemenregion gabelt und bis ins Kopfgebiet nach vorne zieht. Vom Aortenstamm bzw. den beiden Ästen gehen Seitenzweige an die Kiemensäckchen ab (Abb. 88, 91), in denen sie ein Kapillarnetz bilden. Die aus den Kiemensäckchen wieder austretenden Gefäße steigen zur Dorsalseite auf und münden dort bei den Neunaugen direkt in einen unter der Chorda durch den ganzen Körper bis in den Schwanz sich erstreckenden Gefäßstamm, die Aorta dorsalis, ein, während sie bei den Schleimfischen jederseits in ein seitliches, parallel zu ihr verlaufendes Längsgefäß eintreten. Die beiden Längsgefäße vereinigen sich hinter der Kiemenregion mit der Aorta dorsalis, dringen aber cranial als Carotiden bis in die Kopfregion vor. Die Carotiden der Neunaugen entspringen direkt vom Vorderende der Aorta dorsalis.

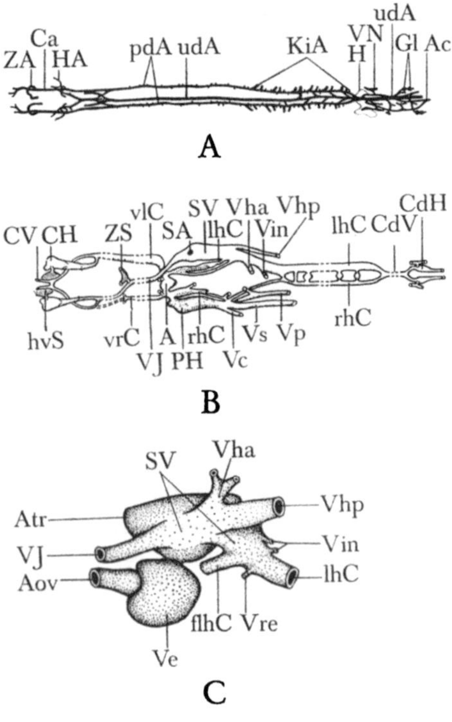

Abb. 91. Herz und Kreislaufsystem von Myxine glutinosa. A Dorsales Arteriensystem zwischen Herz und Körpervorderende. B Venensystem. Beide nach Cole. C Ventralansicht des Herzens. Nach Marinelli und Strenger.
A Anastomose zwischen den vorderen Cardinalvenen; Ac Arteria coeliaca; Aov Aorta ventralis; Atr Herzvorkammer; Ca Carotis; CdH Caudalherz; CdV Caudalvene; CH Cardinalherz; CV Cerebralvene; flhC Fortsetzung der linken hinteren Cardinalvene; Gl Glomeruli der Rumpfniere; H Lage des Herzens; HA Hautarterie; hvS Hypophysio-Velar-Sinus; KiA Kiemenarterien; lhC linke hintere Cardinalvene; pdA paarige dorsale Aorta; PH Portalherz; rhC rechte hintere Cardinalvene; SA sinu-atriale Öffnung; SV Sinus venosus; udA unpaare dorsale Aorta; Vc Vena cystica; Ve Herzkammer; Vha Vena hepatica anterior; Vhp Vena hepatica posterior; Vin Vena intestinalis; VJ Vena jugularis; vlC vordere linke Cardinalvene; VN Vorniere; Vp Vena portalis; vrC vordere rechte Cardinalvene; Vre Vena renalis; Vs Vena supraintestinalis; ZA Zungenarterie; ZS Zungensinus.

Im Rumpfbereich gibt die Aorta dorsalis in segmentaler Folge Gefäße an die Rumpfmuskelpakete ab. Größere Arterien ziehen zu den Nieren, der Leber und zum Darm. Sie bilden in den Organen Kapillarnetze, aus denen das Blut dann über ein Venensystem wieder zum Herzen zurückgeführt wird.

Das Venensystem besteht im wesentlichen aus zwei dorsal liegenden Cardinalvenen, die beiderseits der Aorta dorsalis entlangziehen. Sie vereinigen sich im Gebiet der Kloake zu einer unpaaren Caudalvene. Über dem Herzen münden sie direkt, ohne Zwischenschaltung eines Ductus cuvieri, in einen bei den Neunaugen besonders geräumigen Sinus venosus, der sich spaltförmig in das Atrium des Herzens öffnet. In den Sinus venosus treten auch noch ventrale Venenzüge ein: die median aus dem Kopfgebiet kommende Vena jugularis und die von hinten aus dem Darm- und Leberbereich heranziehenden Vena subintestinalis und Vena hepatica.

Das Venensystem der Myxiniden ist streckenweise unsymmetrisch und auf der rechten Körperseite fast durchwegs weniger gut entwickelt als auf der linken. Auch sonst zeigt ihr Venensystem zahlreiche Abweichungen und Komplikationen gegenüber dem der Neunaugen. So sind z. B. hinter der Leber die beiden Cardinalvenen durch mehrere querverlaufende Gefäße miteinander verbunden. Ebenso besteht vor dem Herzen eine weite Anastomose. Die rechte Cardinalvene steht mit dem mächtigen, vom Darm kommenden Pfortadersystem (Vena supraintestinalis – Vena portalis) in Verbindung und tritt nicht in den Sinus venosus ein. Sie ist mit ihm nur über die vor dem Herzen liegende Anastomose verbunden (Abb. 91 B). Ferner sind mehrere Gefäßabschnitte des Venensystems kontraktil (Hilfsherzen). Der umfangreichste Hilfsmotor, der abweichend von den anderen mit quergestreiften Muskeln ausgerüstet ist, liegt im Pfortadersystem. Das Portalherz, wie es genannt wird, treibt Blut aus der Portalvene in die Leber. Im cranialen Kardinalvenenbereich sind jederseits ein Kardinalherz, und am gegabelten Hinterende der Caudalvene ebenfalls zwei Caudalherzen entwickelt.

In beiden Ordnungen bildet das Venensystem zahlreiche, ausgedehnte, sinusartige Gefäßerweiterungen. Da ein Lymphsystem vollständig fehlt, nimmt man an, daß sie dessen Aufgabe übernehmen.

Das Herz von *Myxine glutinosa* bzw. *Lampetra fluviatilis* kontrahiert sich bei 20° C etwa 20–40mal pro Minute. Das Blut strömt vom Herzen durch die Aorta ventralis, passiert das Kapillarnetz der Kiemensäckchen, ergießt sich danach in die Aorta dorsalis und fließt in ihr caudalwärts in die Kapillarnetze der einzelnen Organe ab. Es sammelt sich wieder in den venösen Abschnitten des Kreislaufsystems und wird durch die großen dorsalen und ventralen Venengefäße von beiden Körperenden her zum Herzen zurückgeführt.

An den Übergängen der einzelnen Herzabschnitte sperren paarige, halbmondförmige Klappen (sinu-atriale, atrio-ventriculare und Aortenklappen) den Blutstrom in entgegengesetzter Richtung. Auch im Portalherz, in den Cardinal- und Caudalherzen sind Klappen vorhanden.

Das Blut enthält kugelige rote Blutkörperchen (Erythrozyten) mit großen Kernen und kleine Leukozyten mit gelappten Kernen. Die Blutzellen werden durch Teilung im Blut selbst ständig erneuert. Leukozyten entstehen außerdem im lymphoiden Gewebe der Nieren und in der Spiralfalte des Darmes.

d) Exkretionssystem

Die Nieren der Cyclostomen entstehen wie jene der Gnathostomen aus den Nephrotomen der Ursegmente. Die ursprüngliche metamere Folge der Nierentubuli wird gegen Ende der Embryonalentwicklung unterbrochen und die zunächst einheitliche Nierenanlage in eine Vor- oder Kopfniere (Pronephros) und eine Rumpfniere (Opisthonephros) unterteilt, die forthin keine Verbindung mehr miteinander und auch ein ganz unterschiedliches Schicksal haben.

Während bei den Neunaugen das Pronephros rudimentär wird, entwickelt es sich bei den Myxiniden zu einem traubigen Organ, das zu beiden Seiten des Perikards liegt und dessen kleine Zahl stark gewundener Tubuli an einem Ende durch Wimperntrichter ins perikardiale Coelom mündet und über das andere mit Aussakkungen der Cardinalvene in Verbindung steht. Zur Vorniere gehört ferner ein aus drei Glomeruli zusammengesetztes, in eine Perikardialwandtasche eingeschlossenes Gefäßknäuel (Abb. 92). Die Perikardialwandtasche steht mit der Perikardhöhle und über diese mit der peritonealen Leibeshöhle in offener Verbindung. Die Funktion der Vorniere ist unbekannt. Man nimmt an, daß sie Coelomflüssigkeit aus dem Perikard in die Cardinalvenen transportiert. Theoretisch sehr bemerkenswert ist, daß das Blutgefäßsystem über

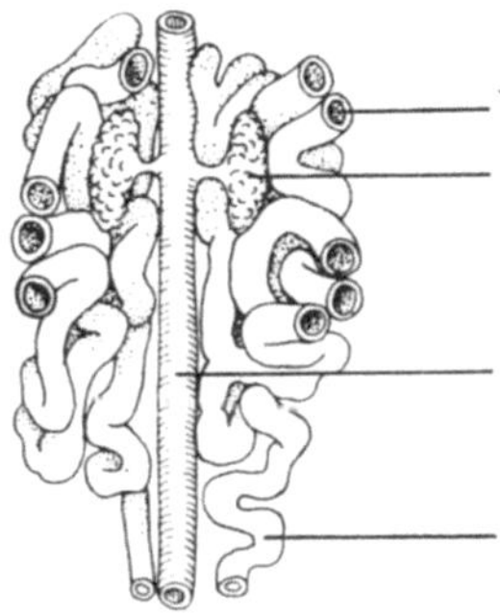

Abb. 92. Ventralansicht der in einen Kardinalvenensinus eingebetteten Vornierentubuli eines jungen Neunauges. Nach Jollie. Ad Aorta dorsalis; Gl Glomerulus; Tu ins Kardinalvenensystem mündener Tubulus; Wt ins perikardiale Coelom mündender Wimpertrichter.

den Weg: Cardinalvenen – Vornierentubuli – Perikard – Peritonealcoelom – Coelomporus, mit der Außenwelt kommuniziert.

Die Rumpfnieren haben in beiden Ordnungen eine langgestreckte, bandförmige Gestalt. Sie hängen, jederseits unter den Cardinalvenen hinziehend, vom peritonealen Coelom umgeben, von der Dorsalwand der Leibeshöhle herab und erstrecken sich von der Leberregion bis zur Kloake. Die Nieren der Neunaugen sind umfangreicher und kompakter als die der Schleimfische. An

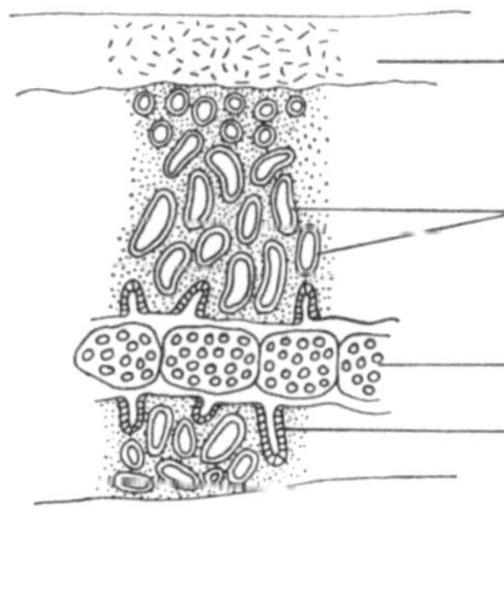

Abb. 93. Teil eines Längsschnittes durch die Rumpfniere eines Neunauges. Nach Gérard. Gl hintereinanderliegende Glomeruli; Kv Kardinalvene; Tu Querschnitte durch die Tubuli; Wt Wimpertrichter in der, die Glomeruli umgebenden, einheitlichen Nierenkapsel.

der Medianseite jeder Niere liegen in metamerer Folge, zahlreiche, von segmentalen Arterien aus der Aorta dorsalis gespeiste Glomeruli. Die an sie herantretenden Nierenkapseln sind bei den Neunaugen alle miteinander verschmolzen und bilden einen einheitlichen Raum, von dem die vielen, kompliziert gewundenen Nierentubuli ausgehen. Eine offene Verbindung zum Coelom besteht hier nicht. Alle Tubuli treten in den an der ventralen Kante jeder Niere entlangziehenden Harnleiter ein. Die beiden Harnleiter münden kurz vor der Kloake, zusammen mit den Gonadenausführwegen (Coelomporen), in einen Urogenitalsinus, der seinerseits über einen kurzen Gang auf einer Urogenitalpapille hinter dem After in die Kloake ausmündet (Abb. 93, 94, 96).

Bei den Myxiniden sind die Nierenkapseln getrennt und umfassen jede für sich einen Glomerulus. Auch münden bei ihnen die Harnleiter nicht in einen Urogenitalsinus ein, sondern getrennt

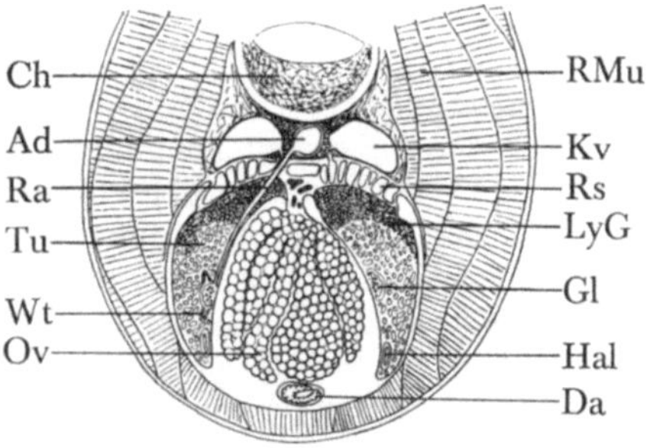

Abb. 94. Querschnitt durch das Exkretionssystem eines Neunauges. Nach Jollie. Ad Aorta dorsalis; Ch Chorda; Da Darm; Gl Glomerulus; Hal Harnleiter; Kv Kardinalvene; LyG Lymphoides Gewebe; Ov Ovar; Ra Renalarterie; RMu Rumpfmuskulatur; Rs Renalsinus; Tu Tubulusgeflecht; Wt Wimpertrichter.

von den Gonadenausfuhrwegen, aber gleichfalls auf einer Papille, hinter dem After in die Kloake (Abb. 95, 96).

Der Raum zwischen den einzelnen Nierentubuli ist sowohl in der Kopf- als auch in der Rumpfniere mit Bindegewebe und lymphoidem, blutzellenerzeugendem Gewebe ausgefüllt und verbindet die Funktionseinheiten zu einem kompakten Organ.

Die Rumpfnieren funktionieren als Harnbildner. Über die im Harn enthaltenen Substanzen ist nicht viel bekannt. Der Harn von *Myxine glutinosa* ist seewasserisotonisch und enthält 8,1–9,5 mM Harnstoff/Liter.

Im Gegensatz zu den poikilosmotischen Myxiniden, deren Blut und Harn seewasserisotonisch sind, vollbringen die Neunaugen eine umfangreiche osmoregulatorische Leistung. So ändert sich z. B. die osmotische Konzentration des Blutserums von *Petromyzon marinus*, gemessen an seiner Gefrierpunktserniedrigung (Δ), kaum

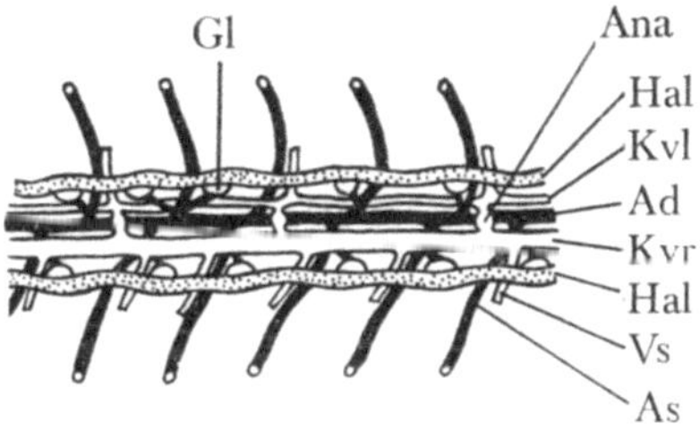

Abb. 95. Ausschnitt aus dem Exkretionssystem von Myxine. Nach Fänge. Ana bulbusartige Anastomose zwischen den beiden Kardinalvenen; Ad Aorta dorsalis; As Segmentalarterie; Gl Glomerulus; Hal Harnleiter; Kvl linke Kardinalvene; Kvr rechte Kardinalvene; Vs Segmentalvene.

während des Aufenthalts im Seewasser und im Süßwasser. In Seewasser (Δ = 2,30° C) beträgt sie 0,59° C, in Süßwasser (Δ = 0,02° C) 0,54° C. *Lampetra fluviatilis* produziert zur Aufrechterhaltung seiner osmotischen Konzentration (Δ = 0,46° C) genauso wie die Süßwasserfische große Mengen eines sehr verdünnten Urins. Über die mit der Osmoregulation gekoppelte Ionenregulation liegen noch keine eingehenden Untersuchungen vor. Sie erfolgt vermutlich, ähnlich wie bei den Fischen, über die Kiemen.

7. Geschlechtsorgane

Die Gonaden sind bandförmig, langgestreckt und stets unpaar. Sie hängen, von einer peritonealen Coelomfalte (Mesenterialfalte) eingefaßt, von der Leibeshöhlendecke herab und erstrecken sich von der Leber bis zur Kloake. Während bei den Neunaugen die Gonade in einzelne Lappen unterteilt ist, und überwiegend zwischen Darm und Leibeshöhlendach verläuft, wird sie bei den Myxiniden auf die rechte Körperseite gedrängt und erst durch die stark hervortretenden, reifen Eier mehr zerklüftet. Bei den Myxiniden sind die Gonaden allem Anschein nach zwittrig angelegt. Den Vorderteil der Gonade nimmt das Ovar ein, im hinteren

Abschnitt ist Hodengewebe vorhanden. In den meisten Fällen gewinnt jedoch die weibliche Anlage die Oberhand und es entwickelt sich ein voll funktionstüchtiges Ovar, während die Hodenanlage atrophiert. Es soll aber auch zeitlebens sterile Intersexe geben. Reine Männchen sind äußerst selten.

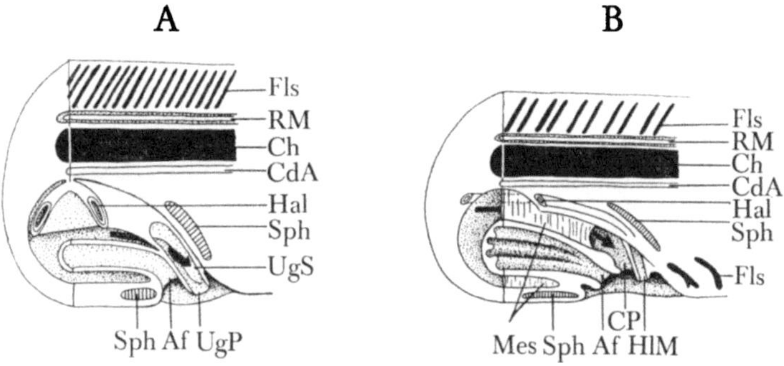

Abb. 96. Schematischer Längsschnitt durch die Kloakenregion eines Neunauges (A) und eines Schleimfisches (B). Nach Jollie. Af After; CdA Caudalarterie; Ch Chorda; CP Coelomporus (Abdominalporus); Fls Flossenstrahlen; Hal Harnleiter; HlM Harnleitermündung; Mes Mesenterien; RM Rückenmark; Sph Sphinktermuskel; UgP Urogenitalpapille; UgS Urogenitalsinus. Der schwarze Pfeil markiert den Gonadenausführweg.

Die Gonaden der Cyclostomen treten nicht wie jene der Gnathostomen mit dem Exkretionssystem in Verbindung, um auf diese Weise in den Besitz von Ausfuhrgängen zu gelangen. Die Geschlechtsprodukte werden durch Platzen der Gonadenwand freigesetzt und fallen in die peritoneale Leibeshöhle, die über paarige, sog. Coelom- oder Abdominalporen in die Kloake ausmündet. Die Coelomporen treten bei den Schleimfischen zwischen dem After und den Harnleiteröffnungen, bei den Neunaugen dagegen auf der Urogenitalpapille nach außen. Diese kann beim Männchen penisartig aus der Kloake hervortreten (Abb. 96).

Die Eier sind in beiden Ordnungen sehr dotterreich und bei vielen Myxiniden mit einer Länge bis zu 22 mm außerordentlich groß, reiskornähnlich, zudem mit einer hornigen Schale umgeben, in der an einem Pol eine Öffnung (Mikropyle) für den Sameneintritt vorhanden ist. An den Polen entsendet die Hornschale zahlreiche fädige, am Ende mit ankerförmigen Haftplatten versehene Fortsätze (Abb. 97).

8. Fortpflanzung

Die Neunaugen unternehmen – abgesehen vom Bachneunauge *(Lampetra planeri)*, das unmittelbar nach der Metamorphose geschlechtsreif wird – im Zusammenhang mit ihrer Fortpflanzung mehr oder weniger ausgedehnte Wanderungen. Mit einsetzender Geschlechtsreife stellen sowohl Fluß- als auch Meerneunaugen die Nahrungsaufnahme ein und beenden damit eine, je nach Art verschieden lange Freßperiode in küstennahen Meeresgebieten, in die sie nach der Metamorphose vom Süßwasser her eingewandert sind. Die laichreifen Tiere begeben sich im Frühjahr in die Flußmündungen und ziehen unterschiedlich weit stromaufwärts zu

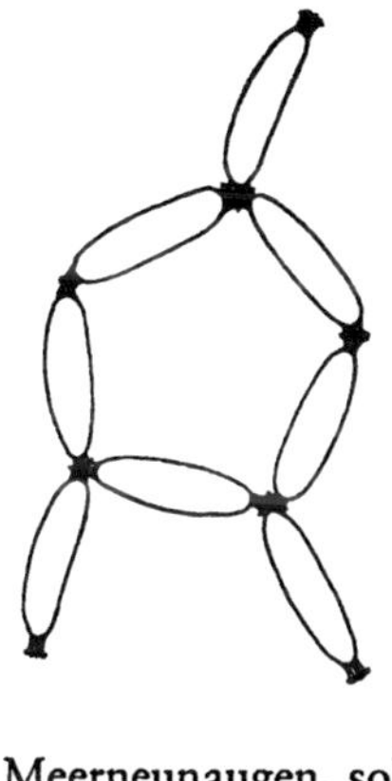

Abb. 97. Eigelege von Bdellostoma stouti. Nach Dean.

ihren Laichplätzen. So gelangten z. B. die Meerneunaugen, solange es sie im Rhein und in der Elbe noch gab, bis Basel bzw. bis nach Böhmen, obwohl sie an anderen Orten weniger weit in die Flüsse eindringen und manchmal sogar an sandigen Küstenstellen ablaichen.

Soweit bisher bekannt, liegen die Laichplätze auf Sand- und Kiesgründen, wo durch Ausheben von Steinen und heftiges Schlängeln Laichgruben angelegt werden, über denen das Ablaichen geschieht. Bach-, Fluß- und Meerneunaugen nehmen beim Laichgeschäft eine Paarungsstellung ein, dabei heften sich die Partner entweder nebeneinander am Untergrund an oder das Männchen saugt sich am Rücken des verankerten Weibchens fest und umschlingt seinen Hinterkörper. Beide geben ihre Geschlechtsprodukte gleichzeitig ab, wobei die Befruchtung erfolgt. Die frisch abgelegten, im Durchmesser etwa 1 mm großen Eier sind klebrig und sinken durch haftenbleibendes, aufgewirbeltes Bodenmaterial belastet auf den Grund.

Nach dem Ablaichen haben die Gonaden keine Reserven mehr. Die Tiere sind restlos erschöpft und sterben nach kurzer Zeit.

Über das Fortpflanzungsverhalten der Myxiniden ist so gut wie nichts bekannt. Einige Forscher glauben, daß sie kurze Laichwanderungen im Meer unternehmen und sich zum Ablaichen in tieferes Wasser zurückziehen. Man findet das ganze Jahr über laichreife Tiere und nimmt daher an, daß keine festen Laichperioden bestehen, sondern das ganze Jahr hindurch abgelaicht wird. Ob dabei ein bestimmtes Weibchen nur einmal oder mehrmals im Jahr Eier abgibt ist unbekannt. Durch Zufallsfunde sind Eipakete von *Myxine glutinosa* bekannt geworden. Die Eier hängen mit den Ankerfäden aneinander und bilden so ein räumliches oder ebenes Netzwerk (vgl. Abb. 97).

9. Entwicklung

Die großen, außerordentlich dotterreichen Eier der Myxiniden machen eine partiell diskoidale Furchung durch. Der weitere Entwicklungsgang ist bisher nur von *Bdellostoma stouti* vollständig bekannt. Er führt direkt, ohne Zwischenschaltung eines Larvenstadiums, zum erwachsenen Tier. Man nimmt allgemein an, daß dies auf alle Myxiniden zutrifft.

Im Gegensatz dazu schlüpfen aus den Eiern der Neunaugen Larven – Querder *(Ammocoetes)* genannt – die mehrere Jahre lang ein selbständiges Larvenleben im Süßwasser führen und sich dabei, ganz abweichend von der räuberischen Ernährungsweise der Adultform, als Filtrierer ernähren.

Stellvertretend für alle Neunaugen sei hier der Entwicklungsgang des Flußneunauges *(Lampetra fluviatilis)* kurz dargestellt. Die Eier machen eine totale, inaequale Furchung durch. Nach dem Neurula-Stadium nimmt der Embryo eine retortenförmige Gestalt an, indem sich Kopf- und Kiemendarmregion als „schlanker Hals“ von der kugeligen Dottermasse, auf der der Rumpf ruht, abheben. Zu diesem Zeitpunkt ist die Muskulatur des Embryos schon soweit entwickelt, daß er anfängt sich zu bewegen. Nach 18–21 Tagen hat er eine Körperlänge von 3–4 mm erreicht und sprengt die Eihülle. Der Dottervorrat ist weitgehend verbraucht, der Dottersack zusammengeschrumpft. Mundöffnung und Kiemenspalten brechen durch.

Die junge Larve schwimmt nur kurze Zeit frei umher, sucht mit etwa 7 mm Länge schlammige Gründe auf, wühlt sich in den Boden ein und legt durch Ausscheiden von Schleim eine mit Ein- und Ausstromöffnung versehene Wohnröhre an. In solchen Wohnröhren, die von Zeit zu Zeit gewechselt und neu errichtet werden, verbringt der Querder seine gesamte Larvenzeit.

Die blinde Larve hat wurmförmige Gestalt, Rücken und Schwanz umgibt ein ungeteilter Flossensaum. Das für die Adultform charakteristische, von einem Ringknorpel gestützte Saugmaul fehlt. Über dem zahnlosen Mund wölbt sich eine vorgezogene, hufeisenförmige Oberlippe. Die Architektur des Kiemendarmes und des peripheren Blutgefäßsystems haben große Ähnlichkeit mit der des Lanzettfischchens *(Branchiostoma)*. In die Mundhöhle ragt ein Kranz baumförmig verästelter Mundcirren. Am Beginn des Kiemendarms ist ein mächtiges Velum ausgebildet und in einer ventromedianen, sackförmigen Ausstülpung wie bei den Tunicaten und Branchiostomen ein drüsenzellreicher Endostyl entwickelt, der durch einen Wimperkanal in den Kiemendarm ausmündet. Der Kiemendarm selbst führt direkt in den Verdauungstrakt. Die Kiemenöffnungen sind spaltförmig. Zwischen ihnen springen die Kiemenbögen ins Darmlumen vor. Sie tragen auf ihrer Vorder- und Hinterseite Kiemenblättchen und an ihrer Innenkante laufen dorsoventral Wimperbänder entlang. Auch ventro- und dorsomedian durchziehen den Kiemendarm Wimperstraßen, die dorsalen reichen bis in den Verdauungstrakt. Die ganze Kiemenregion stützt bereits ein knorpeliges Skelett, das in den Grundzügen dem

Kiemenkorb der Erwachsenen gleicht und wie dieser durch Konstriktoren bewegt werden kann (Abb. 98).

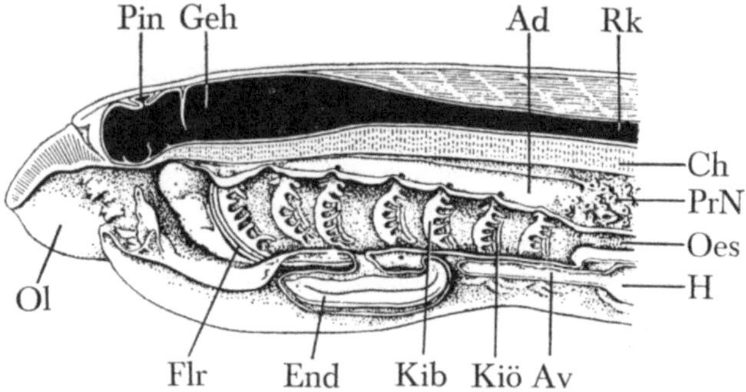

Abb. 98. Längsschnitt durch die vordere Körperregion eines Ammocoetes. Nach Dohrn. Ad Aorta dorsalis; Av Aorta ventralis; Ch Chorda; End Endostyl; Flr Flimmerrinne; Geh Gehirn; H Herz; Kib Kiemenbogen; Kiö Kiemenöffnung; Oes Oesophagus; Ol Oberlippe; Pin Pinealorgan; PrN Pronephros; Rk Rückenmark.

Wie bei den Branchiostomen ist der Kiemendarm gleichzeitig Atemorgan und Nahrungserwerbsapparat. Der Schlag des Velums und die Bewegung des Kiemenkorbes erzeugen gemeinsam einen Atemwasserstrom, der durch den Mund ein- und über die Kiemenspalten wieder austritt. Auf diesem Wege muß er, ähnlich wie bei den Branchiostomen, ein Schleimfilter passieren, das von den Wimperstraßen im Kiemendarm ausgespannt wird. Den Schleim produzieren Drüsenzellen vor dem ersten Kiemenbogen. In welchem Umfang sich der Endostyl an der Schleimbereitung für den Nahrungserwerb beteiligt, ist umstritten. Das im Atemwasserstrom mitgeführte Geschwebe bleibt am Schleimfilter haften. Der mit Nahrungspartikeln angereicherte Schleim wird, zu einem Strang vereinigt, in den Verdauungstrakt transportiert. Er enthält vorwiegend Diatomeen, daneben auch noch Phytoplankton und Detritus.

Das Larvenleben des Flußneunauges dauert 3–5 Jahre, dann setzt im Herbst des letzten Jahres die Metamorphose ein. Während eines Zeitraumes von 5–8 Wochen erfolgt die Ausgestaltung zum adulten Tier: es bildet sich das Saugmaul mit seinen Zähnen, die Augen werden sichtbar, der Endostyl wandelt sich zur Schilddrüse (Thyreoidea). Das Oesophagusepithel beginnt zu wuchern und macht diesen Darmabschnitt zum soliden Zellstrang. Aus dem dorsalen Teil dieses Zellstranges geht der neue Oesophagus hervor, der ventrale bildet, zusammen mit dem larvalen Kiemendarm, den blind endigenden Kiemengang (= Wassergang) (Abb. 86) der Erwachsenen. Während der Metamorphose geben die Tiere schließlich auch ihre Wohnröhren auf und schwimmen von nun an frei im Wasser umher. Sie wandern flußabwärts und erreichen als voll ausgebildete Neunaugen das Meer, wo sie im Küstenbereich 1–2 Jahre lang ein räuberisches Leben führen. Im Laufe dieser Freßperiode wachsen die Flußneunaugen rasch heran und werden noch im Herbst des Zuwanderungsjahres oder im Herbst des darauffolgenden geschlechtsreif. Mit einsetzender Geschlechtsreife stellen sie die Nahrungsaufnahme ein und wandern, teils noch im Herbst, teils erst im Frühjahr wieder flußaufwärts zu den Laichplätzen. Die im Herbst Aufbrechenden überwintern in den Flüssen. Darm und Leber werden auf Kosten der immer größeren Umfang annehmenden Gonaden weitgehend reduziert. Mit dem Ablaichen im Frühjahr beginnt dann die Entwicklung einer neuen Generation.

Zusammenfassend können wir im Entwicklungsgang folgende wesentlichen Abschnitte festhalten: Embryonalzeit – Larvenzeit – Metamorphose – Wanderung ins Meer – Freßperiode – Rückwanderung ins Süßwasser – Fortpflanzungszeit. Eine Ausnahme davon machen nur die Donauneunaugen und die Bachneunaugen.

Die Donauneunaugen (*Eudontomyzon*-Arten) machen zwar nach der Metamorphose eine Freßperiode durch, wandern aber dazu nicht ins Meer ab, sondern halten sich ständig in den Donauzuflüssen auf, wo sie sich von Schmerlen, Groppen, kleinen Barben und Döbel ernähren und gelegentlich in Forellenteichen Schaden anrichten. Zur Fortpflanzungszeit scheinen sie Wanderungen zu weiter stromaufwärts gelegenen Laichplätzen auszuführen.

Das Bachneunauge (*Lampetra planeri*) dagegen ist schon unmittelbar nach der Metamorphose geschlechtsreif. Eine anadrome Wanderung findet nicht statt. Der Oesophagus wird nach der Metamorphose nicht wieder durchgängig, das Tier nimmt keine Nahrung mehr auf, d. h. die Freßperiode entfällt ebenfalls.

Die anschließende Tabelle gibt einen Überblick über Lebensdaten einiger wichtiger europäischer Arten:

ART	Petromyzon marinus LINNE	Lampetra fluviatilis LINNE	Lampetra planeri (BLOCH)	Eudontomyzon danfordi (REGAN)	Eudontomyzon vladykovi ZANANDREA
Beginn der Laichwanderung	Frühjahr (März)	vorwiegend im Herbst (Sept.-Nov.) z.T. auch im Frühjahr	Laichwanderung entfällt	Frühj., Laichwanderung nur innerh. d. bewohnten Flußsystems	Laichwanderung entfällt
Laichzeit	März-Juni	Febr.-Mai	März-Juni	April-Juni	Mai-Juni
Schlüpfen der Larven	2-3 Wochen	1-3 Wochen	3-4 Tage		
Dauer des Larvenstadiums	2-5 Jahre	3-5 Jahre	3-5 Jahre	3-4 Jahre	3-4 Jahre
Beginn der Metamorphose	Sommer (Juli)	Spätsommer (August)	Herbst	Spätsommer (August)	Herbst
Dauer der Metamorphose	3-4 Monate	5-8 Wochen	bis zum Frühjahr	5-6 Monate	bis zum Frühjahr
Rückwanderung ins Meer	Vom Spätherbst bis ins Frühjahr	Vom Spätherbst bis ins Frühjahr	bleiben im Süßwasser	bleiben im Süßwasser	bleiben im Süßwasser
Dauer der Freßperiode	2-4 Jahre	1-2 Jahre	Freßperiode entfällt	mindestens 1 Jahr	Freßperiode entfällt

System

Die wenigen, heute lebenden Arten gelten als stark abgeleitete Nachkommen der Ostracodermen, jener mit einem knöchernen Hautpanzer versehenen, fischähnlichen Tiere, die im Silur und Devon ihre größte Entfaltung erreichten und ausstarben. Wesentliche gemeinsame Merkmale sind die Kieferlosigkeit, die zeitlebens bestehen bleibende Chorda, ein mit dem Viscerocranium verwachsenes Neurocranium, Zahl und Folge der Gehirnnerven, die Ausbildung von höchstens zwei Bogengängen im statischen Organ, die meist unpaare Nasenöffnung und das häufige Fehlen paariger Flossen.

Klasse: **Agnatha** Kieferlose Wirbeltiere

1. Ordnung: Osteostraci + } Ostracodermen
2. Ordnung: Anaspida + } Ostracodermen
3. Ordnung: Heterostraci + } Ostracodermen
4. Ordnung: *Cyclostomata* – Rundmäuler

1. Unterordnung: *Myxinoidea* – Schleimfische

Die Nasenöffnung liegt am Schnauzenvorderende und ist durch einen Nasen-Gaumen-Gang mit der Mundhöhle verbunden. Die Schnauze, unter der sich die Mundöffnung befindet, ist mit 4 nach vorn und 2 nach hinten gerichteten, kurzen Barteln besetzt. Vom Kiemendarm entspringen jederseits 5–15 Kiemengänge, die einzeln hintereinander oder auch zu einem gemeinsamen Ausfuhrkanal vereinigt, nach außen münden. Auf der linken Seite ist ein Ductus oesophago-cutaneus vorhanden. Ein knorpeliger Kiemenkorb fehlt. Augen stark rückgebildet, von außen nicht sichtbar. Darm ohne Spiralfalte. Flossensaum auf das Schwanzblatt beschränkt. Ventrolateral jederseits eine Reihe von Schleimdrüsen. Entwicklung direkt.

Familie: *Myxinidae* L. S. Berg 1958

Kiemenausfuhrgänge münden jederseits durch eine gemeinsame Öffnung nach außen.

Gattungen: *Notomyxine* Nani & Gneri (Feuerland, O-Küste Argentiniens); *Neomyxine* Richardson (Neuseeland); *Nemamyxine* Richardson (Neuseeland); *Myxine* Linné (beiderseits des Nordatlantik, Mittelmeer, S-Afrika, Magellanstraße, Golf v. Panama, Japan).

Myxine glutinosa LINNÉ; Inger, Schleimaal. Bis 45 cm lang. Färbung variabel, oberseits bläulichweiß bis rötlichgrau, Unterseite weißlich. An den Küsten des Nordatlantik (Grönland, Norwegen, Murmanküste, Kattegat), jedoch nicht in der Ostsee verbreitet. In Tiefen von 30–500 m. Bohrt sich in fast senkrechter Stellung, mit dem Kopf voran, binnen einer Minute in Schlammböden ein. Die Wohnröhren werden nicht verfestigt, sie stürzen ein, wenn das Tier sie nachts zur Nahrungssuche verläßt.

Familie: *Bdellostomidae* L. S. BERG 1958

Kiemenausfuhrgänge münden jederseits getrennt nach außen.

Gattungen: *Paramyxine* DEAN (Japan, Formosa, Golf v. Mexico); *Bdellostoma* MÜLLER (Alaska, Californien, Chile, Japan, Neuseeland, S-Afrika).

Bdellostoma (= Eptatretus) stouti LOCKINGTON, bis 62 cm lang. Lebt an der Küste Californiens auf Hartböden zusammengerollt unter Steinen.

Die Myxiniden weisen in ihrem Tiefenvorkommen einen außerordentlichen Spielraum auf. So lebt beispielsweise die Gattung *Myxine* in einer Tiefenzone von 20–1100 m. Temperaturen unter 10° C werden bevorzugt. Anscheinend tropische Formen, wie *Myxine circifrons* GARMAN aus dem Golf v. Panama oder *Paramyxine springeri* BIGELOW & SCHROEDER aus dem Golf v. Mexico leben in Tiefen von über 1000 m, respektive in 400–600 m bei entsprechend niedrigen Temperaturen.

2. Unterordnung: *Petromyzonoidea* – Neunaugen

Die Nasenöffnung liegt auf der Kopfoberseite, vom oberen Mundrand nach hinten versetzt. Der Nasen-Gaumen-Gang endet blind. Jederseits 7 Kiemengänge, die einzeln nach außen münden. Ein Ductus oesophago-cutaneus fehlt. Knorpeliger Kiemenkorb vorhanden. Darmkanal mit Spiralfalte. Augen gut entwickelt. Der das Schwanzblatt umrandende Flossensaum erstreckt sich dorsal häufig bis zur Körpermitte, wobei meist durch eine Aussparung im Flossensaum zwei voneinander getrennte Rückenflossen entstehen. Entwicklung über ein mehrjähriges Larvenstadium.

Einzige Familie: *Petromyzonidae* JORDAN 1913

Gattungen: *Petromyzon* LINNÉ (europäische und amerikanische Nordatlantikküste, Ostsee, Mittelmeer; marin anadrom). *Lampetra* OKEN (kalte und gemäßigte Breiten der nördlichen Hemisphäre;

marin anadrom und Süßwasser). *Eudontomyzon* REGAN (Donauzuflüsse), *Ichthyomyzon* GIRRARD (Osten von N-Amerika; Süßwasser). *Caspiomyzon* L. S. BERG (Kaspisee und Zuflüsse). *Entosphenus* GILL (W-Küste von N-Amerika; marin anadrom). *Geotria* GRAY (Australien, Tasmanien, Neuseeland, Südamerika; marin anadrom). *Exomegas* GILL (Südamerika; vermutlich marin anadrom). *Mordacia* GRAY (Australien, Tasmanien, Chile; marin anadrom).

Petromyzon marinus LINNÉ; Meerneunauge, Lamprete. Meist 60–75 cm, maximal bis 1 m lang, dorsal und lateral dunkelbraun marmoriert, ventral weißlich. Ist vom Weißen Meer und der Ostsee, entlang der europäischen Atlantikküste bis Marokko, sowie im Mittelmeer verbreitet. Dringt im Frühjahr zum Laichen in die unteren Flußläufe ein. Eine Form des Meerneunauges, die in den nordamerikanisch-kanadischen Seen lebt, verbringt die Freßperiode in den Seen und steigt zum Laichen in die Zuflüsse auf, unternimmt also keine anadromen Wanderungen wie die europäische Form.

Lampetra fluviatilis (LINNÉ), Flußneunauge. Fingerdick, 14 bis 40 cm lang, oberseits graugrünlich, seitlich und unten heller. Von Skandinavien bis ins Mittelmeer verbreitet. Führt anadrome Wanderungen aus.

Lampetra planeri (BLOCH), Bachneunauge. Bleistiftdick, 10 bis 20 cm lang, Rückenflossen stets verschmolzen, nie getrennt. Lebt ständig im Süßwasser, vorwiegend in kleinen Bächen. Nimmt nach der Metamorphose keine Nahrung mehr zu sich.

Eudontomyzon danfordi (REGAN), Donauneunauge. 18–30 cm lang. Bisher ausschließlich in den Donauzuflüssen aufgefunden. Lebt ständig im Süßwasser, führt keine anadromen Wanderungen aus.

Eudontomyzon vladykovi ZANANDREA, Donaubachneunauge, 18–21 cm lang. Ebenfalls auf das Süßwasser beschränkt, im Donaugebiet von Österreich bis Rumänien verbreitet.

Die Bachneunaugen und die Donaubachneunaugen sind wahrscheinlich stammesgeschichtlich sehr jung und manche Forscher neigen dazu sie als Standformen der jeweiligen Flußneunaugen zu betrachten.

Literaturverzeichnis

(Die hier aufgeführten Werke enthalten weitere Literaturangaben)

Tunicata:

Berrill, N. J.: Tunicata, with an account of the British species. Ray Society London 1950.

Berrill, N. J.: The origin of the vertebrates. Oxford 1955.

Brien, P.: Embranchement des Tuniciers. In P.-P. Grassé: Traité de Zoologie. Bd. XI, S. 553–930. Masson & Cie. Paris 1966.

Bückmann, A.: Copelata. In Grimpe & Wagler: Tierwelt der Nord- und Ostsee. Bd. 12 a. Akademische Verlagsgesellschaft Becker & Erler, Leipzig 1926.

Fenaux, R.: Ecologie et biologie des appendiculaires méditerranéens (Villefranche-sur-Mer). Vie et Milieu, Suppl. 16, S. 1–142 (1963).

Huus, J.: Ascidiaceae. In Kükenthal: Handbuch der Zoologie, Bd. 5, S. 545–692, Verlag Walter de Gruyter & Co., Berlin und Leipzig 1933.

Ihle, J. E. W.: Octacnemus. Ibidem, S. 533–544.

Körner, W. F.: Untersuchungen über die Gehäusebildung bei Appendicularien (Oikopleura dioica Fol.). Z. Morph. Ökol. Tiere, 41, S. 1–53 (1952).

Korschelt, E., und Heider: Vergleichende Entwicklungsgeschichte der Tiere. Bd. 2. Verlag Gustav Fischer Jena 1936.

Lohmann, H.: Appendiculariae. In Kükenthal: Handbuch der Zoologie, Bd. 5, S. 15–202. Verlag Walter de Gruyter & Co., Berlin und Leipzig 1933.

Millar, R. H.: Ascidiacea. Discovery Rep. 30, S. 1–160 (1960).

Millar, R. H.: British Ascidians. Keys and Notes for the Identification of the Species. The Linnean Society of London. Academic Press London and New York. 1969.

Neumann, G.: Thaliaceae. In Kükenthal: Handbuch der Zoologie, Bd. 5, S. 203–532. Verlag Walter de Gruyter & Co., Berlin und Leipzig 1933.

Strenger, A.: Tunicata – Manteltiere. In: Handbuch der Biologie VI, 2, S. 439–477 (1965), Akademische Verlagsgesellschaft Athenaion, Konstanz.

Tokioka, T.: Pacific Tunicata of the United States National Museum. U. S. Nat. Mus. Bull. 251 (1967).

Werner, E., und B.: Über den Mechanismus des Nahrungserwerbs der Tunicaten, speziell der Ascidien. Helgol. wiss. Meeresunters. 5, S. 57–92 (1954).

Acrania:

BONE, Q.: The central nervous system in Amphioxus. J. comp. Neurology 115, S. 27–64 (1960).

DRACH, P.: Embranchement des Céphalocordés. In P.-P. Grassé: Traité de Zoologie, Bd. XI, S. 931–1037, Masson & Cie., Paris 1966.

FRANZ, V.: Morphologie der Akranier. Z. f. d. ges. Anatomie 27, S. 464–692 (1927).

GODEAUX, J.: Les Prochordés. Fortschr. d. Zool. 18, S. 350–358 (1967). (Hier sind alle wichtigen neueren Arbeiten verzeichnet.)

KÜMMEL, G.: Druckfiltration als ein Mechanismus der Stoffausscheidung bei Wirbellosen. In: Funktionelle und morphologische Organisation der Zelle. Sekretion und Exkretion. S. 203–227. Springer-Verlag, Berlin 1965.

OLSSON, R.: The skin of Amphioxus. Z. Zellforsch. 54, S. 90 bis 104 (1961).

PIETSCHMANN, V.: Acrania. In Kükenthal: Handbuch der Zoologie Bd. 6, S. 3–123, Walter de Gruyter & Co., Berlin und Leipzig 1933.

SKRAMLIK, E. v.: Über den Kreislauf bei den niedersten Chordaten. Ergeb. d. Biol. 15, S. 166–308 (1938).

STRENGER, A.: Acrania – (Leptocardia). Im Handb. d. Biol. VI, 2, S. 478–494 (1965). Akademische Verlagsgesellschaft Athenaion Konstanz.

Cyclostomata:

APPLEGATE, C. V.: Natural history of the sea lamprey, Petromyzon marinus in Michigan. U. S. Dept. of Int. Fish and Wildlife Serv., spec. sci. Rep. Fish, No. 55 (1950).

BAHR, K.: Beiträge zur Biologie des Flußneunauges, Petromyzon fluviatilis L. (Lebensraum u. Ernährung). Zool. Jb. (Syst.) 81, S. 408–436 (1952).

BAHR, K.: Beiträge zur Fortpflanzungsbiologie des Flußneunauges, Petromyzon fluviatilis L. Zool. Jb. (Syst.) 82, S. 58–69 (1953).

BOLK, L., GÖPPERT, E., KALLIUS, E., und LUBOSCH, W.: Handbuch der vergleichenden Anatomie der Wirbeltiere. Bd. 1–6. Neudruck, A. Asher & Co., Amsterdam 1967.

BRODAL, A., und FÄNGE, R.: The Biology of Myxine. Universitetsforlaget, Oslo 1963.

DUNCKER, G.: Die Fische der Nordmark. Bearbeitet von W. Ladiges. Abhandl. und Verhandl. des Naturw. Ver. Hamburg, N. F. Bd. III, Suppl., Hamburg 1960.

FONTAINE, M.: Classe des Cyclostomes. In P.-P. Grassé: Traité de Zoologie, Bd. 13, Masson & Cie., Paris 1958.

HOLLY, M.: Cyclostomata. In „Das Tierreich". 59. Lieferung. Walter de Gruyter & Co., Berlin und Leipzig 1933.

JOLLIE, M.: Chordate Morphology. Reinhold Publishing Corporation, New York 1962.

MARINELLI, W., und STRENGER, A.: Vergleichende Anatomie und Morphologie der Wirbeltiere. I. Lieferung: Lampetra fluviatilis (L.); II. Lieferung: Myxine glutinosa (L.). Verlag Franz Deuticke, Wien 1954/56.

PIETSCHMANN, V.: Cyclostomata. In Kükenthal: Handbuch d. Zoologie, Bd. 6, S. 125–547. Walter de Gruyter & Co., Berlin und Leipzig 1933–35.

ROMER, A. S.: Vergleichende Anatomie der Wirbeltiere. Verlag Paul Parey, Hamburg und Berlin 1966.

SCHROLL, F.: Zur Ernährungsbiologie der steirischen Ammocöten Lampetra planeri (Bloch) und Eudontomyzon danfordi (Regan). Int. Rev. d. ges. Hydrobiol. 44, S. 395–429 (1959).

STERBA, G.: Zur Phylogenese des Kiemendarmes der Chordaten. Int. Rev. d. ges. Hydrobiol. 46, S. 105–114 (1961).

STRENGER, A.: Cyclostomata. Im Handbuch d. Biologie, Bd. VI, 2, S. 499–514. Akademische Verlagsgesellschaft Athenaion Konstanz 1965.

ZANANDREA, G.: Lamprede parassite e non parassite nel bacino del Danubio e la nuova entita sistematica Eudontomyzon danfordi vladykovi. Archivio Zool. It. 44, S. 215–250 (1959).

Namen- und Sachregister

Wir danken für die freundliche Genehmigung der Nachzeichenerlaubnis zu den in diesem Band enthaltenen Abbildungen.

Abb. 2, 6, 7 A–C, 8

aus: Zeitschrift für Morphologie und Ökologie der Tiere,, Band 41. Springer-Verlag, Berlin – Heidelberg – New York 1952.

Abb. 78, 87, 89 A

aus: The Biology of Myxine. Hrsg. von Brodal und Fänge. Universitäts-Forlaget, Oslo 1963.

Abb. 79, 80, 82, 83, 86, 88 und 98

aus: Handbuch der Biologie, Band VI/2. Akademische Verlagsgesellschaft Athenaion, Frankfurt/Main 1965.

Das Tierreich in der Sammlung Göschen:

Band I: Einzeller, *(Protozoen).* Von *Eduard Reichenow.* 2. Aufl. etwa 115 S. 59 Abb. In Vorb. (Band 444)

Band II: Schwämme und Hohltiere. Von *Hans Joachim Hannemann.* 95 S. 80 Abb. 1956. (Band 442)

Band III: Würmer, Platt-, Hohl- Schnurwürmer, Kamptozoen, Ringelwürmer, Protracheaten, Bärtierchen, Zungenwürmer. Von *Siegfried Jaeckel.* 114 S. 36 Abb. 1955. (Band 439)

Band IV, 1: Krebse. Von *Hans-Eckhardt Gruner* und *Kurt Deckert.* 114 S. 43 Abb. 1956. (Band 443)

Band IV, 2: Spinnentiere (Trilobitomorphen, Fühlerlose) und Tausendfüßler. Von *Alfred Kaestner.* 96 S. 55 Abb. 1955. (Band 1161)

Band IV, 3: Insekten. Von *Hanns von Lengerken.* 2., neubearb. Aufl. 140 S. 59 Abb. 1966. (Band 594)

Band V: Weichtiere. Urmollusken, Schnecken, Muscheln und Kopffüßer. Von *Siegfried Jaeckel.* 92 S. 34 Fig. 1954. (Band 440)

Band VI: Stachelhäuter. Tentakulaten, Binnenatmer und Pfeilwürmer. Von *Siegfried Jaeckel.* 100 S. 46 Abb. 1955. (Band 441)

Band VII, 2: Fische. Von *Dietrich Lüdemann.* 130 S. 65 Abb. 1955. (Band 356)

Band VII, 3: Lurche (Chordatiere). Von *Konrad Herter.* 143 S. 129 Abb. 1955. (Band 847)

Band VII, 4: Kriechtiere (Chordatiere). Von *Konrad Herter.* 200 S. 142 Abb. 1960. (Band 447/447 a)

Band VII, 5: Vögel (Chordatiere). Von *Hans-Albrecht Freye.* 156 S. 69 Fig. 1960. (Band 869)

Band VII, 6: Säugetiere (Chordatiere) 2 Bde. Von *Theodor Haltenorth.* 489 S. 161 Abb. 1969. (Band 282/282 a/282 b, 283/283 a/283 b)

Jeder Band (neues Format 12 × 18 cm) Nr. 2000–2999: DM 3,60; Nr. 3000–3999: DM 5,80; Nr. 4000–4999: DM 7,80; Dr. 5000–5999: DM 9,80; Jeder Band (altes Format 10,5 × 15,5 cm) Einfachband DM 3,60; Doppelband DM 5,80; Dreifachband DM 7,80.

WALTER DE GRUYTER & CO · BERLIN 30

Geisteswissenschaft und Naturwissenschaft

Ihre Bedeutung für den Menschen von heute

Unter Mitarbeit zahlreicher Fachgelehrter
herausgegeben von *Wolfgang Laskowski*

Oktav. 193 S. 1970. DM 12,80

Inhalt: W. *Laskowski,* Einführung – D. *Michel,* Orientierungsversuche des Menschen in frühgeschichtlicher Zeit – *J. Flügge,* Aufstieg und Problematik des neuhumanistischen Bildungsideals – W. *Gerlach,* Entstehung und Entwicklung der modernen Naturwissenschaften – R. *Jungk,* Der Einbruch der Naturwissenschaft und Technik in unser heutiges Leben – K. *Schaller,* Das Menschenbild des Geisteswissenschaftlers – W. *Laskowski,* Das Menschenbild des Naturwissenschaftlers – W. *Laskowski,* Zusammenschau und Perspektiven.

Der Weg zum Menschen

Vom Urnebel zum Homo sapiens

Unter Mitarbeit zahlreicher Fachgelehrter
herausgegeben von *Wolfgang Laskowski*

Quart. Mit 79 Abb. 194 S. 1968. Geb. DM 19,80

Um jedem Interessierten eine Möglichkeit zu bieten, sich über den heutigen Stand wissenschaftlicher Erkenntnisse zu informieren, werden einige wesentliche Entwicklungsstadien auf dem Wege zum Menschen in diesem Buch in anschaulicher Form zusammengestellt und erörtert.

Inhalt: W. *Laskowski,* Einführung – F. *Hinderer,* Entstehung und Entwicklung des Universums – W. *Laskowski,* Die Entstehung des Lebens – W. *Kühne,* Das Werden des Tierreichs – E. C. *Büchi,* Vom Tier zum Menschen – S. *Giedion,* Die Entstehung der Kunst – G. *Eckart,* Der Gottesgedanke als Interpretation der Welt.

WALTER DE GRUYTER & CO · BERLIN 30

Bei Fragen zur Produktsicherheit wenden Sie sich bitte an:
If you have any questions regarding product safety, please contact:

Walter de Gruyter GmbH
Genthiner Straße 13
10785 Berlin
productsafety@degruyterbrill.com